工业机器人
应用技术丛书

工业机器人装调与维修

第2版

韩鸿鸾　李志伟　王吉明　主编

化学工业出版社
·北京·

内容简介

工业机器人作为一种高科技集成装备，对专业人才有着多层次的需求。本书根据机器人行业发展趋势，从生产实际出发，详细讲解了工业机器人装调与维修的相关知识，主要内容包括：工业机器人基本知识与装调维修基础、工业机器人的整机安装与维护、工业机器人机械部件的装调、工业机器人强电装置的装调、工业机器人弱电装置的装调和工业机器人的故障诊断与维修等内容。

本书实用性与可参考性强，可为从事工业机器人操作与维护相关工作的工程技术人员提供帮助，也可作为应用型本科、高职和中职等院校工业机器人、机电一体化及相关专业的教材和参考书。

图书在版编目（CIP）数据

工业机器人装调与维修 / 韩鸿鸾，李志伟，王吉明主编. -- 2版. -- 北京：化学工业出版社，2025. 11.（工业机器人应用技术丛书）. -- ISBN 978-7-122-49138-1

Ⅰ. TP242. 2

中国国家版本馆CIP数据核字第2025AX6269号

责任编辑：王　烨　贾　娜　　文字编辑：张燕文
责任校对：王　静　　装帧设计：刘丽华

出版发行：化学工业出版社
（北京市东城区青年湖南街13号　邮政编码100011）
印　　装：三河市君旺印务有限公司
787mm×1092mm　1/16　印张12　字数296千字
2026年2月北京第2版第1次印刷

购书咨询：010-64518888　　售后服务：010-64518899
网　　址：http://www.cip.com.cn
凡购买本书，如有缺损质量问题，本社销售中心负责调换。

定　　价：59.00元

前言

在全球制造业向智能化、绿色化转型的浪潮中，工业机器人作为“制造业皇冠上的明珠”，正以颠覆性技术重构生产模式。从汽车生产线的柔性化改造到电子行业的精密装配，从物流领域的无人化搬运到医疗场景的微创手术辅助，工业机器人已突破传统工业边界，成为驱动产业升级的核心动力。

随着机器人技术及智能化水平的提高，工业机器人已在众多领域得到了广泛的应用。其中，汽车、电子、冶金、化工等是我国使用机器人最多的几个行业。未来几年，随着行业需要和劳动力成本的不断提高，我国机器人市场增长潜力依然巨大。尽管我国将成为当今世界最大的机器人市场，但每万名制造业工人拥有的机器人数量却远低于发达国家水平和国际平均水平。另一方面，政策与市场的双重引擎推动行业持续进化。国家层面，《“十四五”智能制造发展规划》明确将工业机器人列为战略性新兴产业；地方层面，多地出台专项补贴政策，支持机器人企业技术改造与产线升级。虽然多种因素推动着我国工业机器人行业不断发展，但应用人才严重缺失的问题清晰地摆在我们面前，这是我国推行工业机器人技术应用的最大瓶颈。

工业机器人作为一种高科技集成装备，对专业人才有着多层次的需求，主要分为研发工程师、系统设计与应用工程师、调试工程师和操作及维护人员四个层次。其中，需求量最大的是基础操作及维护人员以及掌握基本工业机器人应用技术的调试工程师和更高层次的应用工程师。工业机器人专业人才的培养，要更加着力于应用型人才。

为了适应机器人行业发展的形势，满足从业人员学习机器人技术相关知识的需求，我们从生产实际出发，组织业内专家编写了本书，全面讲解了工业机器人装调与维修的相关知识，主要内容包括：工业机器人基本知识与装调维修基础、工业机器人的整机安装与维护、工业机器人机械部件的装调、工业机器人强电装置的装调、工业机器人弱电装置的装调和工业机器人的故障诊断与维修等内容。本书可为从事工业机器人装调与维修相关工作的工程技术人员提供帮助，也可作为应用型本科、高职和中职等院校工业机器人、机电一体化及相关专业的教材和参考书。

本书第1版于2019年出版，并以其内容选取适度、技术实用可靠而得到市场和读者的认可。但第1版出版距今已超过5年，很多技术和案例需要更新；部分内容选取需要调整。鉴于此，我们本着充分进行企业调研、选取先进并适用的工艺和进一步增强实用性的原则，对其进行了修订。

本书由韩鸿鸾、李志伟、王吉明任主编，李欣欣、徐军凯、赵雅楠任副主编，李晓峰、刘洪军、张翠霞、陶建海、杨孟平、周晓峰参与了本书的编写，由吕文杰主审。

本书在编写过程中得到了柳道机械、天润泰达、上海ABB、KUKA、山东立人科技有限公司等工业机器人生产企业与北汽（黑豹）汽车有限公司、山东新北洋信息技术股份有限公司、豪顿华（英国）、联轿仲精机械（日本）有限公司等工业机器人应用企业的大力支持，得到了众多职业院校的帮助，并且有的职业院校还安排了编审人员，在此深表谢意。

由于时间仓促，编者水平有限，书中缺陷在所难免，肯请广大读者给予批评指正。

编者于山东

2025年9月

目 录

第 4 章 工业机器人强电装置的装调

第 5 章 工业机器人弱电装置的装调

第 6 章 工业机器人的故障诊断与维修

参考文献

第1章 工业机器人基本知识与装调维修基础

1.1 认识工业机器人

工业机器人作为高端制造装备的重要组成部分，技术附加值高，应用范围广，是我国先进制造业的重要支撑技术和信息化社会的重要生产装备，对未来生产、社会发展以及增强军事国防实力具有十分重要的意义。图 1-1～图 1-4 所示为不同类型的工业机器人。

图 1-1　直角坐标型工业机器人

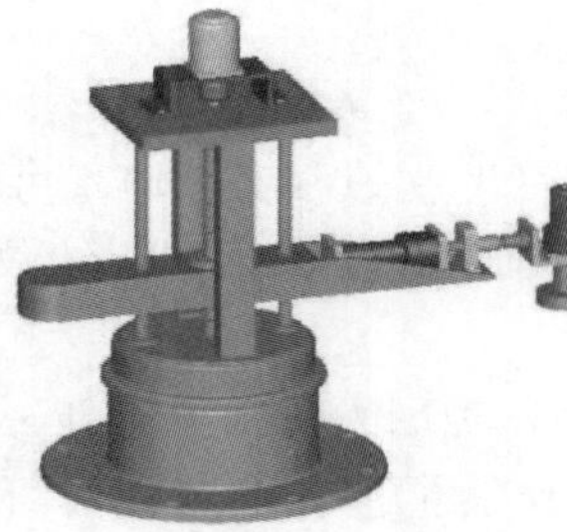

图 1-2　圆柱坐标型工业机器人

图 1-3　关节坐标型工业机器人

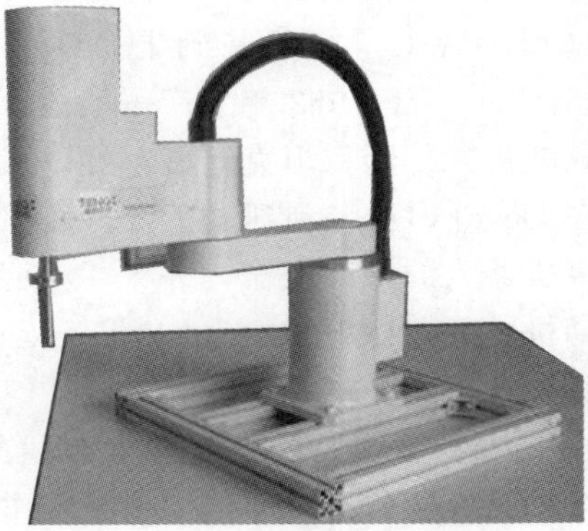

图 1-4　平面关节型工业机器人

1.1.1 工业机器人的产生

工业机器人的研究工作是 20 世纪 50 年代初从美国开始的。日本、俄罗斯及其他一些欧洲国家的研制工作比美国大约晚 10 年，但日本的发展速度比美国快。欧洲特别是西欧各国比较注重工业机器人的研制和应用，其中英国、德国、瑞典、挪威等国的技术水平较高，产量也较大。

第二次世界大战期间，由于核工业和军事工业的发展，美国原子能委员会的阿尔贡研究所研制了“遥控机械手”，用于代替人生产和处理放射性材料。1948 年，这种较简单的机械装置被改进，开发出了机械式的主从机械手（图 1-5）。它由两个结构相似的机械手组成，主机械手在控制室，从机械手在有辐射的作业现场，两者之间由透明的防辐射墙相隔。操作者用手操纵主机械手，控制系统会自动检测主机械手的运动状态，并控制从机械手跟随主机械手运动，从而解决对放射性材料的远距离操作问题。这种被称为主从控制的机器人控制方式，至今仍在很多场合中应用。

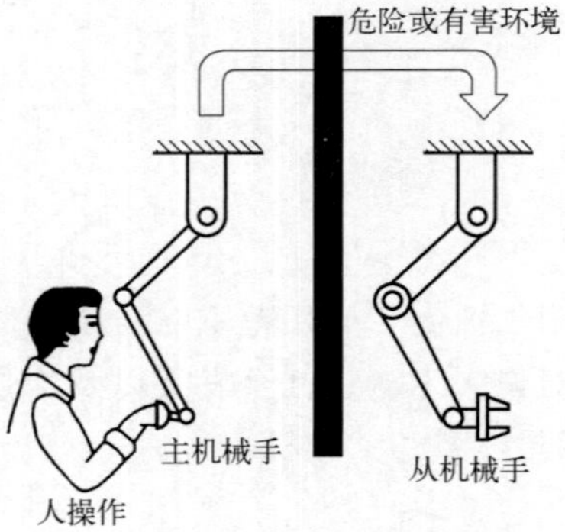

图 1-5　主从机械手

图 1-6　Unimate 机器人

由于航空工业的需求，1952 年美国麻省理工学院（MIT）成功开发了第一代数控机床（CNC），并进行了与 CNC 机床相关的控制技术及机械零部件的研究，为机器人的开发奠定了技术基础。

1954 年，美国人乔治·德沃尔（George Devol）提出了一个关于工业机器人的技术方案，设计并研制了世界上第一台可编程的工业机器人样机，将之命名为“Universal Automation”，并申请了该项机器人专利。这种机器人是一种可编程的零部件操作装置，其工作方式为首先移动机械手的末端执行器，并记录下整个动作过程；然后，机器人反复再现整个动作过程。后来，在此基础上，Devol 与 Engerlberge 合作创建了美国万能自动化公司（Unimation），于 1962 年生产了第一台机器人，取名 Unimate（图 1-6）。这种机器人采用极坐标式结构，外形像坦克炮塔，可以实现回转、伸缩、俯仰等动作。

在 Devol 申请专利到真正实现设想的这 8 年时间里，美国机床与铸造公司（AMF）也在从事机器人的研究工作，并于 1960 年生产了一台被命名为 Versation 的圆柱坐标型的数控自动机械，并以 Industrial Robot（工业机器人）的名称进行宣传。通常认为这是世界上最早的工业机器人。

Unimate 和 Versation 这两种型号的机器人以“示教再现”的方式在汽车生产线上成功地代替人工进行传送、焊接、喷涂等作业，它们在工作中反映出来的经济效益、可靠性、灵活性，令其他发达国家工业界为之倾倒。于是，Unimate 和 Versation 作为商品开始在世界市场上销售。

1.1.2 工业机器人的分类

1.1.2.1 按照机器人的运动形式分类

（1）直角坐标型机器人

这类机器人的外形轮廓与数控镗铣床或三坐标测量机相似，如图 1-7 所示。三个关节都是移动关节，关节轴线相互垂直，相当于笛卡儿坐标系的 x、y 和 z 三个坐标轴。它主要用于生产设备的上下料，也可用于高精度的装卸和检测作业。

（2）圆柱坐标型机器人

如图 1-8 所示，这类机器人以 θ、z 和 r 为参数构成坐标系。手腕参考点的位置可表示为 $P=(\theta, z, r)$。其中，r 是手臂的径向长度，θ 是手臂绕水平轴的角位移，z 是在垂直轴上的高度。如果 r 不变，操作臂的运动将形成一个圆柱表面，空间定位比较直观。操作臂收回后，其后端可能与作业空间内的其他物体相碰，移动关节不易防护。

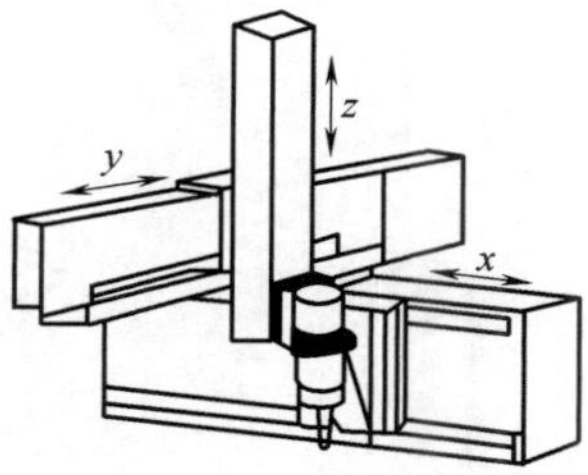

图 1-7　直角坐标型机器人

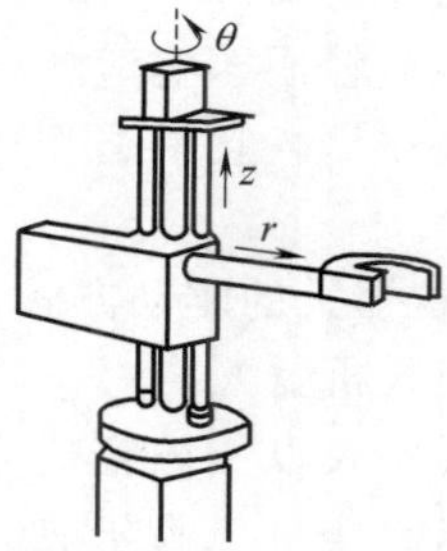

图 1-8　圆柱坐标型机器人

（3）球（极）坐标型机器人

如图 1-9 所示，这类机器人腕部参考点运动所形成的最大轨迹表面是半径为 r 的球面的一部分，以 θ、φ、r 为坐标，任意点可表示为 $P=(\theta, \varphi, r)$。这类机器人占地面积小，工作范围较大，移动关节不易防护。

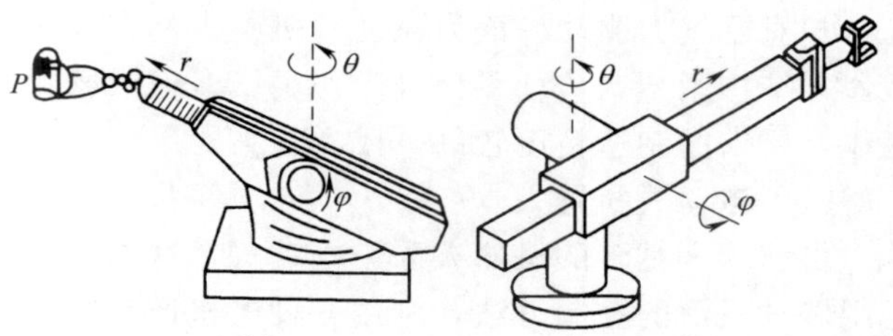

(a)　(b)

图 1-9　球（极）坐标型机器人

（4）关节坐标型机器人

这类机器人由两个肩关节和一个肘关节进行定位，由两个或三个腕关节进行定向。其中，一个肩关节绕铅直轴旋转，另一个肩关节实现俯仰，这两个肩关节轴线正交，肘关节平行于第二个肩关节轴线，如图 1-10 所示。其动作灵活，

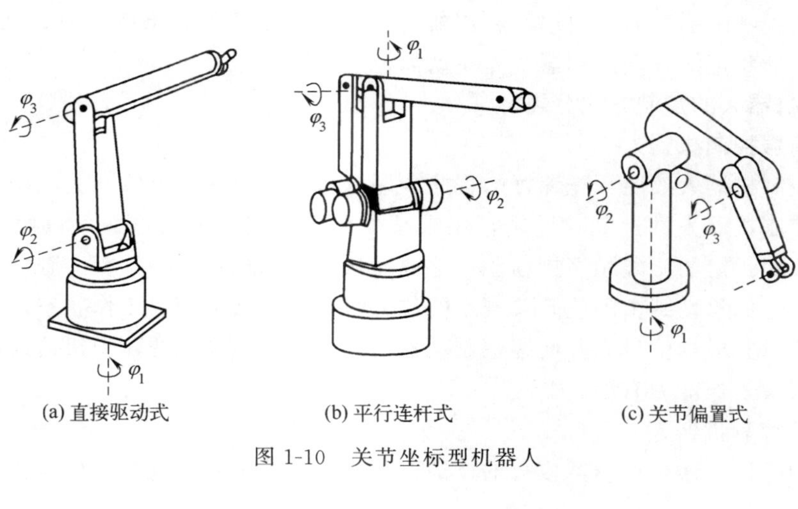

(a) 直接驱动式　(b) 平行连杆式　(c) 关节偏置式

图 1-10　关节坐标型机器人

工作范围大，在作业空间内手臂的干涉小，结构紧凑，占地面积小，关节上相对运动部位容易密封防尘。这类机器人运动学较复杂，运动学反解困难，确定末端件的位姿不直观，进行控制时，计算量较大。

(5) 平面双关节型机器人

平面双关节型机器人（Selective Compliance Assembly Robot Arm，SCARA）有三个旋转关节，其轴线相互平行，在平面内进行定位和定向，另一个关节是移动关节，用于完成末端件垂直于平面的运动。手腕参考点的位置是由两旋转关节的角位移 φ_1、φ_2 和移动关节的位移 z 决定的，即 $P=(\varphi_1, \varphi_2, z)$，如图 1-11 所示。这类机器人结构轻便、响应快，其运动速度比一般关节坐标型机器人快数倍。它最适于平面定位，而在垂直方向进行装配的作业。

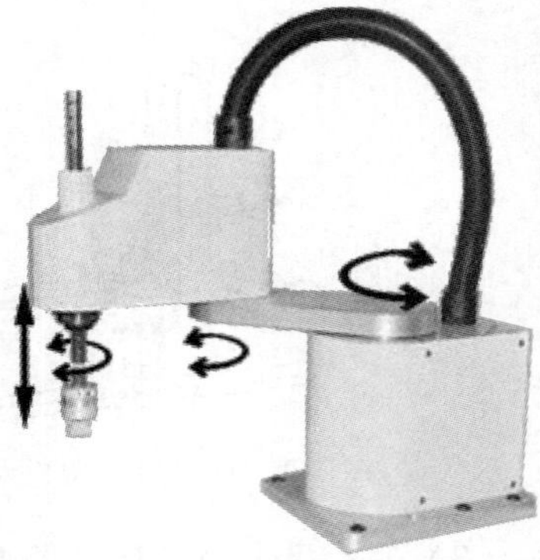

图 1-11 SCARA 机器人

1.1.2.2 按机器人的驱动方式分类

(1) 气动式机器人

气动式机器人以压缩空气来驱动其执行机构。这种驱动方式的优点是空气来源方便，动作迅速，结构简单，造价低；缺点是空气具有可压缩性，致使工作速度的稳定性较差。因气源压力一般只有 60MPa 左右，故此类机器人适宜抓举力要求较小的场合。

(2) 液动式机器人

相对于气力驱动，液力驱动的机器人具有大得多的抓举能力，可高达上百千克。液动式机器人结构紧凑，传动平稳且动作灵敏，但对密封的要求较高，且不宜在高温或低温的场合工作，要求的制造精度较高，成本较高。

(3) 电动式机器人

目前越来越多的机器人采用电动式，这不仅因为电机可供选择的品种众多，更因为可以运用多种灵活的控制方法，利用各种电机产生的力或力矩，直接或减速后驱动机器人，以获得所需的位置、速度、加速度。电动式机器人具有无污染、易于控制、运动精度高、成本低、驱动效率高等优点，应用广泛。其又可分为步进电机驱动、直流伺服电机驱动、无刷伺服电机驱动等几种。

(4) 新型驱动方式机器人

随着机器人技术的发展，出现了利用新的工作原理制造的新型驱动器，如静电驱动器、压电驱动器、形状记忆合金驱动器、光驱动器及人工肌肉等。

1.1.2.3 按机器人的控制方式分类

(1) 非伺服控制机器人

非伺服控制机器人按照预先编好的程序顺序进行工作，使用限位开关、制动器、插销板和定序器来控制机器人的运动。插销板用来预先规定机器人的工作顺序，而且往往是可调的。定序器按照预定的正确顺序接通驱动能源，从而带动机器人的手臂、腕部和手部等执行装置运动。当它们移动到由限位开关规定的位置时，限位开关切换工作状态，给定序器发送一个工作任务已完成的信号，并使终端制动器动作，切断驱动能源，使机器人停止运动。非伺服控制机器人工作能力有限。

(2) 伺服控制机器人

伺服控制机器人通过传感器取得的反馈信号与来自给定装置的综合信号比较后，得到误差信号，经放大后用以激发机器人的驱动装置，进而带动执行装置以一定规律运动，到达规定的位置或速度等，这是一个反馈控制系统。伺服系统的被控量可为机器人执行装置的位置、速度、加速度和力等。伺服控制机器人比非伺服控制机器人有更强的工作能力。

伺服控制机器人按照控制的空间位置不同，又可分为点位伺服控制和连续轨迹伺服控制两种。

① 点位伺服控制机器人　受控运动方式为从一个点位目标移向另一个点位目标，只在目标点上完成操作。机器人可以最快和最直接的路径从一个端点移到另一端点。按点位方式进行控制的机器人，其运动为空间点到点之间的直线运动，在作业过程中只控制几个特定工作点的位置，不对点与点之间的运动过程进行控制。在点位伺服控制机器人中，所能控制点数的多少取决于控制系统的复杂程度。通常，点位伺服控制机器人适用于只需要确定终端位置而对编程点之间的路径和速度不作主要考虑的场合，主要用于点焊机器人、搬运机器人。

② 连续轨迹伺服控制机器人　能够平滑地跟随某个规定的路径，其轨迹往往是某条不在预编程端点停留的曲线路径。按连续轨迹方式进行控制的机器人，其运动轨迹可以是空间的任意连续曲线。机器人在空间的整个运动过程都处于控制之下，能同时控制两个以上的运动轴，使手部位置可沿任意形状的空间曲线运动，而手部的姿态也可通过腕关节的运动得以控制，这对于焊接和喷涂作业是十分有利的。连续轨迹伺服控制机器人具有良好的控制和运行特性，由于数据是依时间采样的，而不是依预先规定的空间采样，因此机器人的运行速度较快、功率较小、负载能力也较小。连续轨迹伺服控制机器人主要用于弧焊机器人、喷涂机器人、打飞边毛刺机器人和检测机器人。

1.1.2.4　按机器人关节连接布置形式分类

按机器人关节连接布置形式，机器人可分为串联机器人和并联机器人两类。从运动形式来看，并联机构可分为平面机构和空间机构；细分可分为平面移动机构、平面移动转动机构、空间纯移动机构、空间纯转动机构和空间混合运动机构。

（1）串联机器人

它是一种开式运动链机器人，由一系列连杆通过转动关节或移动关节串联形成，采用驱动器驱动各个关节的运动从而带动连杆的相对运动，使末端执行器到达合适的位姿，一个轴的运动会改变另一个轴的坐标原点。图 1-12 所示为一种常见的串联装配机器人。它的特点是：工作范围大；运动分析较容易；可避免驱动轴之间的耦合效应；机构各轴必须独立控制，并且需搭配编码器与传感器来提高机构运动时的精准度。串联机器人的研究相对较成熟，已成功应用在工业上的各个领域，如装配、焊接（图 1-13）、喷涂、码垛等。

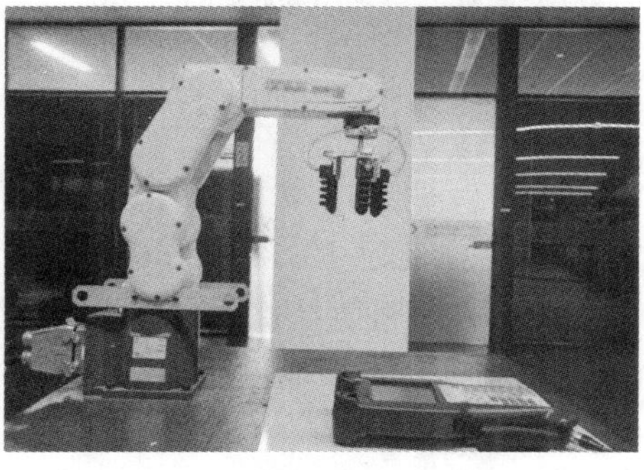

图 1-12　串联装配机器人

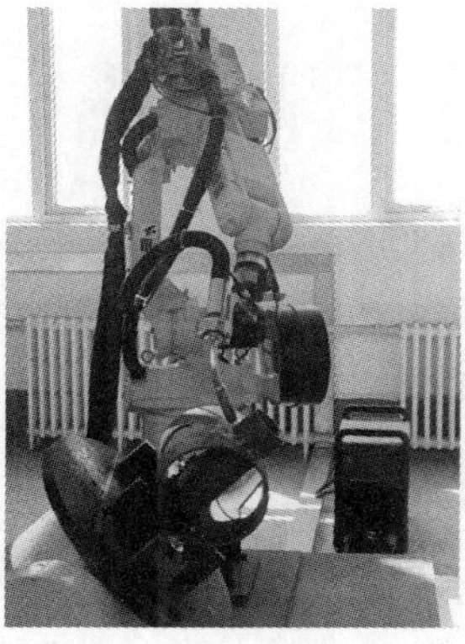

图 1-13　工业机器人在复杂零件焊接方面的应用

（2）并联机器人

如图 1-14 所示，它是将动平台和定平台通过至少两个独立的运动链连接，具有两个或两个以上自由度，且以并联方式驱动的一种闭环机构。其中末端执行器为动平台，与机座即定平台之间由若干包含许多运动副（如球副、移动副、转动副、虎克铰）的运动链相连，其中每一个运动链都可以独立控制其运动状态，以实现多自由度的并联，即一个轴运动不影响另一个轴的坐标原点。图 1-15（b）所示为一种蜘蛛手并联机器人，其特点是：工作范围较小；无累积误差，精度较高；驱动装置可置于定平台上或接近定平台的位置，运动部分重量轻，速度高，动态响应好；结构紧凑，刚度高，承载能力强；完全对称的并联机构具有较好的各向同性。并联机器人在需要高刚度、高精度或者大载荷而无需很大工作范围的领域获得了广泛应用，在物料的搬运、包装、分拣等方面有着无可比拟的优势。从机械结构上讲，并联机器人可分为回转驱动型和直线驱动型两大类，如图 1-15 所示。

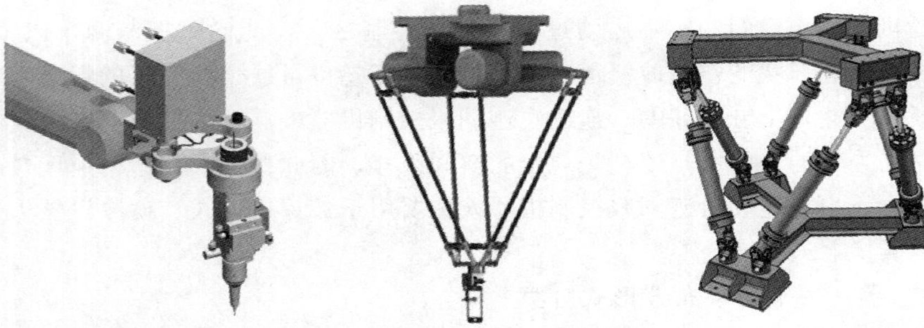

(a) 二自由度并联机构　　(b) 三自由度并联机构　　(c) 六自由度并联机构

图 1-14　并联机器人

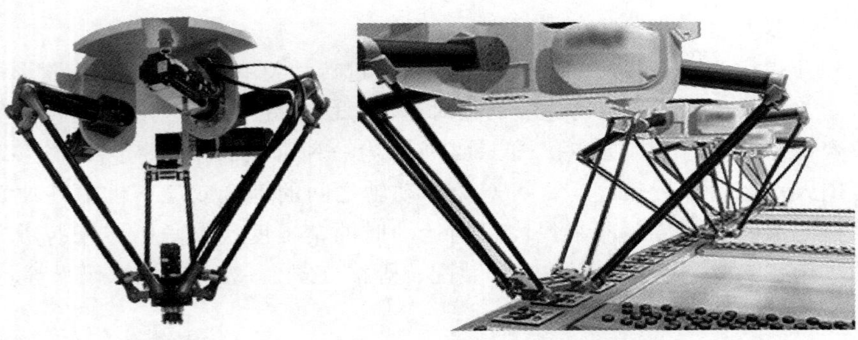

(a) 回转驱动型　　(b) 直线驱动型(蜘蛛手并联机器人)

图 1-15　并联工业机器人

1.1.2.5　按程序输入方式分类

（1）编程输入型机器人

编程输入型机器人是将计算机上已编好的作业程序文件，通过 RS232 串口或者以太网等通信方式传送到机器人控制柜，计算机解读程序后给出相应控制信号，命令各伺服系统控制机器人来完成相应的工作任务。图 1-16 所示为该类型工业机器人编程界面示意图。

（2）示教输入型机器人

示教输入型机器人的示教方法有两种：一种是由操作者用手动控制器（示教器等人机交

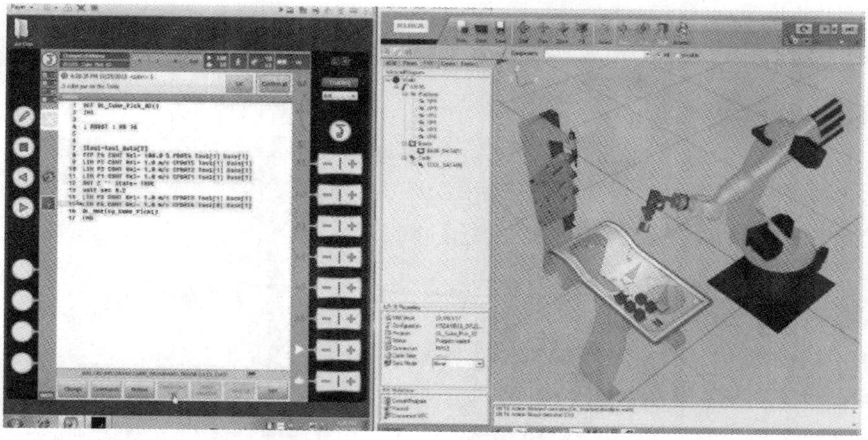

图 1-16　编程界面示意图

互设备），将指令信号传给驱动系统，由执行机构按要求的动作顺序和运动轨迹操演一遍，图 1-17 所示即通过示教器来控制机器人运动的工业机器人；另一种是由操作者直接控制执行机构，按要求的动作顺序和运动轨迹操演一遍，在示教过程的同时，工作程序的信息自动存入程序存储器中，在机器人自动工作时，控制系统从程序存储器中调出相应信息，将指令信号传给驱动机构，使执行机构再现示教的各种动作。

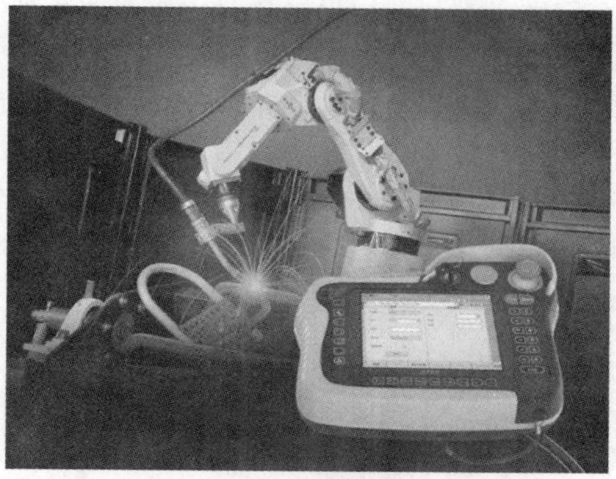

图 1-17　示教输入型工业机器人

1.1.2.6　按协作与否分类

按协作与否可分为协作机器人（图 1-18 和图 1-19）和非协作机器人。协作机器人指被设计成可以在协作区域内与人直接进行交互的机器人。

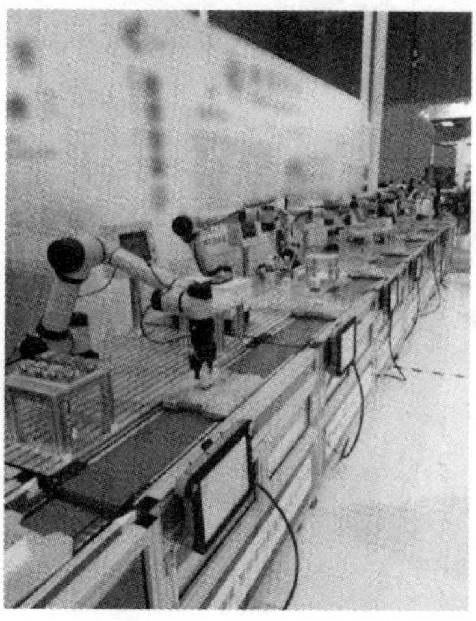

图 1-18　协作工业机器人（单臂）

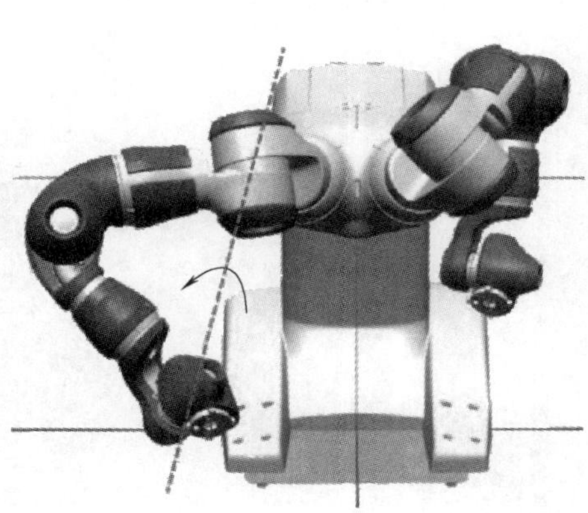

图 1-19　协作工业机器人（双臂）

1.1.3 工业机器人的应用领域

（1）喷涂机器人

如图 1-20 所示，喷涂机器人能在恶劣环境下连续工作，并具有工作灵活、工作精度高等特点，因此喷涂机器人被广泛应用于汽车、大型结构件等喷涂生产线，以保证产品的加工质量，提高生产效率，减轻操作人员劳动强度。

图 1-20　喷涂机器人

（2）焊接机器人

用于焊接的机器人一般分为点焊机器人和弧焊机器人两种，如图 1-21 所示。弧焊机器人作业精确，可以连续地进行工作，但在作业中会遇到部件稍有偏位或焊缝形状有所改变的情况，人工作业时，因能看到焊缝，可以随时作出调整，而机器人是按事先编好的程序工作，不能很快调整。

激光焊接机器人系统由激光器、冷却系统、热交换器、光缆转换器、激光电缆、激光加工镜组和机器人等部分组成。例如，在 POLO 两厢车身骨架焊接中，由两台激光源通过光缆转换器分别为五台机器人所带的激光头提供激光输入。由于激光焊接对焊接位置和零件配合要求较高，因此对机器人重复精度要求也高，一般要高于±0.1mm。激光焊接机器人系统及焊缝成形如图 1-22 所示。

(a) 点焊机器人

(b) 弧焊机器人

图 1-21　焊接机器人

图 1-22　激光焊接机器人系统及焊接成形

(3) 上下料机器人

如图 1-23 所示，目前我国大部分生产线上的机床装卸工件仍由人工完成，其劳动强度大，生产效率低，而且具有一定的危险性，已经满足不了生产自动化的发展趋势，为提高工作效率，降低成本，并使生产线发展为柔性生产系统，应现代机械行业自动化生产的要求，越来越多的企业已经开始利用工业机器人进行上下料了。

(4) 装配机器人

如图 1-24 所示，装配机器人是专门为装配而设计的工业机器人，与一般工业机器人相比，它具有精度高、柔顺性好、工作范围小、能与其他系统配套使用等特点。使用装配机器人可以保证产品质量，降低成本，提高生产自动化水平。

图 1-23 上下料机器人

图 1-24 装配机器人

(5) 搬运机器人

在建筑工地、海港码头，总能看到大吊车的身影，这只是机械代替了人力，还需依靠人操作和控制定位等，不能自主作业。图 1-25 所示的搬运机器人可进行自主搬运。有时也可采用机械手进行搬运，如图 1-26 所示。

图 1-25 搬运机器人

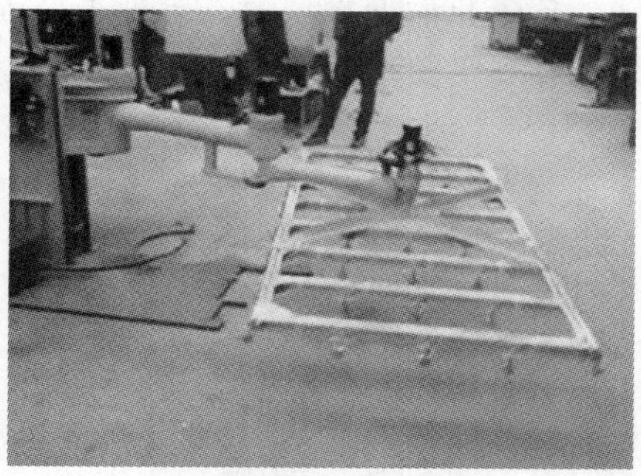

图 1-26 机械手

(6) 码垛机器人

如图 1-27 所示，码垛机器人主要用于码垛。

(7) 包装机器人

计算机、通信和消费性电子行业（3C 行业）和化工、食品、饮料、药品工业是包装机器人的主要应用领域，原因是 3C 行业的产品产量大、周转速度快，成品包装任务繁重，化工、食品、饮料、药品包装由于行业特殊性，人工作业涉及安全、卫生、清洁、防水、防菌等方面的问题。图 1-28 所示为包装机器人在工作。

图 1-27　码垛机器人

图 1-28　包装机器人

（8）喷丸机器人

图 1-29 所示的喷丸机器人比人工清理效率高出 10 倍以上，而且操作者可以避开污浊、嘈噪的工作环境，只要改变计算机程序，就可以轻松改变不同的清理工艺。

（9）吹玻璃机器人

玻璃制品都是先将玻璃熔化，然后人工吹起成形的，熔融的玻璃温度高达 1100℃以上，无论是搬运还是吹制，不仅劳动强度大，而且有害身体，技术难度还很高。吹玻璃机器人可完成搬运和吹制两项工作。

（10）核工业中的机器人

如图 1-30 所示，核工业机器人主要用于以核工业为背景的危险、恶劣场所，特别针对核电站、核燃料后处理厂及三废处理厂等放射性环境现场，可对其核设施中的设备装置进行检查、维修和简单事故处理等工作。

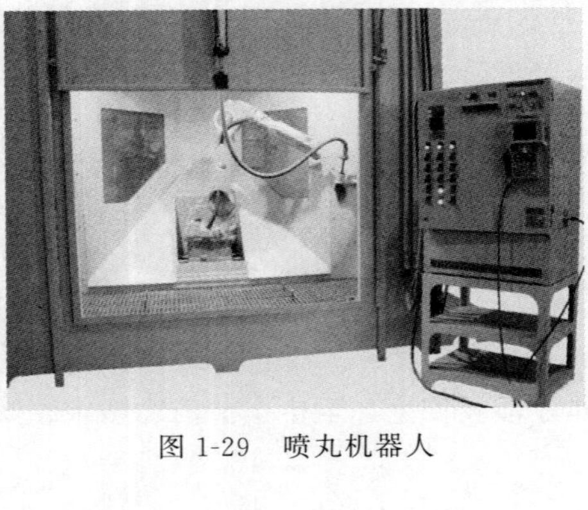

图 1-29　喷丸机器人

图 1-30　核工业机器人

（11）机械加工机器人

这类机器人本身具有加工工具，如刀具等，刀具的运动由机器人的控制系统控制，主要用于切割（图 1-31）、去毛刺（图 1-32）、轻型加工（图 1-33）与雕刻（图 1-34）等。由于加工比较复杂，一般采用离线编程来完成。这类机器人有的具有加工中心的某些特性，如刀库（图 1-35）等。

图 1-31　激光切割机器人工作站

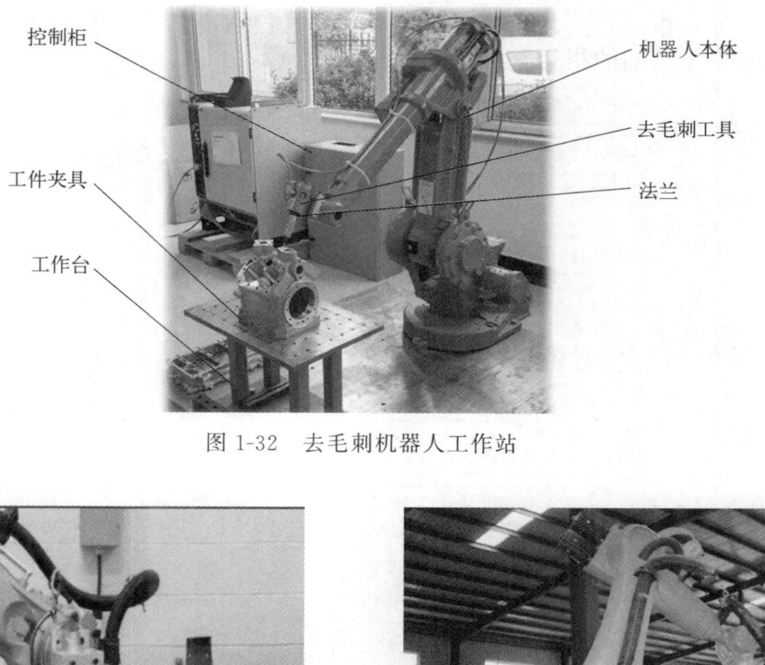

图 1-32　去毛刺机器人工作站

图 1-33　轻型加工机器人工作站

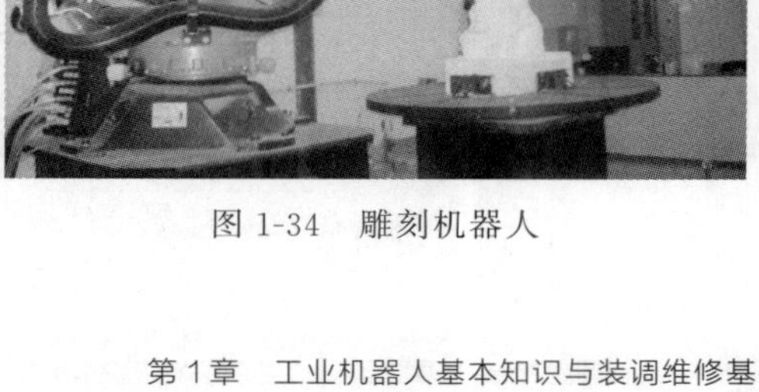

图 1-34　雕刻机器人

（12）高压线作业机器人

高压巡线是一项危险性较高的工作，操作人员需攀爬高压设备进行安全巡视，高压线作业人机器人（图 1-36）可帮助操作人员进行高压线巡视，不仅省时省力，还能有效保障操作人员的生命安全。

图 1-35　雕刻机器人的刀库

图 1-36　高压线作业机器人

1.2　工业机器人的组成与工作原理

1.2.1　工业机器人的组成

工业机器人通常由执行机构、驱动系统、控制系统和传感系统四部分组成，如图 1-37 所示。其各组成部分之间的相互作用关系如图 1-38 所示。

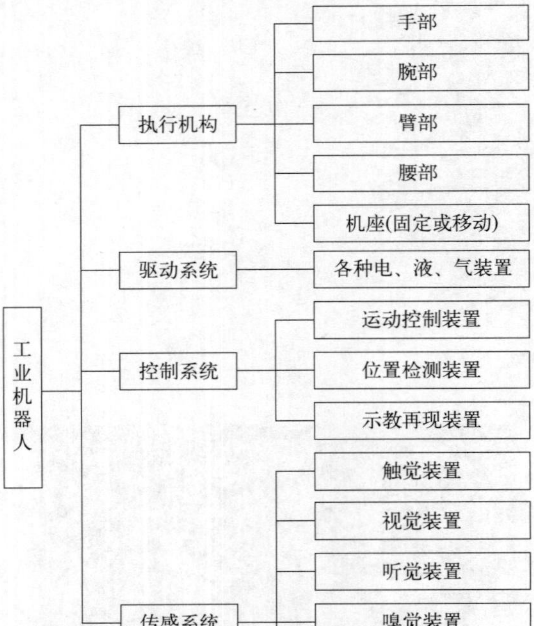

图 1-37　工业机器人的组成

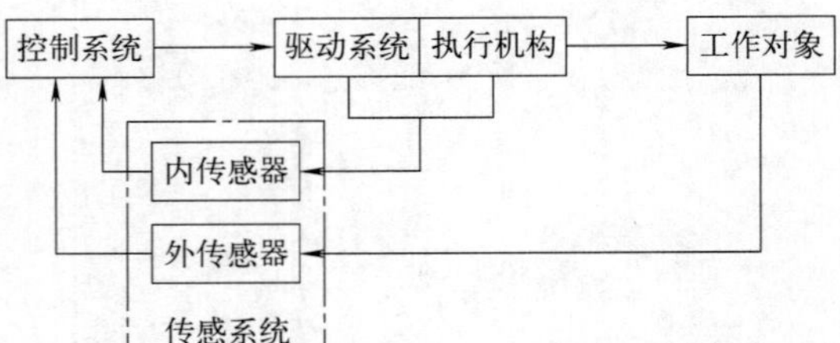

图 1-38　机器人各组成部分之间的关系

（1）执行机构

执行机构是工业机器人赖以完成工作任务的实体，通常由一系列连杆、关节或其他形式的运动副组成。从功能的角度可分为手部、腕部、臂部、腰部和机座，如图 1-39 所示。

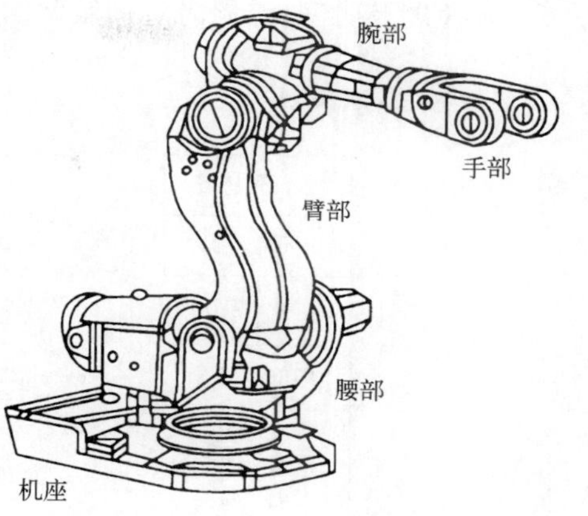

图 1-39　工业机器人执行机构

① 手部　工业机器人的手部也称为末端执行器，是装在机器人手腕上直接抓握工件或执行作业的部件，是工业机器人的关键部件之一。

手部可以像人手那样具有手指，也可以不具备手指；可以是类似人手的手爪，也可以是进行某种作业的专用工具，如机器人手腕上的焊枪、涂料喷头等。各种手部的工作原理不同，结构形式各异，常用的手部按其夹持原理的不同，可分为机械式、磁力式和真空式三种。

② 腕部　工业机器人的腕部是连接手部和臂部的部件，起支撑手部的作用。机器人一般具有六个自由度才能使手部达到目标位置和处于期望的姿态，腕部的自由度主要是实现所期望的姿态，并扩大臂部工作范围。手腕按自由度个数可分为单自由度手腕、二自由度手腕和三自由度手腕。腕部实际所需的自由度数目应根据机器人的工作性能要求确定。在有些情况下，腕部具有两个自由度：翻转和俯仰或翻转和偏转。有些专用机器人没有手腕部件，而是直接将手部安装在臂部的前端；有的腕部为了特殊要求还有横向移动自由度。

③ 臂部　工业机器人的臂部是连接腰部和腕部的部件，用来支撑腕部和手部，实现较大工作范围。臂部一般由大臂、小臂（或多臂）所组成。臂部总重量较大，受力一般比较复杂，在运动时，直接承受腕部、手部和工件的静、动载荷，尤其在高速运动时，将产生较大的惯性力（或惯性力矩），引起冲击，影响定位精度。

④ 腰部　工业机器人的腰部是连接臂部和机座的部件，通常是回转部件。由于它的回转，再加上臂部的运动，就能使腕部作空间运动。腰部是执行机构的关键部件，它的制作误差、运动精度和平稳性对机器人的定位精度有决定性的影响。

⑤ 机座　它是整个机器人的支持部分，有固定式和移动式两类。移动式机座用来扩大机器人的工作范围，有的是专门的行走装置，有的是轨道、滚轮机构。机座必须有足够的刚度和稳定性。

（2）驱动系统

工业机器人驱动系统一般包括驱动器和传动机构两部分，如图 1-40 所示。

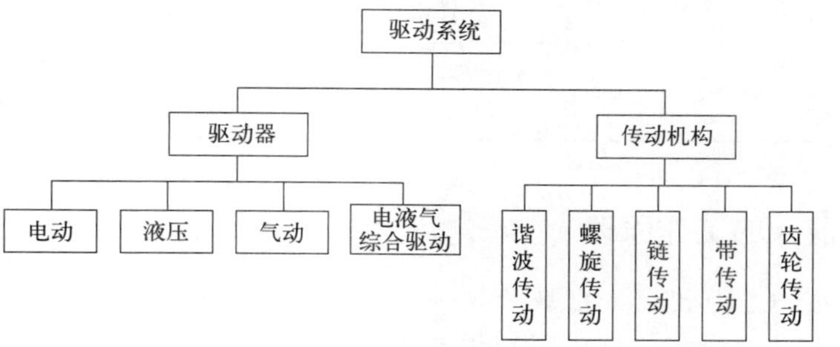

图 1-40　工业机器人驱动系统

（3）控制系统

控制系统支配着工业机器人按规定的程序运动，并记忆指令信息（如动作顺序、运动轨迹、运动速度及时间），同时对伺服驱动系统发出动作命令，如图 1-41 所示。

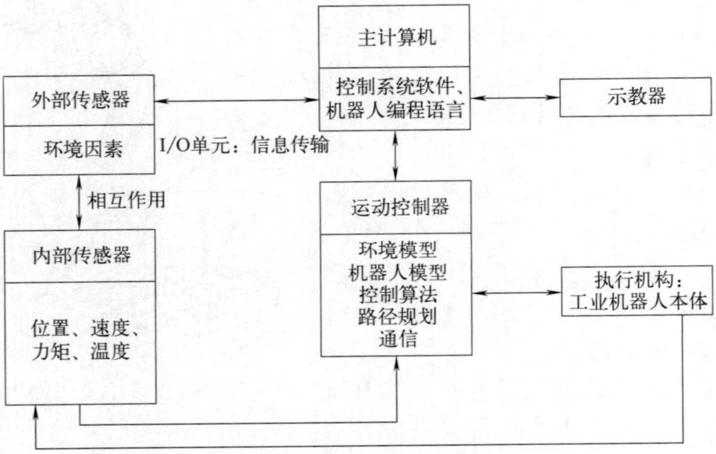

图 1-41　工业机器人控制系统

（4）传感系统

传感系统是工业机器人的重要组成部分，按其采集信息的位置，一般可分为内部和外部两类传感器（表 1-1）。内部传感器是完成机器人运动控制所必需的传感器，如位置、速度传感器等，用于采集机器人内部信息，是构成机器人不可缺少的基本元件。外部传感器检测机器人所处环境、外部物体状态或机器人与外部物体的关系。常用的外部传感器有力觉传感器、触觉传感器、接近觉传感器、视觉传感器等。传统的工业机器人仅采用内部传感器，用于对机器人运动、位置及姿态进行精确控制。使用外部传感器，使机器人对外部环境具有一定程度的适应能力，从而表现出一定程度的智能。

表 1-1　传感器的分类

内部传感器	用途	机器人的精确控制
	检测的信息	位置、角度、速度、加速度、姿态、方向等
	所用传感器	微动开关、光电开关、差动变压器、编码器、电位计、旋转变压器、测速发电机、加速度计、陀螺、倾角传感器、力(或力矩)传感器等
外部传感器	用途	了解工件、环境或机器人在环境中的状态，对工件灵活、有效地操作
	检测的信息	工件和环境：形状、位置、范围、质量、姿态、运动、速度等 机器人与环境：位置、速度、加速度、姿态等 对工件的操作：非接触(间隔、位置、姿态等)、接触(障碍检测、碰撞检测等)以及触觉(接触觉、压觉、滑觉)和夹持力等
	所用传感器	视觉传感器、光学测距传感器、超声测距传感器、触觉传感器、电容传感器、电磁感应传感器、限位传感器以及压敏导电橡胶和弹性体加应变片等

1.2.2 工业机器人的工作原理

现在广泛应用的工业机器人都属于第一代机器人，其基本工作原理是示教再现，如图 1-42 所示。示教也称导引，即由用户引导机器人，一步步将实际任务操作一遍，机器人在引导过程中自动记忆示教的每个动作的位置、姿态、运动参数、工艺参数等，并自动生成一个连续执行全部操作的程序。完成示教后，只需给机器人一个启动命令，机器人将精确地按示教动作，一步步完成全部操作，这就是再现。

（1）机器人机械臂的运动

机器人机械臂由数个刚性杆体和旋转或移动的关节连接而成，是一个开环关节链，其一端固接在机座上，另一端是自由的，安装着末端执行器，在机器人操作时，机器人机械臂前端的末端执行器必须与被加工工件处于相适应的位置和姿态，而这些位置和姿态是由若干臂关节的运动合成的。因此，在机器人运动控制中，必须要知道机械臂各关节变量空间与末端执行器的位置和姿态之间的关系，这就是机器人运动学模型。机器人机械臂几何结构确定后，其运动学模型即可确定，这是机器人运动控制的基础。

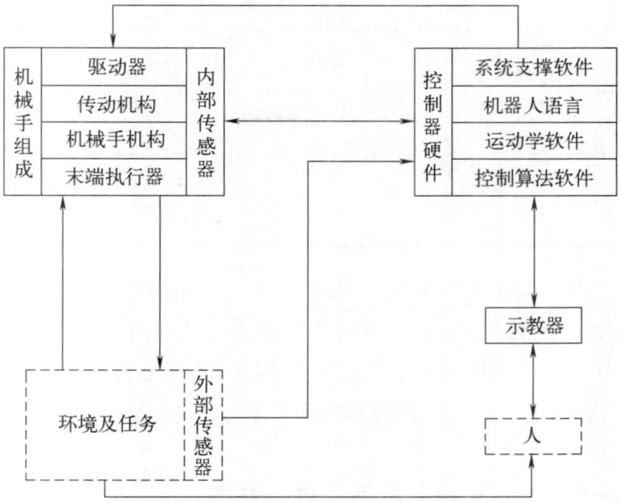

图 1-42　机器人的基本工作原理

（2）机器人轨迹规划

机器人机械手端部从起点的位置和姿态到终点的位置和姿态的运动轨迹空间曲线称为路径。轨迹规划的任务是用一种函数来内插或逼近给定的路径，并沿时间轴产生一系列控制设定点，用于控制机械手运动。目前常用的轨迹规划方法有空间关节插值和笛卡儿空间规划两种方法。

（3）机器人机械手的控制

当一台机器人机械手的动态运动方程已给定，它的控制目的就是按预定性能要求保持机械手的动态响应。

1.3　工业机器人的基本参数

1.3.1　技术参数

技术参数是各工业机器人制造商在产品供货时所提供的技术数据。尽管各厂商所提供的技术参数项目是不完全一样的，工业机器人的结构、用途等有所不同，且用户的要求也不同，但是，工业机器人的主要技术参数一般都应有自由度、工作范围、额定速度、承载能力、重复定位精度等。

（1）自由度

构件相对于参考系具有的独立运动参数的数目称为自由度。任何一个构件在空间自由运动时均有六个自由度，在平面运动时有三个自由度。自由度通常作为机器人的技术指标，反映机器人动作的灵活性，可用轴的直线移动、摆动或旋转动作的数目来表示。表 1-2 为常见机器人自由度的数量，下面详细讲述各类机器人的自由度。

表 1-2　常见机器人自由度的数量

机器人种类		自由度数量	移动关节数量	转动关节数量
直角坐标型		3	3	0
圆柱坐标型		5	2	3
球(极)坐标型		5	1	4
关节坐标型	SCARA	4	1	3
	六轴	6	0	6
并联机器人		需要计算		

① 直角坐标型机器人的自由度　直角坐标型机器人的臂部具有三个自由度，如图 1-43 所示。其移动关节各轴线相互垂直，使臂部可沿三个方向移动。这种形式的机器人的主要特点是结构刚度大，关节运动相互独立，操作灵活性差。

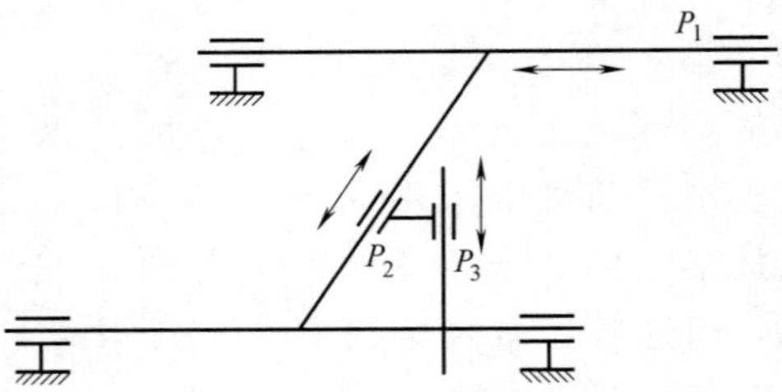

图 1-43　直角坐标型机器人的自由度

② 圆柱坐标型机器人的自由度　五轴圆柱型坐标机器人有五个自由度，如图 1-44 所示。其臂部可沿自身轴线伸缩移动，可绕机身垂直轴线回转，并可沿机身轴线上下移动，构成三个自由度；另外，其臂部、腕部和末端执行器三者间采用两个转动关节连接，构成两个自由度。

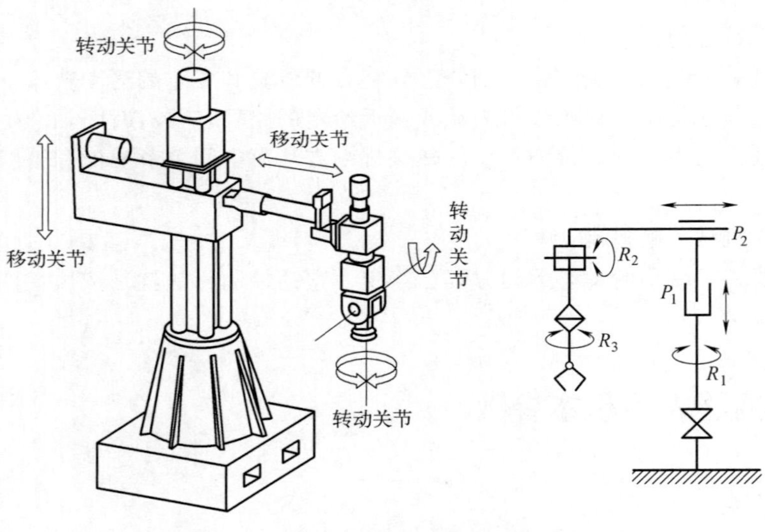

图 1-44　圆柱坐标型机器人的自由度

③ 球（极）坐标型机器人的自由度　球（极）坐标型机器人具有五个自由度，如图 1-45 所示。其臂部可沿自身轴线伸缩移动，可绕机身垂直轴线回转，并可在垂直平面内上下摆动，构成三个自由度；另外，其臂部、腕部和末端执行器三者间采用两个转动关节连接，构成两个自由度。这类机器人的灵活性好、工作范围大。

④ 关节坐标型机器人的自由度　与其轴数和关节形式有关，现以常见的 SCARA 平面双关节型机器人和六轴关节型机器人为例进行说明。

a. SCARA 平面双关节型机器人　图 1-46 所示的 SCARA 平面双关节型机器人有四个自由度：大臂与机身的关节及大、小臂间的关节都为转动关节，具有两个自由度；小臂与腕

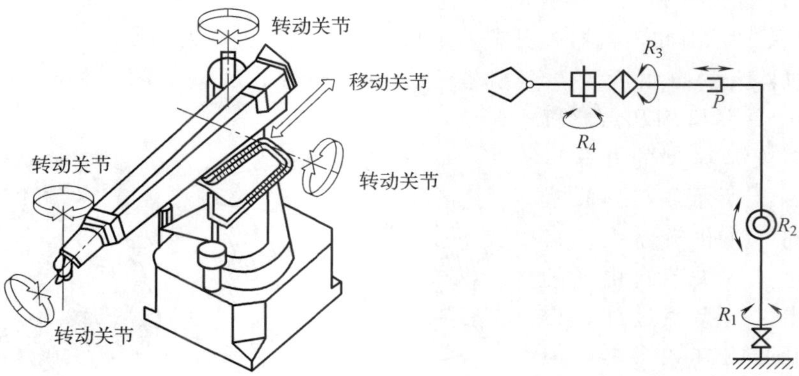

图 1-45　球（极）坐标型机器人的自由度

部的关节为移动关节，具有一个自由度；腕部和末端执行器的关节为转动关节，具有一个自由度，实现末端执行器绕垂直轴线的旋转。这种机器人适用于平面定位、在垂直方向进行装配作业的场合。

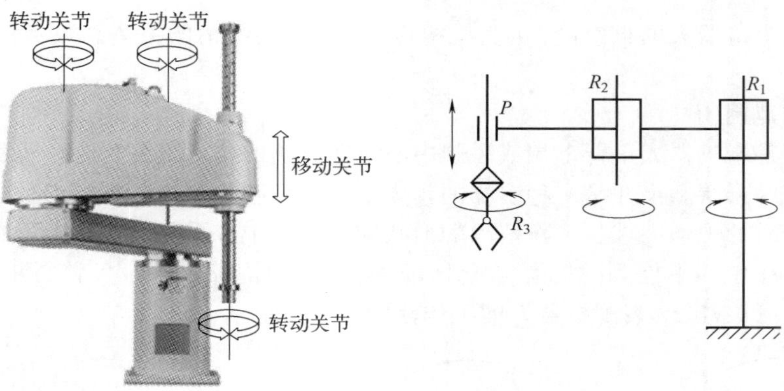

图 1-46　SCARA 平面关节型机器人的自由度

b. 六轴关节型机器人　如图 1-47 所示，六轴关节型机器人的机身与机座处的腰关节、

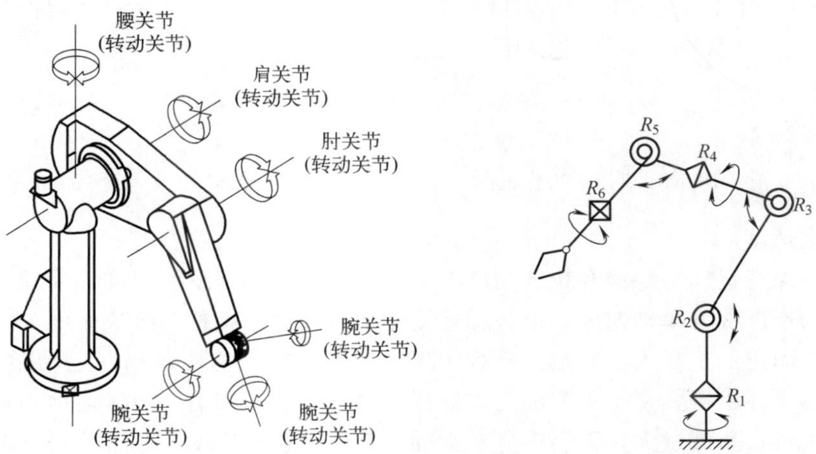

图 1-47　六轴关节型机器人的自由度

大臂与机身处的肩关节和大、小臂间的肘关节，以及小臂、腕部和手部三者间的三个腕关节，都是转动关节，因此该机器人具有六个自由度。这种机器人动作灵活、结构紧凑。

⑤ 并联机器人的自由度　并联机器人是由并联方式驱动的闭环机构组成的机器人。Gough-Stewart 并联机构和由此机构构成的机器人是典型的并联机器人，如图 1-48 所示。与串联式开链结构不同，并联机器人的自由度不能通过结构关节自由度的个数明显数出，需要经过计算得出。计算自由度的方式多样，但大多都有适用条件限制或者若干注意事项（如需要甄别公共约束、虚约束、环数、链数、局部自由度等）。其中，用 Kutzbach-Grubler 公式计算自由度的方式如下：

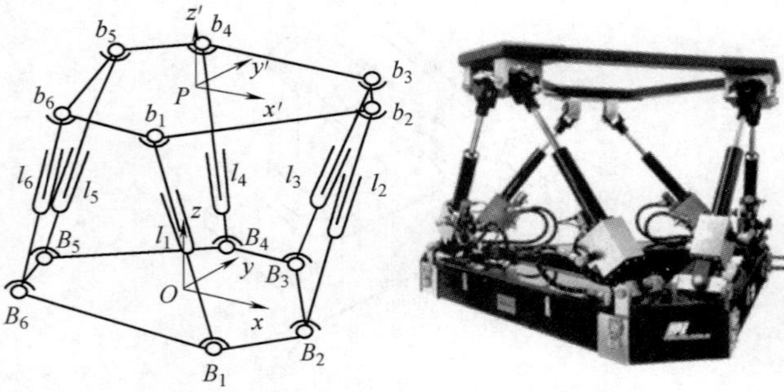

图 1-48　Gough-Stewart 并联机器人

$$F=6(l-n+1)+\sum_{i=1}^{n} f_i$$

式中，F 为机器人的自由度；l 为机构连杆数；n 为结构的关节总数；f_i 为第 i 个关节的自由度。

（2）工作范围

工作范围是指机器人手臂末端或手腕中心所能到达的所有点的集合，也称工作区域。因为末端执行器的形状和尺寸是多种多样的，为了真实反映机器人的特征参数，所以是指不安装末端执行器时的工作区域。工作范围的形状和大小是十分重要的，机器人在执行某作业时可能会因为存在手部不能到达的作业死区而不能完成任务。图 1-49 和图 1-50 所示分别为 PUMA 机器人和 A4020 装配机器人的工作范围。

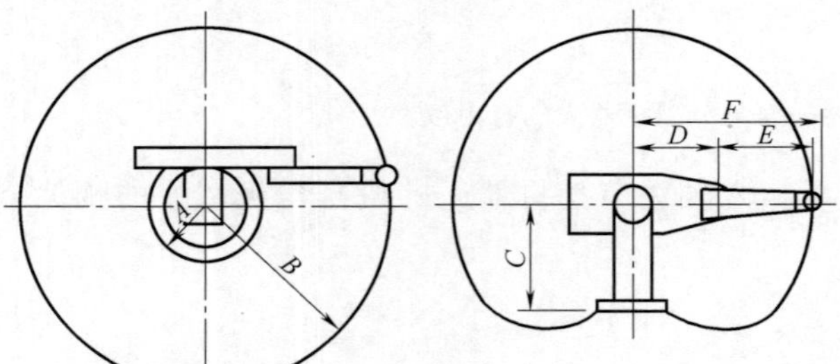

图 1-49　PUMA 机器人工作范围

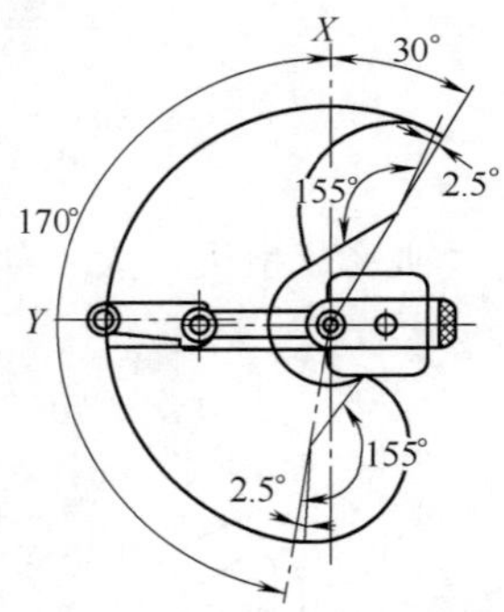

图 1-50　A4020 装配机器人工作范围

（3）额定速度

机器人在保持运动平稳性和位置精度的前提下所能达到的最大速度称为额定速度。其某一关节运动的速度称为单轴速度，由各轴速度分量合成的速度称为合成速度。

对于结构固定的机器人，其最大行程为定值，因此额定速度越高，运动循环时间越短，工作效率也越高。机器人每个关节的运动过程一般包括启动加速、匀速运动和减速制动三个阶段。如果机器人负载过大，则会产生较大的加速度，造成启动、制动阶段时间增长，从而影响机器人的工作效率。因此，要根据实际工作周期来平衡机器人的额定速度。

（4）承载能力

承载能力是指机器人在工作范围内的任何位姿上所能承受的最大重力，通常可以用质量、力矩或惯性矩来表示。承载能力不仅取决于负载，而且与机器人运行的速度和加速度的大小、方向有关。一般低速运行时，承载能力强。为保证安全，将承载能力这个指标确定为高速运行时的承载能力。通常，机器人末端执行器的质量也计入负载。

（5）分辨率

机器人的分辨率由系统设计检测参数决定，并受到位置反馈检测单元性能的影响。分辨率可分为编程分辨率与控制分辨率。编程分辨率是指程序中可以设定的最小距离单位，又称基准分辨率。控制分辨率是位置反馈回路能检测到的最小位移量。当编程分辨率与控制分辨率相等时，系统性能达到最高。

（6）精度

机器人的精度主要体现在定位精度和重复定位精度两个方面。定位精度是指机器人末端执行器的实际位置与目标位置之间的偏差，由机械误差、控制算法误差与系统分辨率等部分组成。

重复定位精度是指在相同环境、相同条件、相同目标动作、相同命令的条件下，机器人连续重复运动若干次时，其位置在一个平均值附近变化的幅度，是关于精度的一个统计数据。因重复定位精度不受工作载荷变化的影响，所以通常用重复定位精度这个指标作为衡量工业机器人示教再现水平的重要指标。

1.3.2 其他参数

（1）控制方式

控制方式是指机器人控制轴的方式，是伺服还是非伺服，伺服控制是实现连续轨迹还是点到点的运动。

（2）驱动方式

驱动方式是指关节执行器的动力源形式，通常有气动、液压、电动等。

（3）安装方式

安装方式是指机器人本体安装的工作场合的形式，通常有地面安装、架装、吊装等。

（4）动力源容量

动力源容量是指机器人动力源的规格（如气压、耗气量，液体压力，电压等）和消耗功率的大小。

（5）本体重量

本体重量是指机器人在不加任何载荷时本体的重量，用于预估运输、安装等。

（6）环境参数

环境参数是指机器人在运输、储存和工作时需要提供的环境条件，如温度、湿度、振动、防护等级和防爆等级等。

1.4 工业机器人装调维修基础

1.4.1 工业机器人的安全标志

不同型号的工业机器人其安全标志是不同的，现以ABB工业机器人为例进行介绍（表1-3）。

表 1-3　ABB 工业机器人的安全标志

序号	标志	名称	说明
1		警告	如果不依照说明操作，可能会发生事故，造成严重的伤害（可能致命）和/或重大的产品损坏。该标志适用于以下险情：触碰高压电气单元、爆炸、火灾、吸入有毒气体、挤压、撞击、高空坠落等
2		注意	如果不依照说明操作，可能会发生能造成伤害和/或产品损坏的事故。该标志适用于以下险情：灼伤、眼部伤害、皮肤伤害、听力损伤、挤压或滑倒、跌倒、撞击、高空坠落等。此外，它还适用于某些涉及功能要求的警告消息，即在装配和移除设备过程中出现有可能损坏产品或引起产品故障的情况时，就会采用这一标志
3		禁止	与其他标志组合使用
4		参阅用户文档	阅读用户文档（一般为产品手册），了解详细信息
5		参阅产品手册	在拆卸之前，参阅产品手册
6		不得拆卸	拆卸此部件可能会导致伤害
7		旋转更大	此轴的旋转范围（工作区域）大于标准范围
8		制动闸释放	按此按钮将会释放制动闸，这意味着操纵臂可能会掉落
9	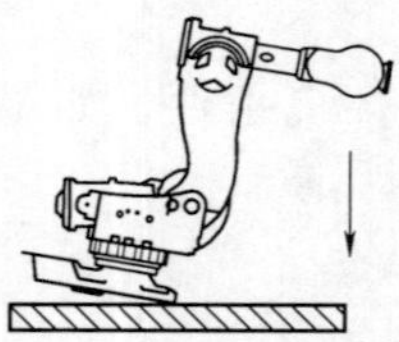	拧松螺栓有倾翻风险	如果螺栓没有固定牢靠，可能会翻倒
10		挤压	挤压伤害风险

续表

序号	标志	名称	说明
11		高温	存在可能导致灼伤的高温风险
12	 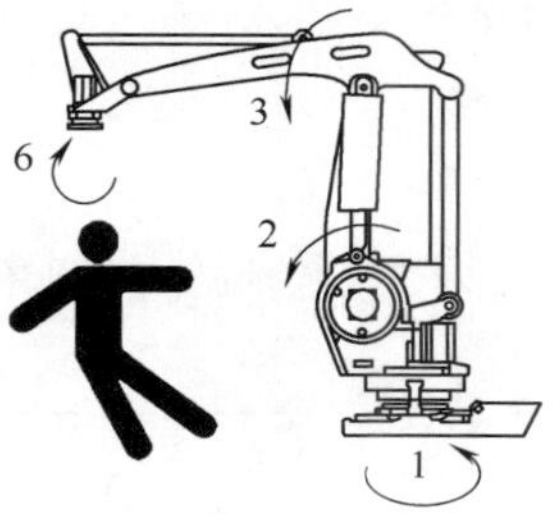	机器人移动	机器人可能会意外移动
13	 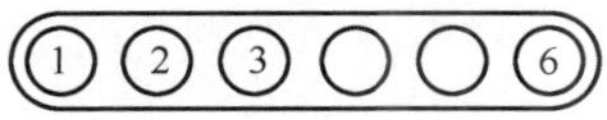	制动闸释放按钮	制动闸释放按钮
14		吊环螺栓	吊环螺栓
15		带缩短器的吊货链	带缩短器的吊货链
16		机器人提升	机器人提升

续表

序号	标志	名称	说明
17		润滑油	如果不允许使用润滑油，则可与禁止标志一起使用
18		机械挡块	机械挡块
19		无机械制动器	无机械制动器
20		储能	此部件储能，与不得拆卸标志一起使用
21		压力	此部件承受了压力，通常另外印有文字，标明压力大小
22		使用手柄关闭	使用控制器上的电源开关

1.4.2 工业机器人故障产生规律

1.4.2.1 工业机器人性能或状态

工业机器人在使用过程中，其性能或状态随着使用时间的推移而逐步下降，如图 1-51 所示。很多故障发生前会有一些预兆，即潜在故障，其可识别的物理参数表明一种功能故障即将发生。功能故障表明工业机器人丧失了规定的性能。

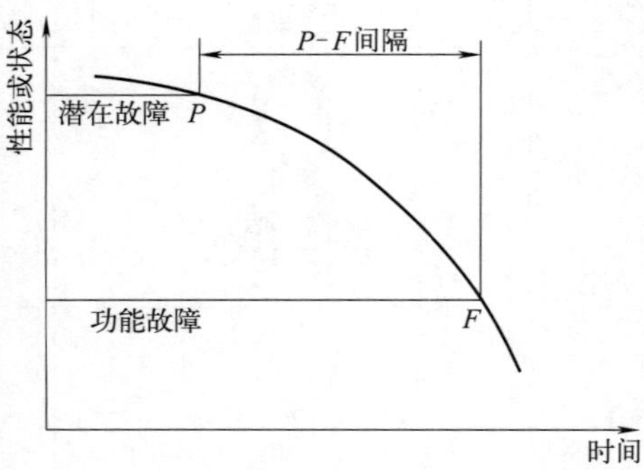

图 1-51 设备性能或状态曲线

图 1-51 中 P 点表示性能已经恶化，并发展到可识别潜在故障的程度：可能是金属疲劳的一条裂纹，将导致零件折断；可能是振动，将发生轴承故障；可能是一个过热点，电机将损坏；可能是一个齿轮齿面过多的磨损等。F 点表示潜在故障已变成功能故障，即它已质变到损坏的程度。

P-F 间隔就是从潜在故障的显露到转变为功能故障的时间间隔，各种故障的 P-F 间隔差别很大，可由几秒到几年，突发故障的 P-F 间隔就很短。较长的间隔意味着有更多的时间来预防功能故障的发生，此时如果积极主动地寻找潜在故障的物理参数，以采取新的预防技术，就能避免功能故障，争取到较长的使用时间。

1.4.2.2 工业机器人机械磨损阶段

工业机器人在使用过程中，由于运动机件相互摩擦，表面产生刮削、研磨，加上化学物质的侵蚀，就会造成磨损。磨损过程大致为下述三个阶段。

（1）初期磨损阶段

多发生于新设备启用初期，主要特征是摩擦表面的凸峰、氧化皮、脱碳层很快被磨去，使摩擦表面更加贴合，这一过程时间不长，而且对工业机器人有益，通常称为跑合，如图 1-52 的 Oa 段。

（2）稳定磨损阶段

由于跑合的结果，使运动表面工作在耐磨层，而且相互贴合，接触面积增加，单位接触面上的应力减小，因而磨损增加缓慢，可以持续很长时间，如图 1-52 所示的 ab 段。

（3）急剧磨损阶段

随着磨损逐渐积累，零件表面抗磨层的磨损超过极限，磨损速率急剧上升。理论上将正常磨损的终点作为合理磨损的极限。

根据磨损规律，工业机器人的修理应安排在稳定磨损终点 b 为宜。这时，既能充分利用原零件性能，又能防止急剧磨损出现，也可稍有提前，以预防急剧磨损，但不可拖后。若使工业机器人带病工作，势必带来更大的损坏，造成不必要的经济损失。在正常情况下，到达 b 点的时间一般为 7～10 年。

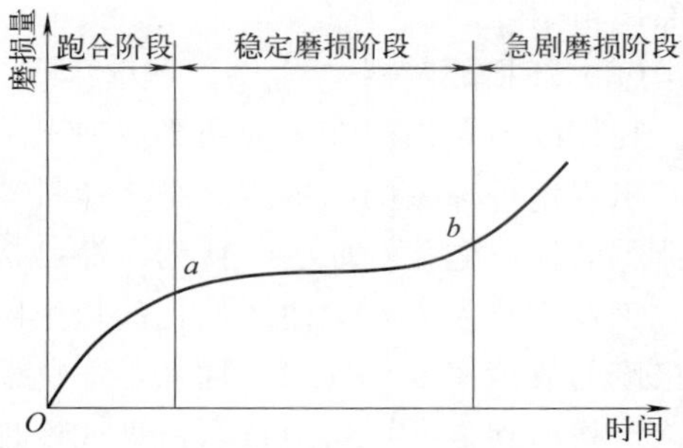

图 1-52 典型磨损过程

1.4.2.3 工业机器人故障规律

与一般设备相同，工业机器人的故障率随时间变化的规律可用图 1-53 所示的浴盆曲线（也称失效率曲线）表示。整个使用寿命期，根据工业机器人的故障频率大致分为三个阶段，即早期故障期、偶发故障期和耗损故障期。

（1）早期故障期

这个时期工业机器人故障率高，但随着使用时间的增加迅速下降。这段时间的长短，随产品、系统的设计与制造质量而异，约为 10 个月。工业机器人使用初期之所以故障频繁，原因大致如下。

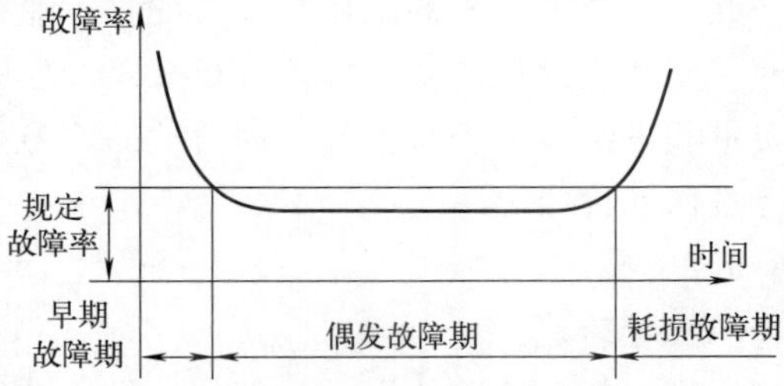

图 1-53 工业机器人故障规律（浴盆曲线）

① 机械部分 工业机器人虽然在出厂前进行过磨合，但时间较短，而且主要是对齿轮进行磨合。由于零件的加工表面存在着微观和宏观的几何形状偏差，部件的装配可能存在误差，因而，在工业机器人使用初期会产生较大的磨损，使设备相对运动部件之间产生较大的间隙，导致故障的发生。

② 电气部分　工业机器人的控制系统使用了大量的电子元器件，这些元器件虽然在制造厂经过了严格的筛选和整机考机处理，但在实际运行时，由于电路的发热以及交变负荷、浪涌电流及反电势的冲击，性能较差的某些元器件经不住考验，因电流冲击或电压击穿而失效，或特性曲线发生变化，从而导致整个系统不能正常工作。

③ 液压、气动部分　由于出厂后运输及安装阶段的时间较长，使液压系统中某些部位长时间无油，气缸中润滑油干涸，而油雾润滑又不可能立即起作用，造成油缸或气缸产生锈蚀。此外，新安装的空气管道若清洗不干净，一些杂物和水分也可能进入系统，造成液压、气动部分的初期故障。

除此之外，还有元件、材料等原因会造成早期故障，这个时期一般在保修期以内。因此，工业机器人购买后，应尽快使用，使早期故障尽量在保修期内显示。

（2）偶发故障期

工业机器人在经历了初期的各种磨合和调整后，开始进入相对稳定的偶发故障期——正常运行期。正常运行期为7～10年。在这个阶段，故障率低而且相对稳定。偶发故障是由于偶然因素引起的。

（3）耗损故障期

耗损故障期出现在工业机器人使用的后期，其特点是故障率随着运行时间的增加而升高。出现这种现象的基本原因是工业机器人的零部件及电子元器件经过长时间的运行，由于疲劳、磨损、老化等原因，使用寿命已接近完结，从而处于频发故障状态。

工业机器人失效率曲线变化的三个阶段，真实地反映了从磨合、调试、正常工作到大修或报废的故障率变化规律，加强工业机器人的日常管理与维护保养，可以延长偶发故障期。准确地找出拐点，可避免过剩修理或修理范围扩大，以获得最佳的投资效益。

1.4.3 工业机器人故障诊断基本方法

由维修人员对工业机器人进行问、看、听、触、嗅等的诊断，称为实用诊断技术，实用诊断技术有时也称直观诊断技术。

1.4.3.1 问

弄清故障是突发的，还是渐发的，工业机器人开动时有哪些异常现象。对比故障前后工件的精度和表面粗糙度，以便分析故障产生的原因。传动系统是否正常，出力是否均匀，背吃刀量和进给量是否减小等。润滑油品牌号是否符合规定，用量是否适当。工业机器人何时进行过保养检修等。

1.4.3.2 看

（1）看转速

观察主传动速度的变化。例如，带传动的线速度变慢，可能是传动带过松或负载太大；对主传动系统中的齿轮，主要看它是否跳动、摆动；对传动轴主要看它是否弯曲或晃动。

（2）看颜色

看工业机器人外表颜色是否发生变化，油箱里的油液是否变色。

（3）看伤痕

工业机器人零部件碰伤损坏部位很容易发现，若发现裂纹时，应做标记，隔一段时间后再比较它的变化情况，以便进行综合分析。

（4）看工件

对于机械加工机器人，若工件表面粗糙度 Ra 值大，甚至出现波纹，则可能是工业机器人齿轮啮合不良造成的。

（5）看变形和跳动

观察工业机器人的坐标轴是否变形，第六轴是否跳动。

（6）看油箱

观察油液是否变质，确定其能否继续使用。

1.4.3.3　听

听运行中的工业机器人有无异响。

1.4.3.4　触

（1）温升

用手指触碰判断有无异常温升。

（2）振动

用手触碰感觉振动的大小，特别是第六轴。

（3）伤痕和波纹

肉眼看不清的伤痕和波纹，可用手指触摸。方法是：对圆形零件要沿切向和轴向分别触摸；对平面则要左右、前后均匀触摸；触摸时不能用力太大，只轻轻把手指放在被检查面上即可。

（4）爬行

用手触摸可直观地感觉出来，这种情况在应用丝杠、液压及钢丝传动的工业机器人上出现较多。

（5）松紧

拆开防护，用手转动轴或同步齿形带，可感觉到接触部位的松紧是否适当。

1.4.3.5　嗅

剧烈摩擦或电气元件绝缘破损短路，使附着的油脂或其他可燃物质氧化或燃烧会产生异味。

1.4.4　工业机器人故障维修原则与安装准备

1.4.4.1　工业机器人故障维修原则

（1）先外部后内部

维修人员要把握先外部后内部的原则。当工业机器人出现故障后，维修人员应由外向内逐一检查。在检修中重视外部因素，尽量避免随意启封、拆卸，不适当地大拆大卸，往往会扩大故障，使工业机器人丧失精度、降低性能。

（2）先机械后电气

机械故障一般较易察觉，而控制系统故障的诊断则难度要大些。首先检查机械部分是否正常，行程开关是否灵活，以及气动、液压部分是否存在阻塞等。首先排除机械故障，往往可以达到事半功倍的效果。

（3）先静后动

首先询问工业机器人操作人员故障发生的过程及状态，阅读工业机器人说明书、图样资料后，方可进一步处理。在工业机器人断电的静止状态，通过观察、测试与分析，确认为非破坏性故障后，方可给工业机器人通电，在运行工况下，进行动态的观察、检验和测试，查找故障点。对破坏性故障，必须先排除危险再通电，在运行工况下进行动态诊断。

(4) 先公用后专用

公用性的问题往往影响全局，而专用性的问题只影响局部。先解决主要矛盾，局部的、次要的问题有可能迎刃而解。

(5) 先简单后复杂

多种故障互相交织掩盖、一时无从下手时，应先解决简单的问题，后解决复杂的问题。在处理简单故障的过程中，可能受到启发，对复杂故障的认识更为清晰，从而也有了解决办法。

(6) 先一般后特殊

在排除某一故障时，要先考虑最常见的可能原因，然后再分析很少发生的特殊原因。

(7) 先清洁后维修

对污染较重的电气设备，先对其按钮、接线点、接触点进行清洁，检查外部控制键是否失灵。许多故障都是由脏污引起的，清理后故障便会排除。

(8) 先电源后设备

电源部分的故障率在整个设备故障中占的比例很高，所以先检修电源往往可以事半功倍。

(9) 先直流后交流

检修时，必须先检查直流回路静态工作点，再检查交流回路动态工作点。

(10) 先排除故障后进行调试

应先排除故障，再进行调试，调试必须在电气线路正常的前提下进行。

1.4.4.2 工业机器人安装准备

(1) 安装环境

① 海拔高度在 1000m 以下。

② 环境温度在 0～40℃范围内。

③ 相对湿度为 20%～80%，无凝露。

④ 周围不存在易燃、腐蚀性液体及气体。

⑤ 不受大的冲击和振动。

⑥ 安装面的平面度在 0.5mm 以下。

⑦ 装配环境清洁，不得有灰尘、粉尘、油烟、水或其他污染物。

⑧ 零件应存放在干燥、无尘、有防护垫的场所。

⑨ 距离运动物体较远，避免发生碰撞。

⑩ 远离电气干扰源。

(2) 人身安全

人身安全是首先要考虑的，除了采用一些防范手段之外，每个人也应该在生产时提高注意力，尽量避免事故的发生，以下为常见注意事项。

① 安装机器人前要先检查安装工具是否完好。

② 机器人零件质量大于 25kg 时不可用手搬动，最好用行车吊装。

③ 用行车吊装时，其下方不允许站人或是从下方穿过。

④ 吊装时一定要旋紧吊环，保证吊环台阶的平面与机器人零件表面贴合。吊环大小的

选用按照标准件供应商提供的参数。

⑤ 安装有弹性的零件（如弹簧）时，要防止弹性零件突然弹出而造成人身伤害。

⑥ 使用大型冲压机时，人不能正对工作台，要靠侧面站，防止碎片飞出伤人。

⑦ 安装电线时要先检查电线是否完好，胶皮是否有脱落。安装时要保证电线胶皮不被尖锐物划破。在接头处要有良好的绝缘措施。

⑧ 安装液压元件和液压管道时，要保证液压元件和液压管道所能承受的压力大于设备对此管路提供的压力，并保证不漏油。

⑨ 对于布置了气道的模具（如吹塑模、气辅模、气体顶出或气体辅助顶出的注塑模等），保证气道的密封性和畅通性对于人身安全是相当重要的，而且漏气经常会制造很大的噪声。

⑩ 在安装油路、气路和接头时都要仔细检查管螺纹是否符合标准，防止泄漏。

⑪ 任何时候都要严格遵守操作规程，如工具和机器人零件的摆放。

⑫ 加强安全教育和培训，树立安全第一的思想，杜绝人身事故的发生。

⑬ 凡有触电危险的地方都要贴上警告牌。

（3）工业机器人安全

安装过程中机器人零件不能损坏、不能丢失，不能降低零件精度和表面粗糙度。以下为常见注意事项。

① 机械装配时应严格按照设计图纸及工艺要求进行，严禁私自修改作业内容或以非正常的方式更改零件。

② 电气装配时按照屏柜结构与开孔图进行外形尺寸、面板开孔、柜体/面板标识丝印及电气元件物料清单的检查，确认无误后方可进行装配工作。

③ 对于镜面抛光的表面要防尘，不可用手触摸。

④ 在零件传递时，应尽量不用手握一些表面要求和精度较高的部位。

⑤ 零件在拆卸之后或安装之前要进行防锈防腐处理，例如一些需经常接触腐蚀性物质的零件。

⑥ 在装夹零件时，夹具和零件的接触面处夹具的硬度必须比零件的硬度小，最好的办法是在夹具上垫上黄铜垫片以免损伤零件表面。

⑦ 在安装需要经敲打装入的零件时，用于敲打的物件的硬度不可大于机器人零件的硬度。

⑧ 在安装螺钉时，螺钉必须拧得足够紧，以保证对螺钉有足够的预载。在安装时经常用套筒加长内六角扳手的力臂，但应注意力臂不可过长，应按照标准件供应商的要求决定力臂的长度，否则可能因受力过大导致螺钉失效。

⑨ 装配的零件必须是验收合格的零件，装配过程中若发现漏检的不合格零件，应及时上报。

⑩ 装配过程中不得损伤零件表面，或使零件发生明显弯扭变形。

⑪ 相对运动的零件，装配时接触面间应加润滑油（脂）。

⑫ 相配零件的配合尺寸要准确。

⑬ 装配时，零件、工具应有专门的摆放设施，原则上零件、工具不允许摆放在机器上或直接放在地上，如果需要，应在摆放处铺设防护垫或地毯。

⑭ 装配时原则上不允许踩踏机械，如果需要踩踏作业，必须在机械上铺设防护垫或地毯，重要部件及强度较低部位严禁踩踏。

1.4.5 工业机器人机械安装调试

1.4.5.1 机器人机械装调工具（表 1-4）

表 1-4 机器人机械装调工具

名称	外观图	说明
一字槽螺钉旋具	 塑料柄  木柄  短柄	用于紧固或拆卸各种标准的一字槽螺钉
十字槽螺钉旋具		用于紧固或拆卸各种标准的十字槽螺钉
多用螺钉旋具	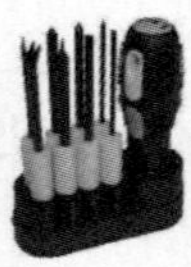	用于旋拧一字槽、十字槽螺钉及木螺钉，也可在软质木料上钻孔，并兼作测电笔用
内六角螺钉旋具	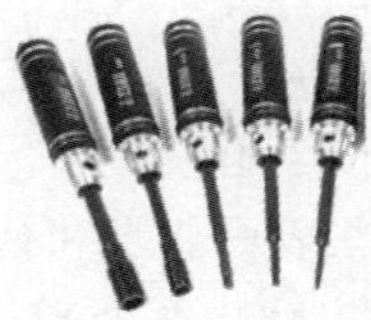	专用于旋拧内六角螺钉
星形螺钉旋具		主要用来拆装梅花形的螺钉
小型螺钉旋具套装	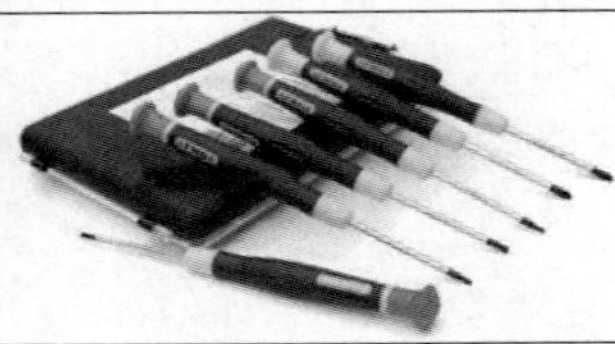	主要用于拆装需要使用一字槽和十字槽螺钉的小型电气部件
带球头的 T 形内六角扳手	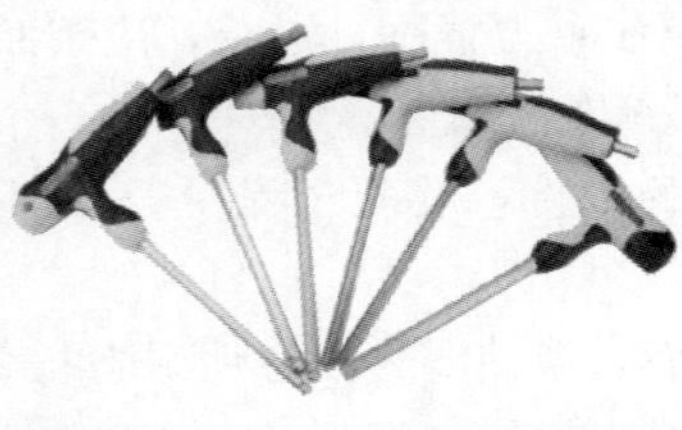	主要用来拆装工业机器人本体上的一些内六角螺钉
单头钩形扳手	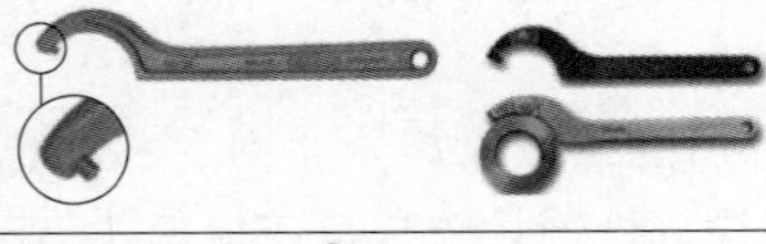	有固定式和调节式，可用于扳动在圆周方向上开有直槽或孔的圆螺母
端面带槽或孔的圆螺母扳手		可分为套筒式扳手和双销叉形扳手

续表

名称	外观图	说明
内六角扳手	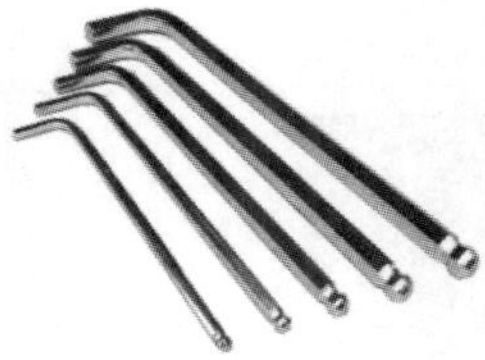	常用的几种内六角扳手与内六角螺钉配合应牢记，最好能具有目测的能力：2.5mm 配 M3，3mm 配 M4，4mm 配 M5，6mm 配 M8，8mm 配 M10，10mm 配 M12，12mm 配 M14，14mm 配 M16，17mm 配 M20，19mm 配 M24，22mm 配 M30 等
套筒扳手	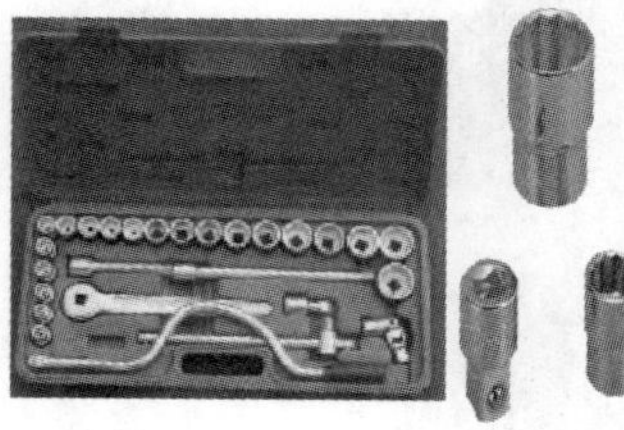	专门用于安装标准六角螺母、螺钉，适用于空间狭小、位置深凹的工作场合
活动扳手	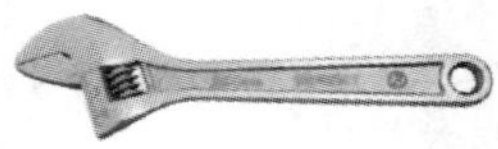	开口宽度可以调节，可用来安装一定尺寸范围内的六角头或方头螺钉以及六角或方螺母
挡圈钳	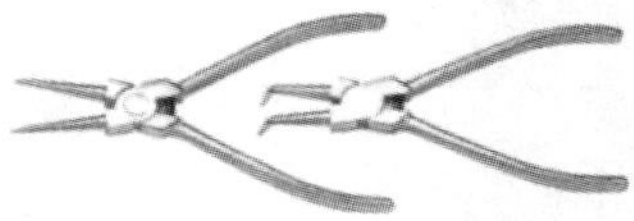 直嘴式孔用　弯嘴式孔用 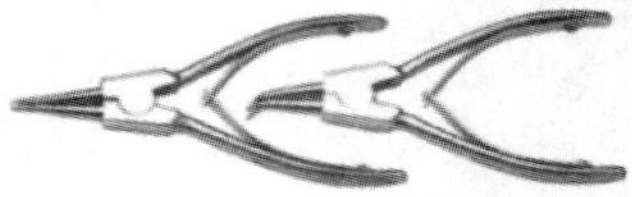 直嘴式轴用　弯嘴式轴用	专供安装弹性挡圈用，由于挡圈有孔用、轴用之分以及安装部位的不同，可根据需要，分别选用直嘴式或弯嘴式、孔用或轴用挡圈钳
钢丝钳	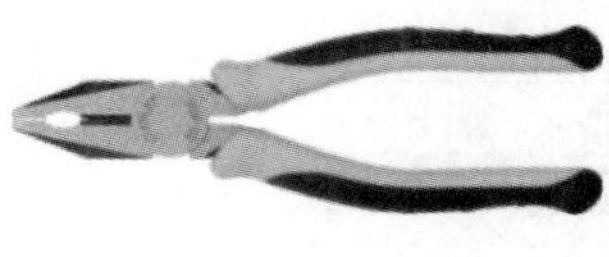	用于夹持或弯折薄片形、圆柱形金属零件及切断金属丝，其旁刃口也可用于切断金属丝。分柄部不带塑料套（表面发黑或镀铬）和带塑料套两种
尖嘴钳	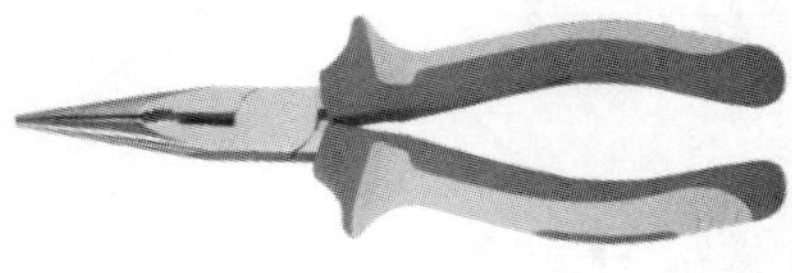	用于在狭小工作空间夹持小零件和切断或扭曲细金属丝，为仪表、电信器材、家用电器等的装配、维修工作中常用的工具。分柄部带塑料套与不带塑料套两种
剥线钳		由刀口、压线口和钳柄组成，适用于塑料、橡胶绝缘电线、电缆芯线的剥皮

续表

名称	外观图	说明
大力钳		用于夹紧零件进行铆接、焊接、磨削等加工，也可作扳手使用。钳口可以锁紧，并产生很大的夹紧力、使被夹紧零件不会松脱。钳口有多挡调节位置，供夹紧不同厚度零件使用
压线钳	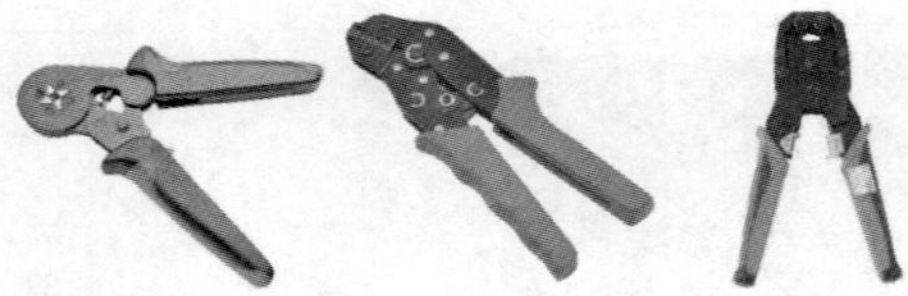	一种用来剪切金属材料的五金工具，也常被称为驳线钳。压线钳的功能齐全，可以用于剪切金属、剥离线类或是进行压线。实际应用中常见的压线钳主要有三种：针管型端子压线钳；冷压端子压线钳；网线钳
弹性手锤	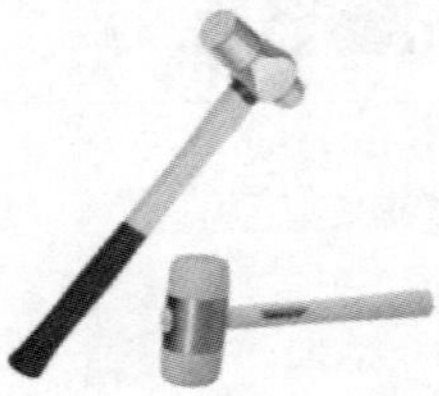	可分为木锤和铜锤
吹气枪		主要用于安装、维修时的除尘，最适合使用在一些手接触不到的地方，如狭窄缝隙、高处、气管内、机器零部件内部等
黄油枪		一种给机械设备加注润滑脂的手动工具。主要有气动黄油枪、手动黄油枪、脚踏黄油枪、电动黄油枪等
平键工具		可分为冲击式拉锥度平键工具和抵拉式拉锥度平键工具
拔销器		拉带内螺纹的小轴、圆锥销工具
拉卸工具	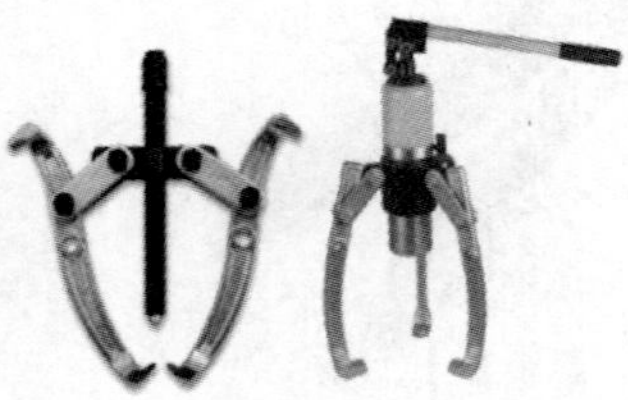	拆装在轴上的滚动轴承、带轮式联轴器等时，常用拉卸工具。拉卸工具常分为螺杆式及液压式两类，螺杆式拉卸工具分两爪、三爪和铰链式

续表

名称	外观图	说明
检验棒		有带标准锥柄检验棒、圆柱检验棒和专用检验棒
限力扳手	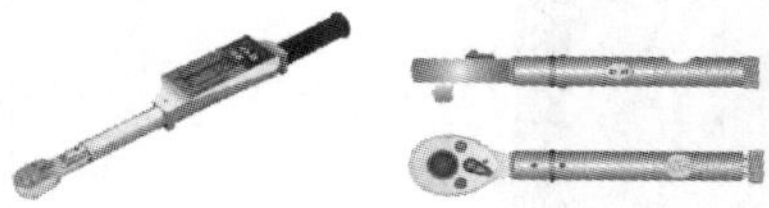 电子式 机械式	又称扭矩扳手、扭力扳手
装轴承胎具		适用于安装轴承的内、外圈
钩头楔键拆卸工具	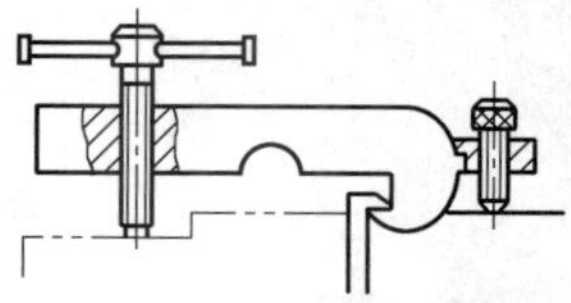	用于拆卸钩头楔键
校准摆锤	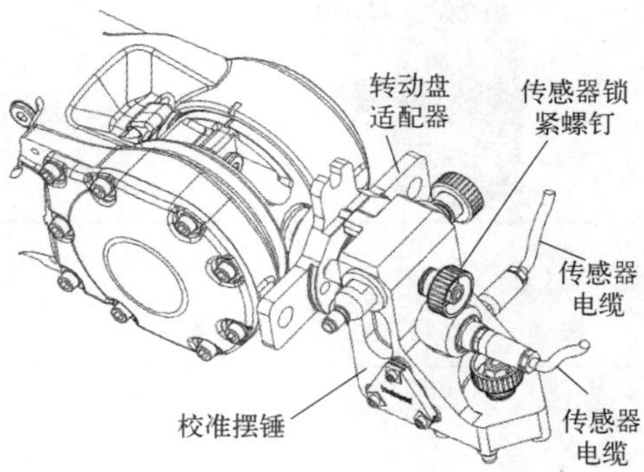	用于校准传感器
千分表	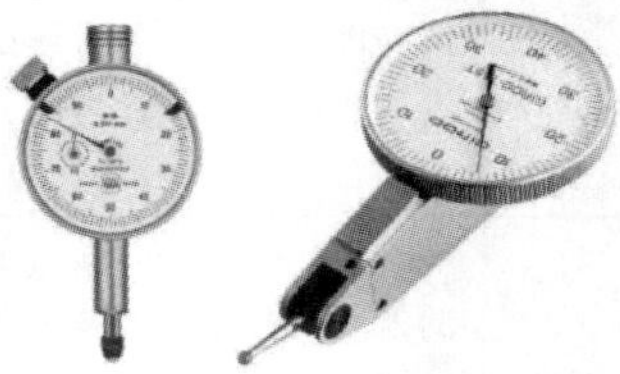	常用于精密修理
音波式数字显示张力计	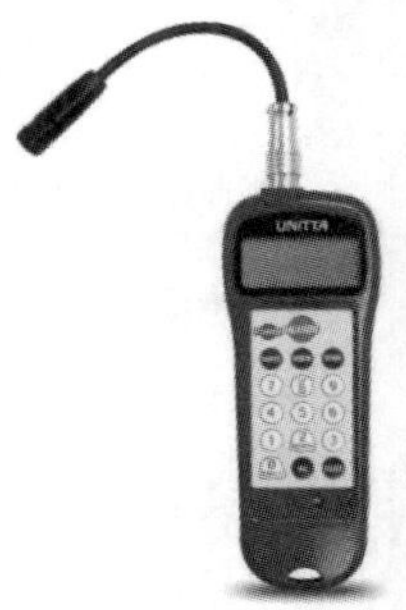	通过模拟信号处理，测出不同条件下的振动波形，并可读出波形的周期，通过处理，换算出张力值

续表

名称	外观图	说明
手持弹簧秤		又称弹簧测力计，是利用弹簧的形变与外力成正比的关系制成的测量作用力大小的装置
水平仪	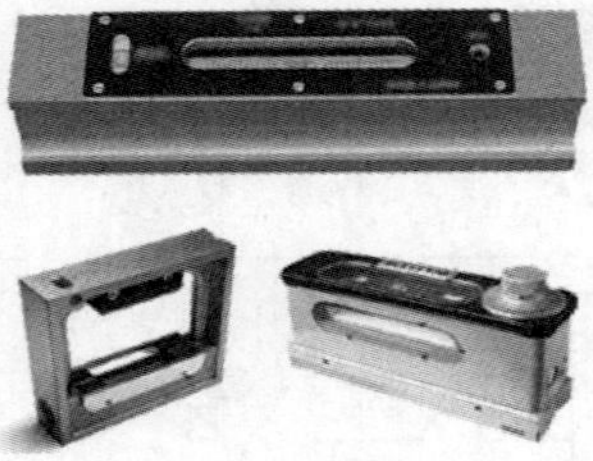	用来测量导轨在垂直面内的直线度，工作台台面的平面度以及两件相互之间的垂直度、平行度等。按其工作原理可分为水准式水平仪和电子式水平仪
转速表		常用于测量伺服电机的转速，常用的有离心式转速表和数字式转速表等

1.4.5.2 机器人吊装工具和配件（表 1-5）

表 1-5 机器人吊装工具和配件

种类	实物图	用途	备注	操作要点
吊环螺栓		配合起重机，用于吊装重物	吊环大小的选用和安装按照标准件供应商提供的参数。要保证吊环的强度足够以确保安全	安装时一定要旋紧，保证吊环台阶的平面与机器人零件表面贴合
钢丝绳		主要用于吊运、拉运等需要高强度线绳的吊装和运输中	①为了安全，用于吊装的钢丝绳应有足够的强度，在用两个吊环吊装时要注意钢丝绳之间的夹角最大不可超过 90°，而且越小越好 ②使用时应防止各种情况下钢丝的扭结及股的变位，以免使钢丝绳断裂 ③在使用前和使用中，应经常检查有无断丝现象，以确保安全 ④在吊装过程中，不应有冲击性动作，确保安全 ⑤防止锈蚀和磨损，应经常涂抹油脂，勤于保养 ⑥操作人员应戴上防护手套后再使用钢丝绳，以免伤手	在滑车组的吊装作业中，多选用交互捻的钢丝绳；要求耐磨性较高的钢丝绳，多用粗丝同向捻制的钢丝绳，不但耐磨，而且挠性好

续表

种类	实物图	用途	备注	操作要点
手拉葫芦	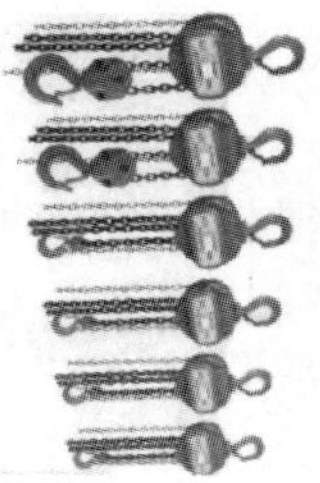	供手动提升重物用，是一种使用简单、携带方便的手动起重机械	①严禁超载使用和用人力以外的其他动力操作 ②在使用前必须确认机件完好，传动部分及起重链条润滑良好，空转正常 ③起吊前检查上下吊钩是否挂牢。严禁重物吊在尖端等错误操作。起重链条应垂直悬挂，不得有错扭的链环，双行链的下吊钩架不得翻转 ④在起吊重物时，严禁人员在重物下做任何工作或行走，以免发生人身事故 ⑤在起吊过程中，无论重物上升或下降，拽动手链条时，用力应均匀，不要用力过猛，以免手链条跳动或卡环 ⑥操作者如发现手拉力大于正常拉力时，应立即停止使用	特别适用于具有流动性及无电源的露天作业
钢丝绳电动葫芦		用于重物的提升	与手拉葫芦操作要点相似	既可单独安装在工字钢上，也可配套安装在电动或手动单梁、双梁、悬臂、龙门等起重机上使用

1.4.5.3 吊装作业安全

① 吊装作业人员必须持有特殊工种作业证。吊装质量大于 10 t 的物体应办理吊装安全作业证。

② 各种吊装作业前，应预先在吊装现场设置安全警戒标志并设专人监护，非施工人员禁止入内。

③ 吊装作业中，夜间应有足够的照明，室外作业遇到大雪、暴雨、大雾及六级以上大风天气时，应停止作业。

④ 吊装作业人员必须戴安全帽，高处作业时应遵守相关规定。

⑤ 吊装作业前，应对起重吊装设备、钢丝绳、揽风绳、链条、吊钩等各种机具进行检查，必须保证安全可靠，不允许带故障和隐患使用。

⑥ 吊装作业时，必须分工明确、坚守岗位，使用规定的联络信号统一指挥。

⑦ 严禁利用管道、管架、电杆、机电设备等作为吊装锚点。未经相关部门审查核算，不得将建筑物、构筑物作为锚点。

⑧ 吊装作业前必须对各种起重吊装机械的运行部位、安全装置等进行详细的检查，安全装置应灵敏可靠。吊装前必须试吊，确认无误方可作业。

⑨ 任何人不得随同吊装重物或吊装机械升降。在特殊情况下，必须随之升降的，应有可靠的安全措施，并经现场指挥人员批准。

⑩ 吊装作业现场如需动火时，应遵守相关规定。吊装作业现场的吊索、揽风绳、拖拉绳等应避免同带电线路接触，并保持安全距离。

⑪ 用定型起重吊装机械（履带吊车、轮胎吊车、桥式吊车等）进行吊装作业时，除遵守本守则外，还应遵守该定型机械的操作规程。

⑫ 吊装作业时，必须按规定负荷进行吊装，吊具、索具经计算选择使用，严禁超负荷运行。所吊重物接近或达到额定吊装能力时，应检查制动器，用低高度、短行程试吊后，再

平稳吊起。

⑬ 悬吊重物下方严禁人员站立、通行和工作。

⑭ 在吊装作业中，有下列情况之一者不允许吊装：指挥信号不明；超负荷或物体重量不明；斜拉重物；光线不足，看不清重物；重物下站人；重物埋在地下；重物紧固不牢，绳打结、绳不齐；棱刃物体没有衬垫措施；重物越人头；安全装置失灵。

1.4.5.4 机械零部件拆卸要求

① 熟悉工业机器人的技术资料和图样，弄懂机械传动原理，掌握各个零部件的结构特点、装配关系以及定位销、轴套、弹簧卡圈、锁紧螺母、锁紧螺钉与顶丝的位置和退出方向。

② 拆卸前，首先切断并拆除工业机器人的电源。

③ 切断电源后，要坚持工业机器人的拆卸程序与装配程序相反的原则。先拆外部附件，再将整机拆成部件总成，最后拆出零件，按部件归并放置。

④ 放空润滑油、切削液、清洗液等。

⑤ 在拆卸工业机器人轴孔装配件时，通常应坚持用多大力装配就基本上用多大力拆卸的原则。如果出现异常情况，应查找原因，防止在拆卸中将零件碰伤、拉毛甚至损坏。热装零件要加热拆卸。滑动部件拆卸时，要考虑到滑动面间油膜的吸力。一般情况下，不允许破坏性拆卸。

⑥ 对于拆卸工业机器人大型零件要坚持慎重、安全的原则。拆卸中要仔细检查锁紧螺钉及压板等零件是否拆开。吊挂时，必须粗估零件重心位置，合理选择直径适宜的吊挂绳索及吊挂受力点。注意受力平衡，防止零件摆晃，避免吊挂绳索脱开与断裂等事故发生。吊装中设备不得磕碰，要选择合适的吊点慢吊轻放，钢丝绳和设备接触处要采取保护措施。

⑦ 要坚持拆卸工业机器人服务于装配的原则。如果被拆卸工业机器人设备的技术资料不全，拆卸中必须对拆卸过程做必要的记录，以便安装时遵照先拆后装的原则重新装配。拆卸中为防止搞乱关键件的装配关系和配合位置，避免重新装配时精度降低，应在装配件上用划针做出明显标记。对于拆卸出来的轴类零件应悬挂放置，防止其弯曲变形。精密零件要单独存放，避免损坏。

⑧ 先小后大，先易后难，先地面后高空，先外围后主机，必须解体的设备要尽量少分解，同时又要满足包装要求，最终达到设备重新安装后的精度性能同拆卸前一致。为加强岗位责任，采用分工负责制，谁拆卸、谁安装。

⑨ 所有的线缆不允许剪断，拆下来的线头都要有标号，对有些线头没有标号的，要先补充后再拆下，线号不允许丢失，拆线前要进行三对照（内部线号、端子板号、外部线号），确认无误后，方可拆卸，否则要调整线号。

⑩ 拆卸中要保证设备的绝对安全，要选用合适的工具，不得随便代用，更不得使用大锤敲击。

⑪ 不要拔下设备的电气柜内插线板，应用胶带纸加固。

⑫ 做好拆卸记录，并交相关人员保管。

1.4.5.5 常用拆卸方法

（1）击卸法

利用锤子或其他重物敲击零件时产生的冲击能量把零件卸下。

（2）拉拔法

对精度较高不允许敲击或无法用击卸法拆卸的零部件应使用拉拔法。它采用专门拉器进行拆卸。

（3）顶压法

利用螺旋C形夹头、机械式压力机、液压式压力机或千斤顶等工具和设备进行拆卸。顶压法适用于形状简单的过盈配合件。

（4）温差法

拆卸尺寸较大、配合过盈量较大的配合件或无法用击卸、顶压等方法拆卸时，或为使过盈量较大、精度较高的配合件容易拆卸，可采用此种方法。温差法利用材料热胀冷缩的性能，加热包容件，使配合件在温差条件下失去过盈量，实现拆卸。

（5）破坏法

若必须拆卸焊接、铆接等固定连接件，或轴与套互相咬死，或为保存主件而破坏副件时，可采用车、锯、钻、割等方法进行破坏性拆卸。

1.4.5.6 机械零部件安装要求

（1）螺纹紧固件的安装要求

① 所有螺钉安装前都涂上适量的螺纹紧固剂。

② 螺钉紧固时，不得采用活动扳手，每个螺母下面不得使用一个以上相同的垫圈，沉头螺钉拧紧后，钉头应埋入机件内，不得外露。

③ 一般情况下，螺纹连接应有防松弹簧垫圈，对称多个螺钉应采用对称顺序逐步拧紧，条形连接件应从中间向两边对称逐步拧紧。

④ 螺栓与螺母拧紧后，螺栓应露出螺母1～2个螺距。

⑤ 有规定拧紧力矩要求的紧固件，应采用扭矩扳手，按规定拧紧力矩紧固。

（2）轴承的安装要求

① 装配前，轴承部位不得有任何的污物存在。

② 装配时应在配合件表面涂一层润滑油，轴承无型号的一端应朝里，即靠轴肩方向。

③ 装配时应使用专用压具，严禁采用直接击打的方法装配，套装轴承时加力的大小、方向、位置应适当，不应使保护架或滚动体受力，应均匀对称受力，保证端面与轴垂直。

④ 轴承内圈端面一般应紧靠轴肩，轴承外圈装配后，其定位端轴承盖与垫圈或外圈的接触应均匀。

⑤ 滚动轴承装好后，相对运动件的转动应灵活、轻便，如有卡滞现象，应检查分析问题的原因并进行相应处理。

⑥ 轴承装配过程中，若发现孔或轴配合过松时，应检查公差；过紧时不得强行装配，都应检查分析问题的原因并进行相应处理。

⑦ 单列圆锥滚子轴承、推力角接触轴承、双向推力球轴承在装配时轴向间隙符合要求。

⑧ 对采用润滑脂的轴承及与之相配合的表面，装配后应注入适量的润滑脂。

⑨ 普通轴承在正常工作时温升不应超过35℃，工作时的最高温度不应超过70℃。

（3）齿轮的安装要求

① 互相啮合的齿轮在装配后，当齿轮轮缘宽度小于或等于20mm时，轴向错位不得大于1mm；当齿轮轮缘宽度大于20mm时，轴向错位不得超过轮缘宽度的5%。

② 圆柱齿轮、圆锥齿轮、蜗杆传动的安装精度要求，应根据传动件的精度及规格分别

按相关标准确定。

③ 齿轮啮合面需按技术要求保证正常的润滑，齿轮箱需按技术要求加注润滑油至油位线。

④ 齿轮箱满载运转的噪声不得大于 80dB。

(4) 同步带轮的安装要求

① 主、从动同步带轮轴必须互相平行，不允许有歪斜和摆动，倾斜度误差不应超过 2‰。

② 当两带轮宽度相同时，它们的端面应位于同一平面上，两带轮轴向错位不得超过轮缘宽度的 5%。

③ 同步带装配时不得强行撬入带轮，应通过缩短两带轮中心距的方法装配，否则可能损伤同步带的抗拉层。

④ 同步带张紧轮应安装在松边张紧，而且应用两个紧固螺钉固定。

(5) 电机和减速器的安装要求

① 检查电机和减速器型号是否正确。

② 装配前，将电机轴和减速器的连接部位清理干净。

③ 电机法兰螺钉拧紧前，应转动电机轴纠正电机与减速器联轴器的同轴度，再将电机法兰与减速器连接好，对角拧紧定位螺钉。

④ 伺服电机在装配过程中，应保证其后部编码器不受外力作用，严禁敲打电机轴。

⑤ 减速器的安装过程如下。

a. 松开减速器法兰外侧的密封螺钉以便于调整夹紧螺钉。

b. 旋开夹紧螺钉，将电机法兰与减速器连接好，对角拧夹紧位螺钉。

c. 使用合适的扭力将夹紧环拧紧，然后拧紧密封螺钉。

d. 将电机法兰螺钉扭至松动，点动伺服电机轴或用手转动电机轴几圈，纠正电机轴与减速器联轴器的同轴度。

e. 将电机法兰与减速器连接好，对角拧紧法兰螺钉。

(6) 机架的调整与连接要求

① 不同段的机架高度调节应按照同一基准点调整到同一高度。

② 所有机架应调整至同一竖直面上。

③ 各段机架调整到位、符合要求后，应安装相互之间的固定连接板。

1.4.6 工业机器人电气安装调试

1.4.6.1 机器人电气装调常用仪表（表 1-6）

表 1-6 机器人电气装调常用仪表

名称	外观图	说明
万用表	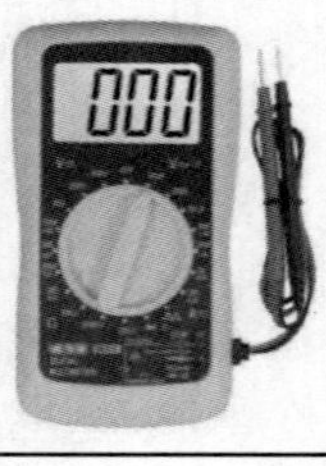	有机械式和数字式两种，万用表可用来测量电压、电流和电阻等

续表

名称	外观图	说明
相序表	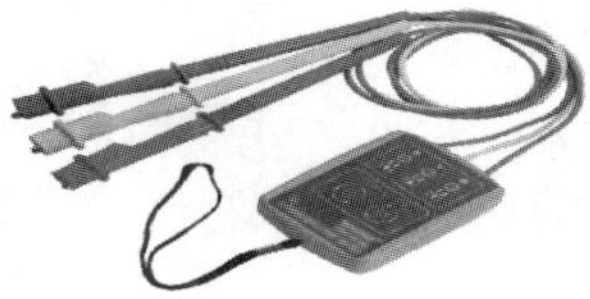	用于检查三相输入电源的相序，在维修晶闸管伺服系统时是必需的
逻辑脉冲测试笔	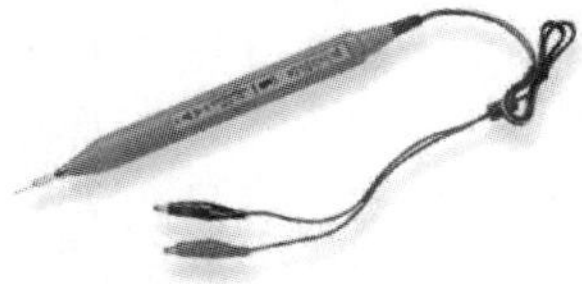	对芯片或功能电路板的输入端注入逻辑电平脉冲，用逻辑测试笔检测输出电平，以判别其功能是否正常
测振仪		这是振动检测中最常用、最基本的仪器，它将测振传感器输出的微弱信号放大、变换、积分、检波后，在仪器仪表或显示屏上直接显示被测设备的振动值大小。为了适应现场测试的要求，一般制成便携式测振仪
红外测温仪	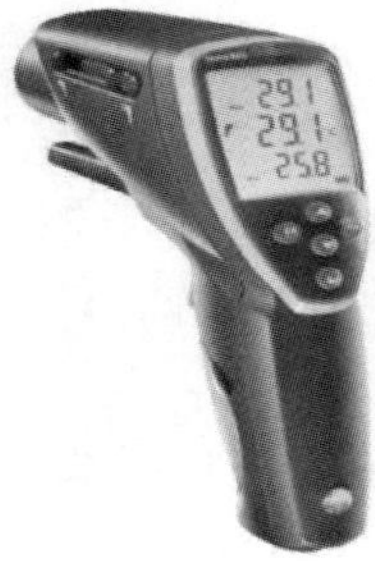	红外测温是利用红外辐射原理，将对物体表面温度的测量转换成对其辐射功率的测量，采用红外探测器和相应的光学系统接收被测物不可见的红外辐射能量，并将其变成便于检测的其他能量形式予以显示和记录
示波器	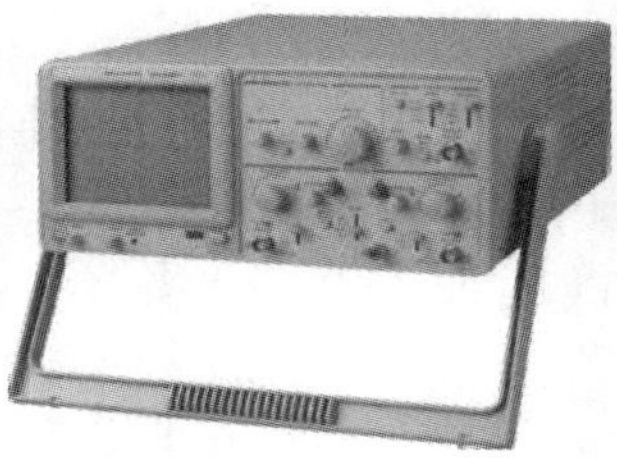	主要用于模拟电路的测量，它可以显示频率、相位、电压幅值，双频示波器可以比较信号相位关系，可以测量测速发电机的输出信号，其频带宽度在 5MHz 以上，两个通道
逻辑分析仪	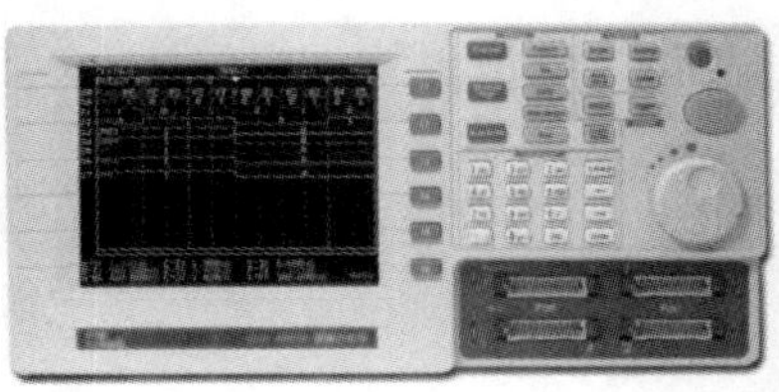	按多线示波器的思路发展而成，不过它在测量幅度上已经按数字电路的高低电平进行了 1 和 0 的量化，在时间轴上也按时钟频率进行了数字量化。因此，可以测得一系列的数字信息，再配以存储器及相应的触发机构或数字识别器，使多通道上同时出现的一组数字信息与测量者所规定的目标字相符合时，触发逻辑分析仪，以便将需要分析的信息存储下来

1.4.6.2 工业机器人电气安装

（1）电气接线的要求

① 接线应由专业技术人员进行，按图正确接线。

② 电气接线颜色必须按标准接线颜色执行。

③ 配线应成排成束地垂直或水平有规律地敷设，要求整齐、美观、清晰，横平竖直，层次分明。

④ 线束敷设必须合理，不得妨碍电器的拆换或维修，不允许导线在两接线柱中间走线，不得遮掩线路标号和观察孔眼。

⑤ 线槽内走线应符合：电源线和控制线尽量分开，线槽内导线均匀分布，理顺以避免交叉；线号对应，方向一致；横向每隔 300mm 装一个线束固定点，竖向每隔 400mm 装一个线束固定点；不得任意歪斜交叉连接。

⑥ 不要将主回路连线和信号线从同一管道内穿过，也不要将其绑扎在一起。

⑦ 布线时，主回路连线同信号线分开布线或交叉布线，相隔距离 300mm 以上。

⑧ 布线时不能有尖锐的物体损伤到电缆，不能强拉电缆，否则会导致触电或线路接触不良。

⑨ 强、弱电回路不应使用同一电缆，并应分别成束分开排列。

⑩ 导线与电气元件间采用螺纹连接、插接、焊接或压接等，均应牢固可靠。凡是多股软线的连接头，一律用冷压接头压接。螺纹连接时，弯线方向应与螺纹前进方向一致。为保证导线不松散，多股导线不仅应端部绞紧，还应加终端附件或搪锡。采用压接式终端附件是较好的一种方式。

⑪ 一般一个接线端子（含端子排和元器件接线端），只连接一根导线，必要时允许连接两根导线。当需要连接两根以上导线时，应采取相应措施，以保证导线的可靠连接。两个端子间的连线不得有中间接头，导线芯线应无损伤。

⑫ 除了用弹簧端子能直接压接线头外，其余所有接线线头必须用带塑料套的接线耳，并且接两根线时要用双头线耳。

⑬ 弹簧端子每个端子只能接一根线，其他的每个接线点不允许接超过两根线；每个接线头需要压紧连接，不允许有金属裸露或者松动现象。

⑭ 接插件接线的大小规格要与接插件的规格相匹配；使用接插件时，带电部分的一端应采用插孔（即上游用插孔下游用插针），因为插针外露有危险。

⑮ 当控制柜面板有按钮、指示灯等元件时，必须将门上各导线整理好，用扎线带沿箱表面绑扎整齐。

（2）电气元件的安装要求

① 所装配的元器件需认真核对（型号、电压、电流、数量及型式等）。

② 控制柜内应提供仪表接地和安全接地母线，仪表接地和安全接地母线通流截面应满足要求，仪表接地应与控制柜体绝缘，接地的部件应保持良好的接地连续性。应确认伺服单元及伺服电机接地正确。

③ 在装配时，应考虑到元器件的电气间隙、爬电距离、干扰距离、散热距离。

④ 控制柜内电气设备、线槽等应留有余量。电气开关、端子排应留有 15%～20%的余量，线槽留有不少于 60%的余量。

⑤ 每个元器件必须贴上标签，接插件标签要贴于插座或上方；接线端子要用端子标识

材料标出端子号；接地处也要有接地指示。

⑥ 变压器、开关电源、加热器、电机、控制器等前面都要有保护元件。

⑦ 不要频繁地通断电源，伺服单元采用大容量电容，上电会产生较大的充电电流，频繁上电会造成元器件性能下降。

⑧ 在伺服单元输出侧和伺服电机间不要加功率电容、浪涌吸收器和无线电噪声滤波器等。

1.4.7 工业机器人装调维修常用仪器

在工业机器人的故障检测过程中，借助一些必要的仪器是必要也是有效的，这些专用的仪器能从定量分析角度直接反映故障点状况，起到决定作用。

1.4.7.1 激光干涉仪

激光干涉仪可对工业机器人、三坐标测量仪及各种定位装置进行高精度的位置和几何精度校正，可完成各项参数的测量，如线性位置精度、重复定位精度以及角度、直线度、垂直度、平行度及平面度等。

激光干涉仪用于工业机器人精度的检测及长度、角度、直线度等的测量，精度高、效率高、使用方便，测量长度可达十几米甚至几十米，精度达微米级。其应用如图 1-54 所示。

1.4.7.2 三坐标测量仪

三坐标测量仪是通过 x、y、z 三个轴测量各种零部件及总成的各个点和元素的空间坐标，用以评价长度、直径及形状、位置误差的一种测量设备，如图 1-55 所示。它配备了高精度的导轨、测头和控制系统，并使用计算机程序来自动控制检测流程，计算输出测量结果。三坐标测量仪在三个相互垂直的方向上有导向机构、测长元件、数显装置。有一个能够放置工件的工作台（大型和巨型不一定有），测头可以手动或机动方式轻快地移动到被测点上，由读数设备和数显装置把被测点的坐标值显示出来。

图 1-54　激光干涉仪的应用

图 1-55　三坐标测量仪

1.4.8 工业机器人安装耗材

工业机器人安装时所消耗的材料有工业擦拭纸、螺纹紧固剂、密封胶、润滑脂等。

1.4.8.1 工业擦拭纸

工业擦拭纸用于机械设备、产品、工具上的油污、水等的擦拭及灰尘的清洁。工业擦拭纸具有掉屑极少、湿强性良好、快速吸水吸油能力强、经济性好等特点。

1.4.8.2　螺纹紧固剂

螺纹紧固剂用于避免螺纹连接件由于振动而造成松动和渗漏。螺纹连接件一旦松脱，轻者会影响机器的正常运转，重者会造成严重事故，因此所有螺纹连接件安装前都应涂上适量的螺纹紧固剂。

螺纹紧固剂使用时应参照产品手册根据使用场合和部件选择合适的规格。应注意啮合部位涂抹应在 3～5 扣以上，且应充分填满螺纹间隙。应严格按照产品说明书的要求进行保存，防止失效。

1.4.8.3　密封胶

密封胶是随密封面形状而变形，不易流淌，有一定黏结性的密封材料。密封胶是用来填充构形间隙，以起到密封作用的胶黏剂，具有防泄漏、防水、防振动及隔声、隔热等作用。

密封胶使用时应参照产品手册根据使用场合和部件选择合适的规格，并严格按照产品说明书的要求进行保存，防止失效。

1.4.8.4　润滑脂

润滑脂俗称黄油，为稠厚的油脂状半固体。用于机械的摩擦部分，起润滑和密封作用；也用于金属表面，起填充空隙和防锈作用。通常使用黄油枪进行加注。

润滑脂使用时应参照产品手册根据使用场合和部件选择合适的规格，并严格按照产品说明书的要求进行保存，防止失效。

第 2 章　工业机器人的整机安装与维护

2.1 工业机器人的安装

2.1.1 开箱

（1）工业机器人拆包装

① 如图 2-1 所示，机器人运达现场后，第一时间检查包装外观是否有破损，是否有进水等异常情况。如有问题马上联系厂家及物流公司进行处理。

② 如图 2-2 所示，使用合适的工具剪断箱子上的钢扎带，并将剪断的钢扎带取走。

③ 如图 2-3 所示，需要两人根据箭头方向，将箱体向上抬起放置到一边，与包装底座进行分离。尽量保证箱体的完成，以便日后重复使用。

（2）清点标准装箱物品

① 以 ABB 机器人为例，包括四件主要物品：机器人本体、示教器、线缆配件及控制柜，如图 2-4 所示。

图 2-1　检查外观

图 2-2　剪断钢扎带

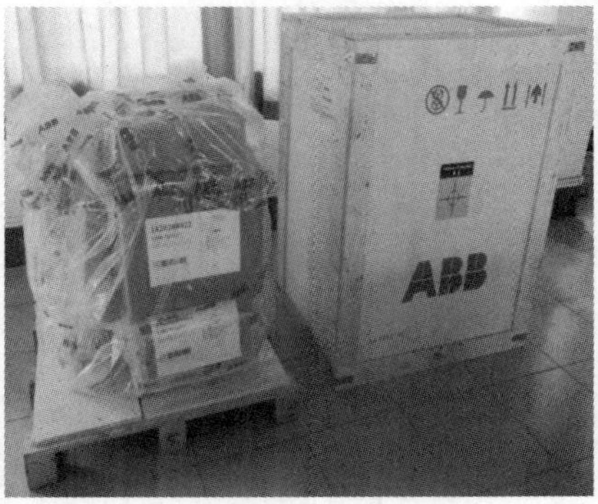

图 2-3　取箱

② 两个纸箱打开后，看到的内容物如图 2-5 所示，随机的文档有 SMB 电池安全说明书、出厂清单、基本操作说明书和装箱单。

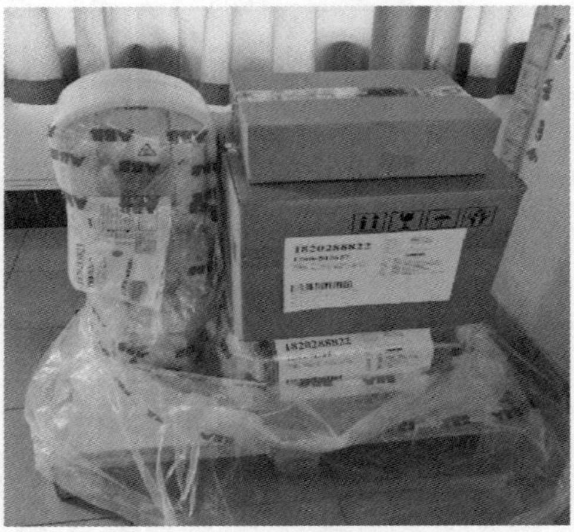

图 2-4 清点

图 2-5 内容物

2.1.2 装运姿态

现以 ABB 公司的 IRB 460 工业机器人为例进行介绍。图 2-6 所示为机器人的装运姿态，这是推荐的装运姿态，各轴的角度见表 2-1。

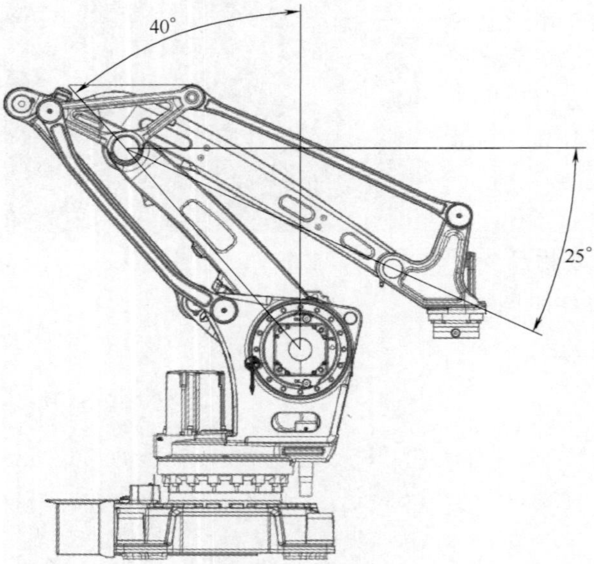

图 2-6 机器人的装运姿态

表 2-1 装运时各轴的角度

轴	角度
1	0°
2	－40°
3	＋25°

2.1.2.1 举升机器人

(1) 用叉车抬升机器人

叉举设备组件与机器人的配合如图 2-7 所示。

操作步骤如下。

① 将机器人调整到装运姿态，如图 2-6 所示。

② 断开连接到机器人的电源、液压源、气压源。

③ 用连接螺钉将四个叉举套固定在机器人的机座上，如图 2-7 所示。

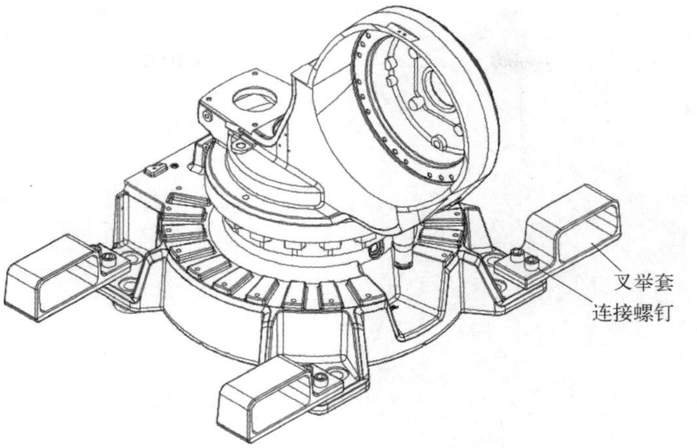

图 2-7　叉举设备组件与机器人的配合

④ 检验四个叉举套都已正确固定后，再进行抬升。

⑤ 将叉车叉插入叉举套中，如图 2-8 所示。

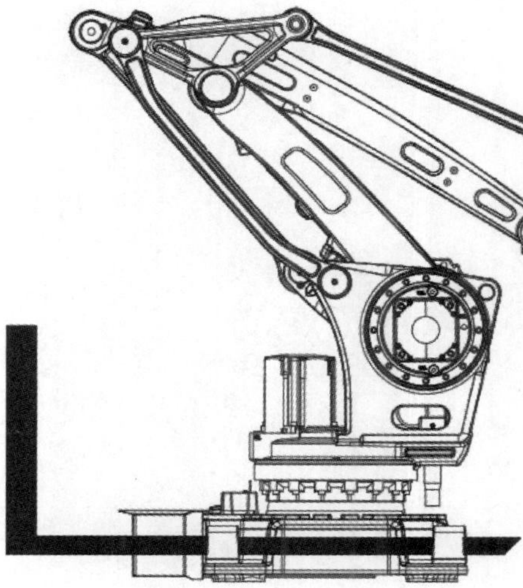

图 2-8　将叉车叉插入叉举套中

⑥ 小心谨慎地抬起机器人并将其移动至安装现场，移动机器人时保持低速。

注意：在任何情况下，人员均不得出现在悬挂载荷的下方；若有必要，应使用相应尺寸的起吊附件。

（2）用圆形吊带吊升机器人

吊升组件如图 2-9 所示。

操作步骤如下。

① 将机器人调整到装运姿态，如图 2-6 所示。

② 在背面的螺孔中装入吊环螺栓。

③ 将圆形吊带与机器人相连，如图 2-9 所示。

④ 确保圆形吊带上方没有易受损的部件，如线束等。

注意：必须使用相应尺寸的起吊附件。

2.1.2.2　手动释放制动闸

内部制动闸释放装置位于机架上，如图 2-10 所示。

注意：内部制动闸释放装置带有按钮。

操作步骤如下。

① 如果机器人未与控制器相连，则必须向机器人上的 R1. MP 连接器供电，以启动制动闸释放按钮。给端子 12 加上 0V 电压，给端子 11 加上 24V 电压，如图 2-11 所示。内部制动闸释放单元包含六个用于控制轴闸的按钮。按钮的数量与轴的数量一致。必须确保机器人手臂附近或下方没有人。

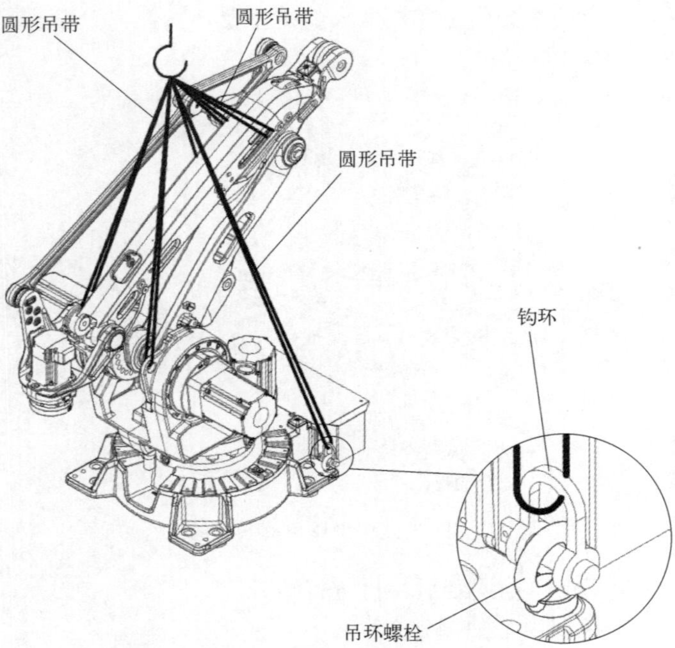

图 2-9　吊升组件

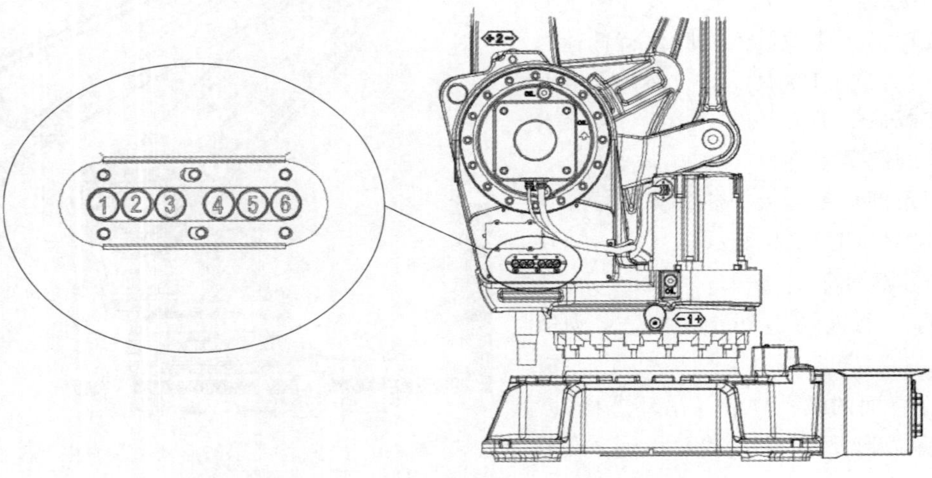

图 2-10　内部制动闸释放装置安装位置

② 按下内部制动闸释放装置上的对应按钮，即可释放特定机器人轴的制动闸。

③ 释放该按钮后，制动闸将恢复工作。

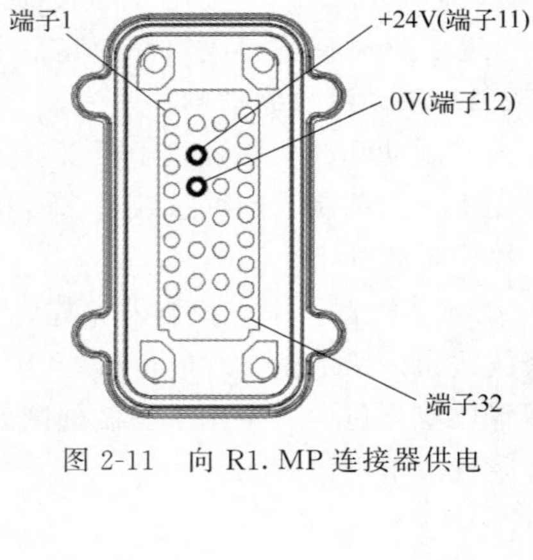

图 2-11　向 R1. MP 连接器供电

2.1.3 工业机器人本体安装

(1) 固定底板与机座

① 若有必要，使用相应规格的吊升设备。

② 利用底板（图 2-12）上的三个凹槽，参照机器人的工作位置定位底板。

③ 安装底板，并用调平螺钉（需在安装机器人机座前卸下）调平底板。

④如有需要，在底板下填塞条状钢片，以填满所有间隙。

⑤ 将机座吊至其安装位置。

⑥ 用螺钉和套筒将机座固定到底板上（图 2-12）。

⑦ 检查四个机器人接触表面，确保它们水平。如未达到水平，需要使用钢片调平。

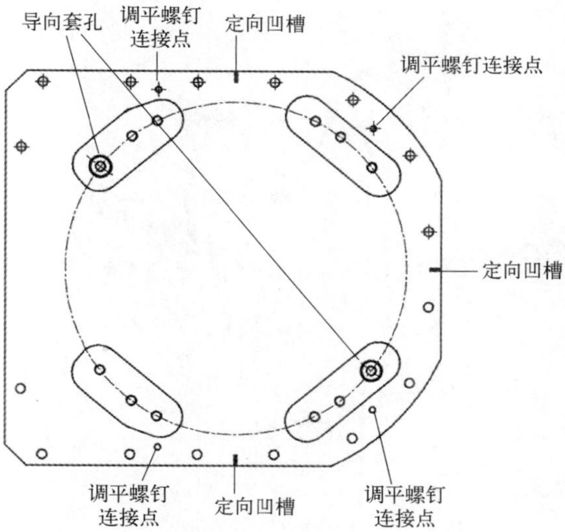

图 2-12　底板

（2）固定机器人

① 吊起机器人。

② 将机器人移至其安装位置附近。

③ 将两个导向套安装到导向套孔中。

④ 在将机器人降下放入其安装位置时，使用两个螺栓引导机器人。

⑤ 在连接螺孔中安装螺栓和垫圈（参见图 2-13）。

⑥ 以十字交叉方式拧紧螺栓以确保机座不被扭曲。

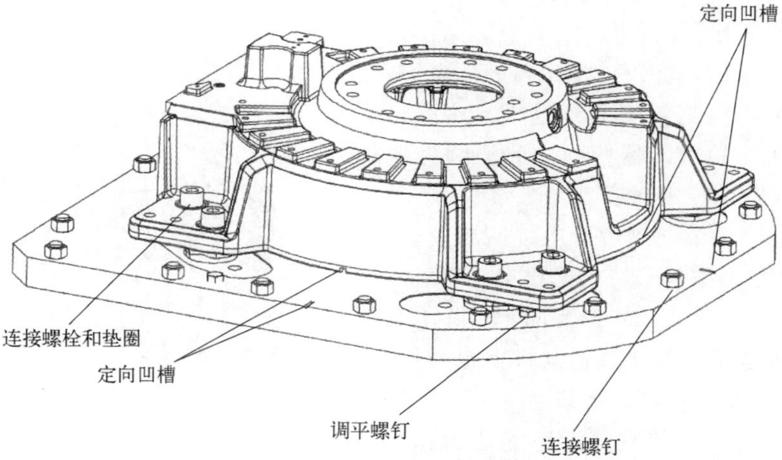

图 2-13　安装在底板上的机器人机座

（3）安装上臂信号灯

信号灯可作为备选件安装到机器人上。当控制器处于“电机打开”状态时，信号灯将被激活。

① 上臂信号灯的位置　上臂信号灯位于倾斜机壳上（图 2-14），信号灯套件（IRB 760）如图 2-15 所示。

② 信号灯的机械安装

a. 用连接螺钉将信号灯支架安装到倾斜机壳上（图 2-15）。

b. 用连接螺钉将信号灯安装到支架上（图 2-15）。

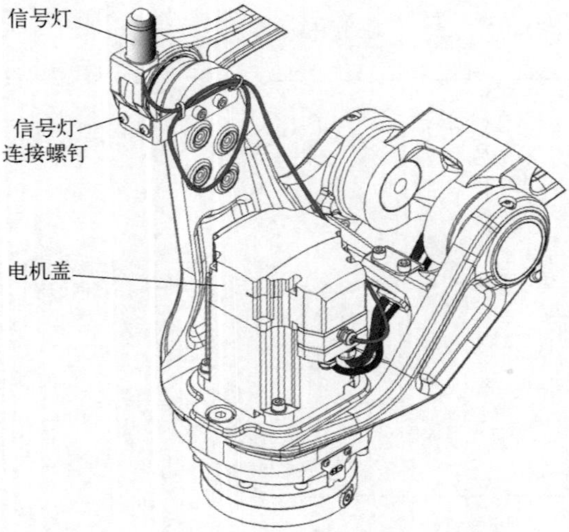

图 2-14　上臂信号灯的位置

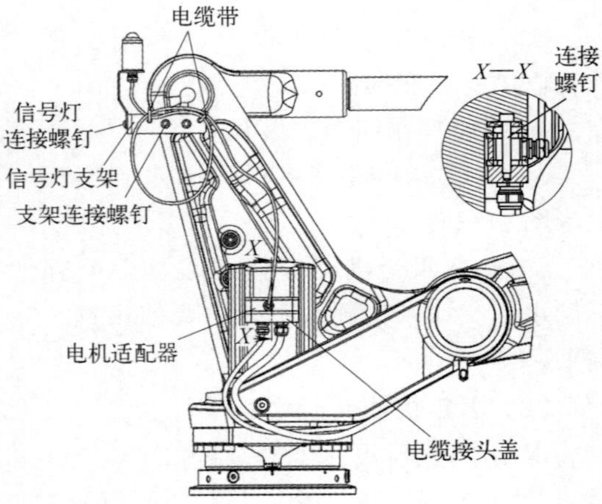

图 2-15　信号灯套件

c. 如果尚未连接，将信号灯连接到轴 6 电机上。

d. 在信号灯支架上用两条电缆带将信号电缆绕成圈。

③ 信号灯的电气安装

a. 断开连接到机器人的所有电源、液压源、气压源，然后再进入机器人工作区域。

b. 旋开连接螺钉，卸下电机盖（图 2-14）。

c. 断开电机连接器的连接。

d. 取下连接螺钉，卸下电缆出口处的电缆密封套盖（图 2-16）。

e. 查看如何将适配器安装到电机，然后将垫圈安装到将会朝下的适配器侧面。此垫圈将保护适配器的配合面及电缆密封套盖。

f. 将垫圈和电机适配器置于电缆密封套盖上，然后将整个组件包再重新安装到电机上。用信号灯套件中的连接螺钉（图 2-15）进行固定。除了套件中提供的安装到适配器的垫圈，电机上也有垫圈。确保垫圈未受损，如有损坏，将其更换。

g. 推动信号电缆，使其穿过适配器的孔，然后连接到电机内部的连接器。

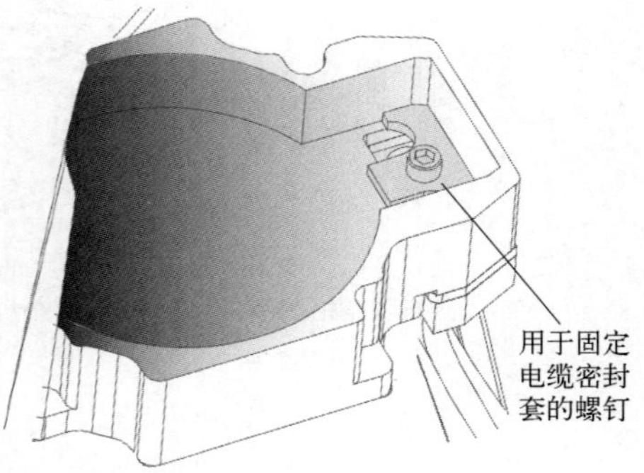

图 2-16　电缆密封套盖

h. 从密封套处松开电机电缆，然后通过调整电缆长度使其 20mm 在电机内部。

i. 在电机内部连接电机电缆。

j. 重新将电机电缆固定到电缆密封套。

k. 用连接螺钉安装电机盖（图 2-14）。在重新安装电机盖时，确保正确布线，不存在卡线的情况。

（4）限制工作范围

安装机器人时，确保其可在整个作业空间内自由移动。如有可能与其他物体碰撞的风险，则应限制其工作范围。作为标准配置，轴 1 可在±165°范围内活动。通过固定的机械止动装置和调节系统参数配置可限制轴 1 的工作范围。通过添加可移动的机械止动装置，可将两个方向上的工作范围均缩小，如图 2-17 所示。

操作如下步骤。

① 断开连接到机器人的电源、液压源、气压源。

② 将机械止动装置安装到机架处。

③ 调节软件工作范围（调节系统参数配置），使之与机械限制相对应。

注意：如果机械停止销在刚性碰撞后变形，必须将其更换，刚性碰撞后变形的可移动的机械止动装置以及变形的连接螺钉也必须更换。

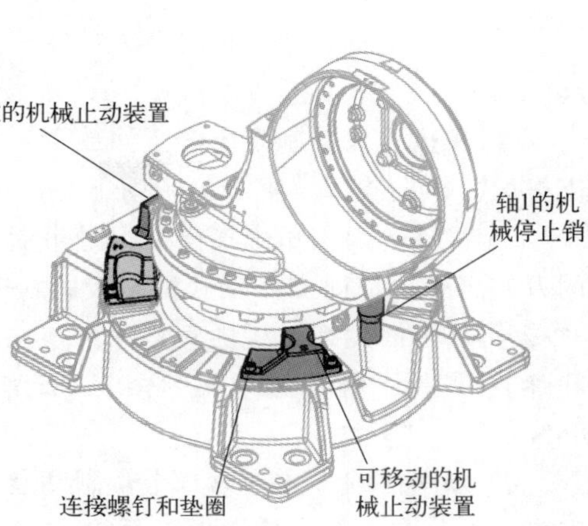

图 2-17 机械止动装置

2.1.4 工业机器人控制柜的运输与脚轮安装

2.1.4.1 运输

（1）用运输吊具运输

机器人控制系统必须处于关断状态。不得在机器人控制柜上连接任何线缆；机器人控制柜的门必须保持关闭状态；机器人控制柜必须竖直放置；防翻倒架必须固定在机器人控制柜上。

操作步骤如下。

① 将吊环螺栓拧入机器人控制系统中。吊环螺栓必须完全拧入并且完全位于支承面上。

② 将带或不带运输十字固定件的运输吊具悬挂在机器人控制系统的四个吊环螺栓上。

③ 将运输吊具悬挂在载重吊车上。

④ 缓慢地提起并运输机器人控制系统。

⑤ 在目标地点缓慢放下机器人控制系统。

⑥ 卸下机器人控制系统的运输吊具。

（2）用叉车运输

用叉车运输控制柜如图 2-18 所示。

图 2-18 用叉车运输控制柜

2.1.4.2 脚轮安装

控制柜脚轮套件如图 2-19 所示，其安装步骤如下。

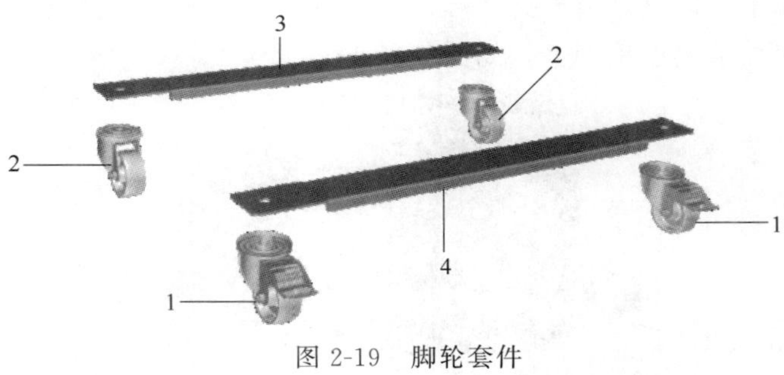

图 2-19 脚轮套件

1—带制动装置的万向脚轮；2—不带制动装置的万向脚轮；3—后横向支撑梁；4—前横向支撑梁

① 用起重机或叉车将机器人控制柜至少升起 40cm。

② 在机器人控制系统的正面放置一根横向支撑梁。横向支撑梁上的侧板朝下。

③ 将一个内六角螺栓由下穿过带制动装置的万向脚轮、横向支撑梁和机器人控制柜。

④ 从上面用螺母将内六角螺栓连同平垫圈和弹簧垫圈一起拧紧（图 2-20）。拧紧力矩：86N·m。

⑤ 以同样的方式将第二个带制动装置的万向脚轮安装在机器人控制柜正面的另一侧。

⑥ 以同样的方式将两个不带制动装置的万向脚轮安装在机器人控制系统的背面（图 2-21）。

⑦ 将机器人控制柜重新置于地面上。

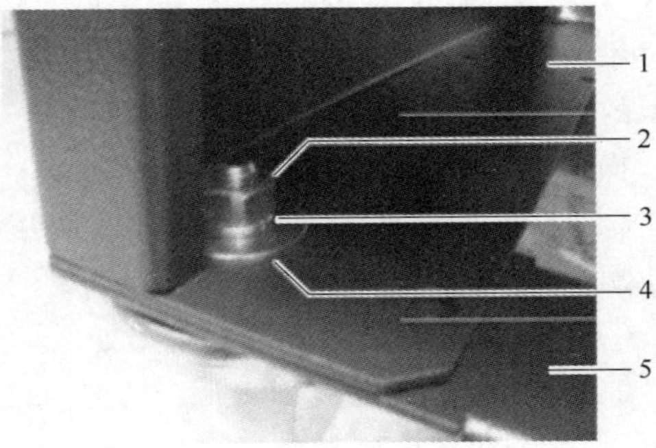

图 2-20 脚轮的螺纹连接件

1—机器人控制柜；2—螺母；3—弹簧垫圈；4—平垫圈；5—横向支撑梁

2.1.5 工业机器人的电气连接

机器人本体与控制柜之间的连接主要包括电机动力电缆、转数计数器电缆和用户电缆的连接（图 2-22）。

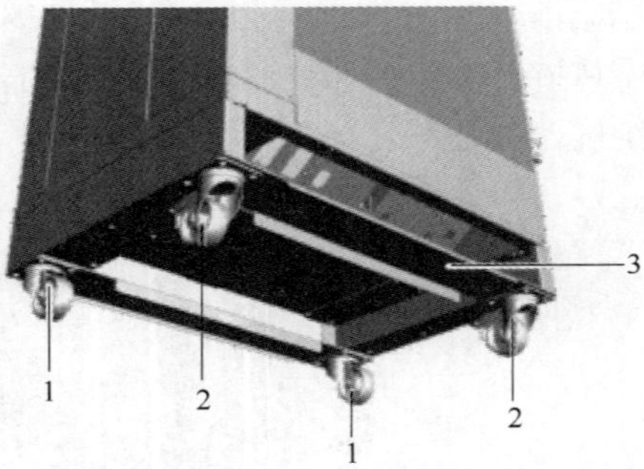

图 2-21 脚轮安装后的情况

1—不带制动装置的万向脚轮；2—带制动装置的万向脚轮；3—横向支撑梁

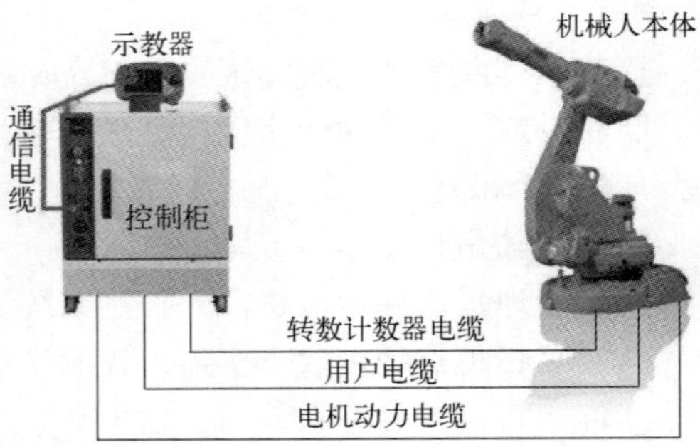

图 2-22 机器人本体与控制柜之间的连接

（1）重载连接器

重载连接器也称重载插座，由外壳、母插芯和母插针组成。动力电缆与编码器电缆的重载连接器母插芯集成在重载连接器上，如图 2-23 所示。

图 2-23 动力重载连接器

工业机器人本体伺服电机的动力电缆、编码器电缆终端插入重载连接器母插针，如图 2-24 所示。电机动力电缆和编码器电缆采用的重载连接器的插芯是不相同的，拆装时根据重载连接器的插芯进行区分。将重载连接器母插针依照重载接线表，插入重载连接器母插芯中，如图 2-25 所示。将集成好的重载连接器母插芯装入重载连接器外壳中，如图 2-26 所示。

图 2-24　将电缆终端插入重载连接器母插针

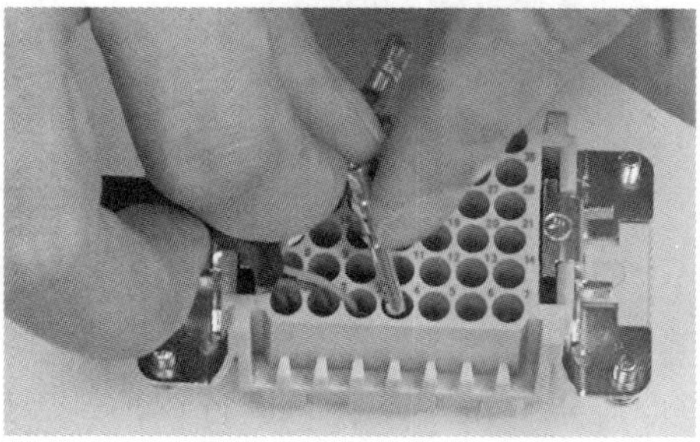

图 2-25　将重载连接器母插针插入母插芯

图 2-26　将集成好的重载连接器母插芯装入外壳

(2) 电缆的连接

电机动力电缆的连接如图 2-27 所示。电机动力电缆由卡扣固定，拆装时需用力将卡扣安装好。转数计数器电缆的连接如图 2-28 所示。

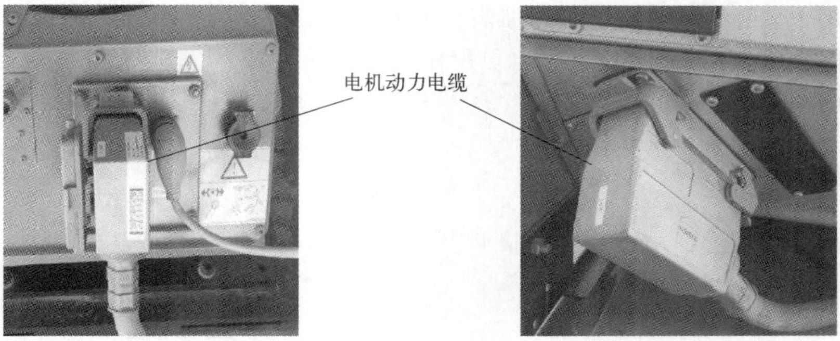

图 2-27　电机动力电缆的连接

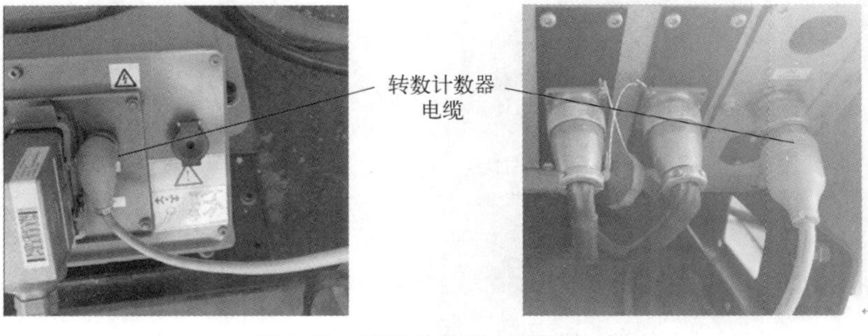

图 2-28　转数计数器电缆的连接

服务器信息块（SMB）协议是一种 IBM 协议，用于在计算机间共享文件、打印机、串口等。一旦连接成功，客户机可通过用户电缆发送 SMB 命令到服务器上，从而客户机能够访问共享目录、打开文件、读写文件等。ABB 机器人在本体及控制柜上都留有用户电缆接口，如图 2-29 所示。

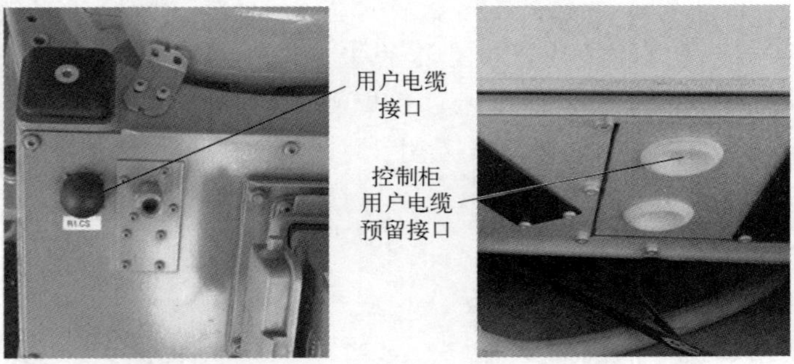

图 2-29　用户电缆接口

2.2　工业机器人的校准

工业机器人的机械原点如图 2-30 所示，用久了可能会变动，应实时进行校准，否则就会出现误差。

自动校准准备步骤如下。

① 确认工业机器人正确的安装位置（水平/倾斜/悬挂）。

② 确认工业机器人已准备好运行，即所有维修、安装类操作已完成。

③ 从工业机器人的上臂取下所有外围设备（如电缆等）。

④ 取下用于安装校准和参照传感器表面上的保护盖，并用异丙醇清洁这些表面。注意：同一校准摆锤既可用作校准传感器，也可用作参照传感器

⑤ 用异丙醇清洁导销孔。

2.2.1　摆锤校准

摆锤如图 2-31 所示，摆锤校准步骤见表 2-2。

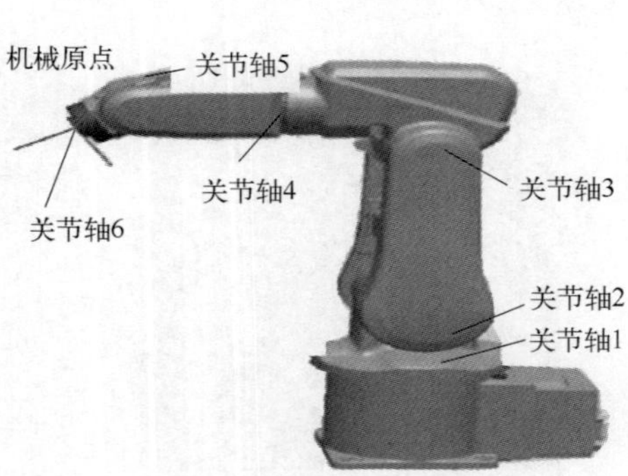

图 2-30　工业机器人的机械原点

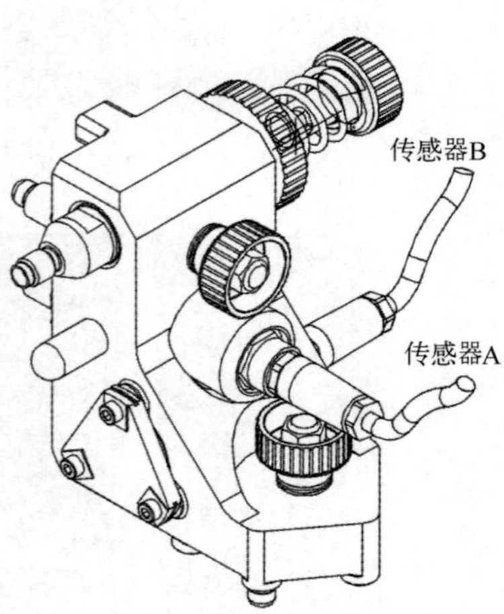

图 2-31　摆锤

表 2-2　ABB 机器人摆锤校准步骤

步骤	操作	图示
1	连接好水平仪 LEVELMETER 2000，该仪表具有双通道及电源数据接口	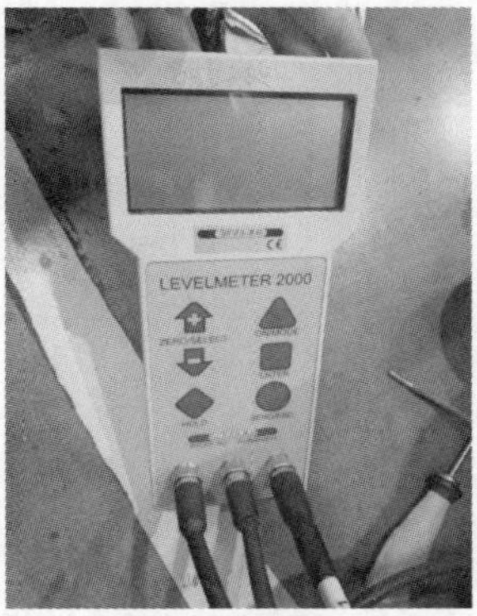
2	从电控柜内取 24V 电源为水平仪供电	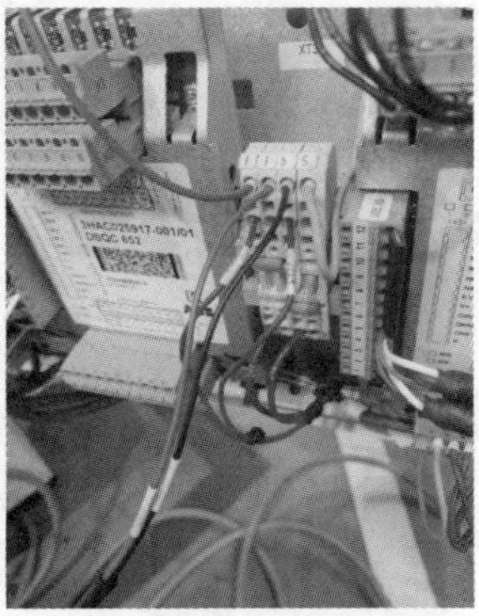
3	将数据线连接到 X9 网口	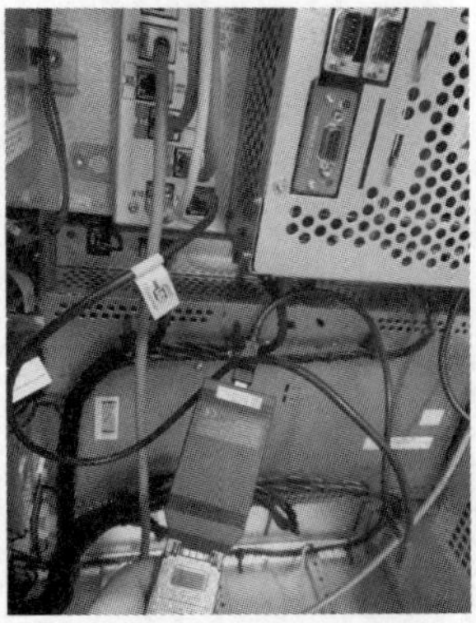
4	选择摆锤校准程序	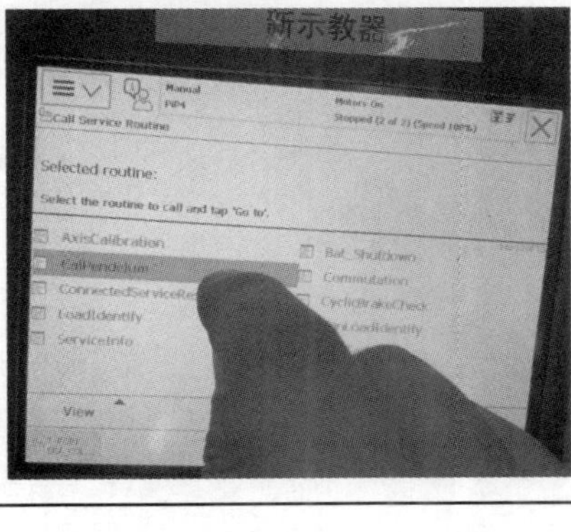

续表

步骤	操作	图示
5	运行校准程序	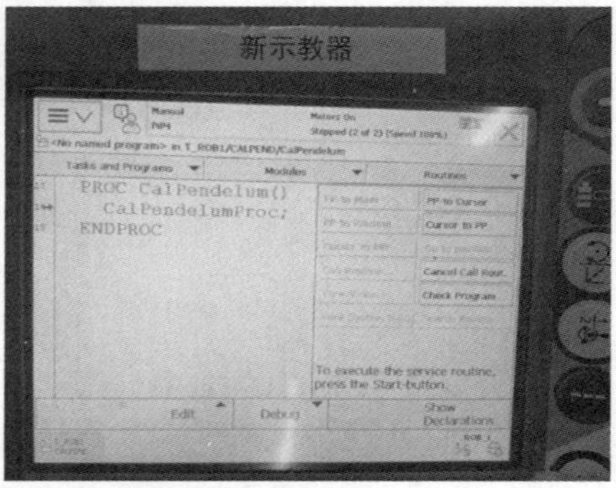
6	进入程序提示界面，点击 OK 继续	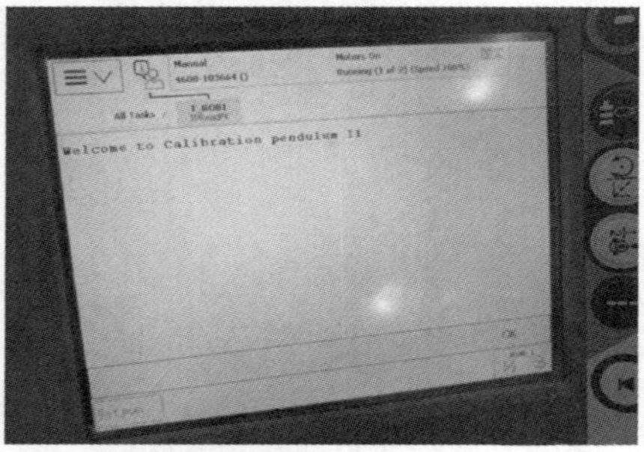
7	点击 Accept	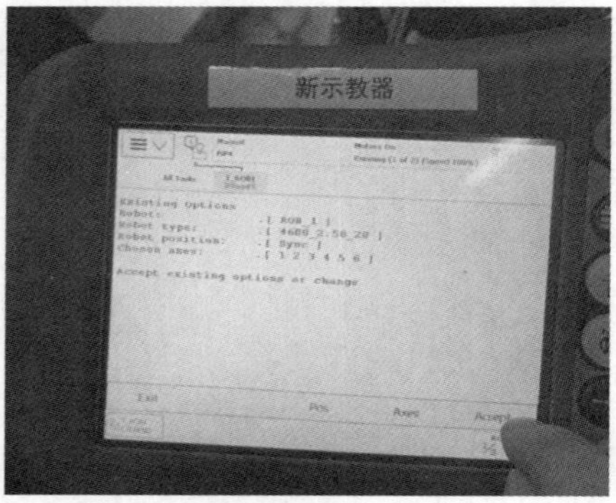
8	程序会提示先校准基准点	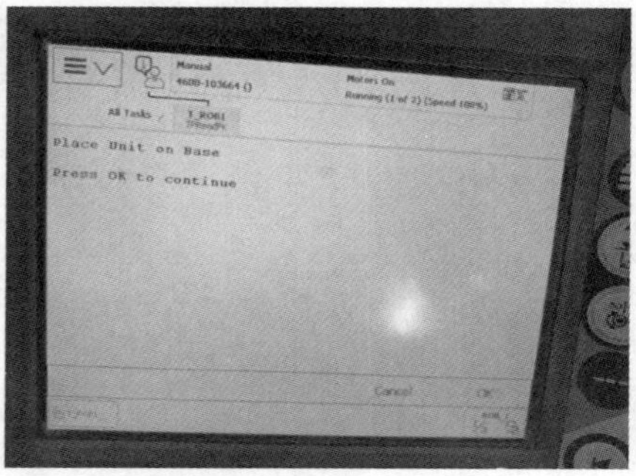

续表

步骤	操作	图示
9	拆除保护块	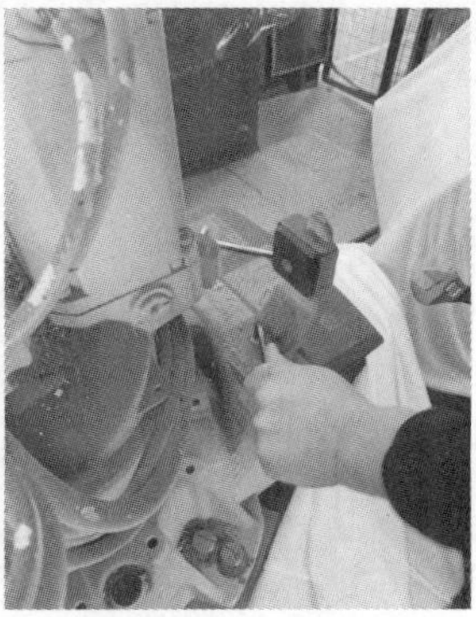
10	安装基准点校准传感器	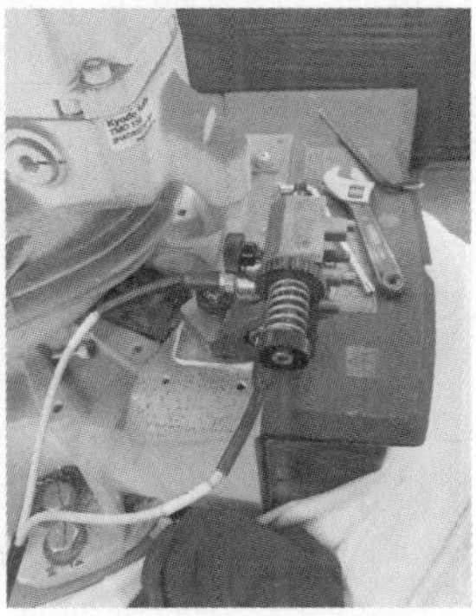
11	点击 OK，运行校准程序，完成后会弹出下一步校准 1 轴	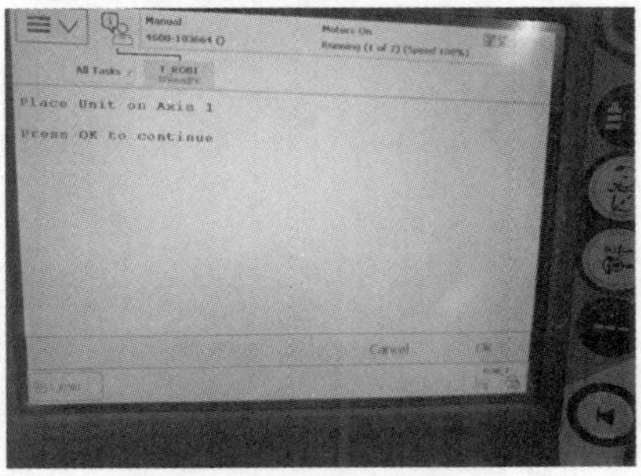
12	拆除 1 轴保护块	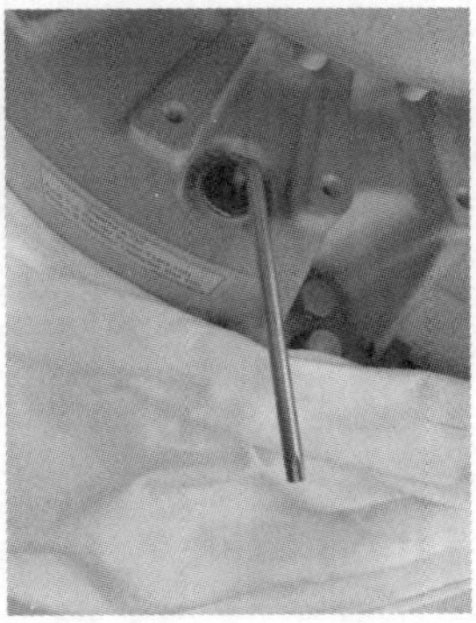

续表

步骤	操作	图示
13	安装传感器	
14	点击OK运行程序，会直接算出偏移值	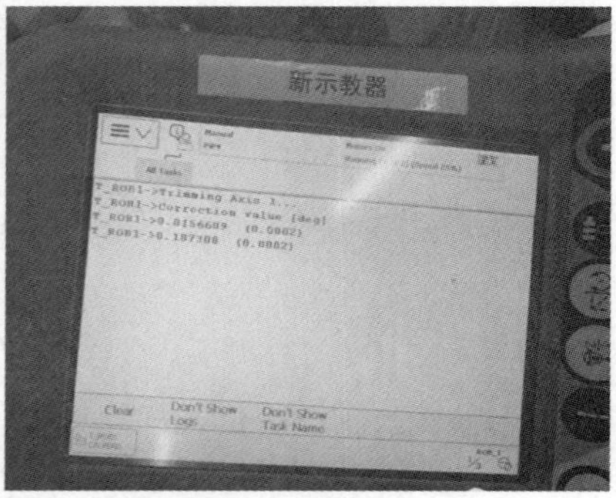
15	完成后跳转到校准2轴界面	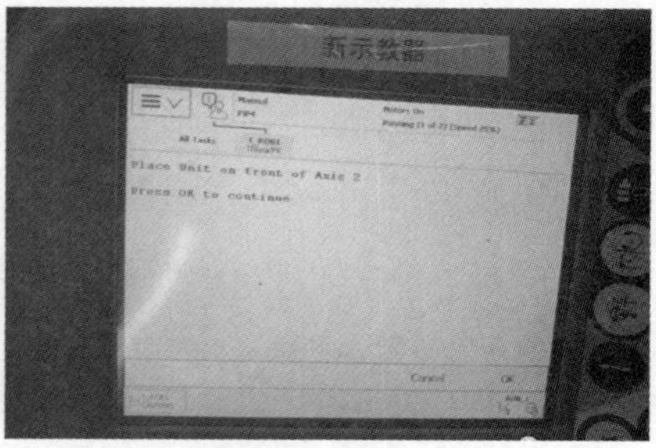
16	安装传感器到2轴指定的传感器安装位置	

步骤	操作	图示
17	点击 OK 继续运行程序，完成后跳转到校准 4、5、3、6 轴	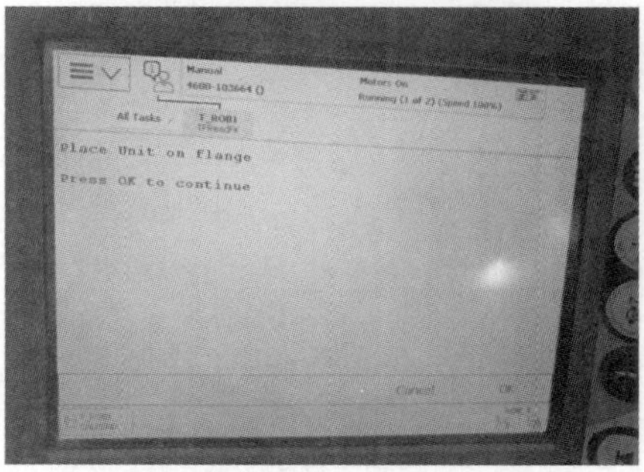
18	将机器人手臂上的工具拆掉	
19	拆掉转动盘(旋转法兰)	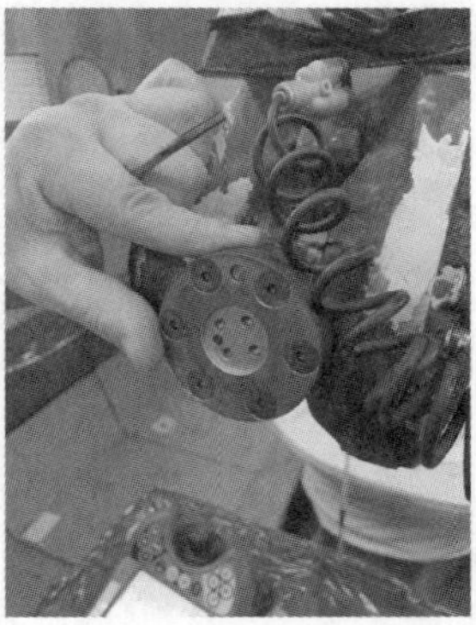
20	将转动盘适配器安装到 6 轴的转动盘上	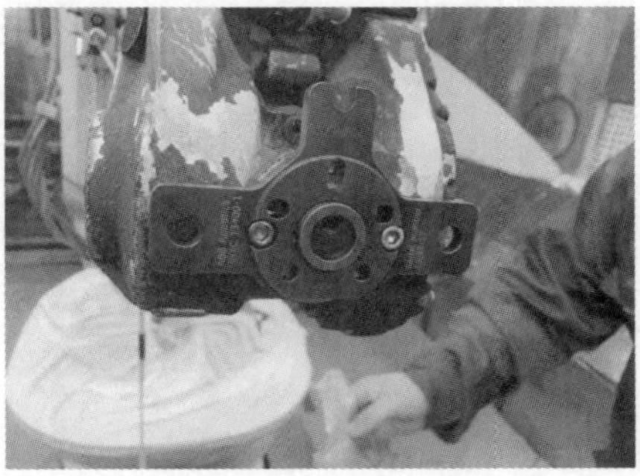

续表

步骤	操作	图示
21	将摆锤固定到转动盘适配器上	
22	运行程序，机器人会自动回零位开始校准，点 OK 继续	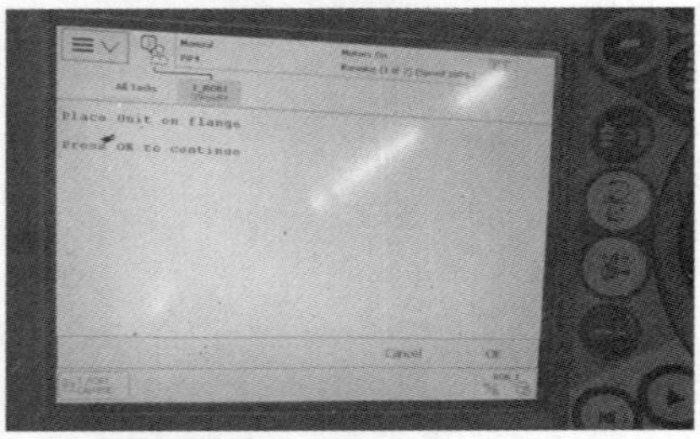
23	点击 Auto，自动回零位	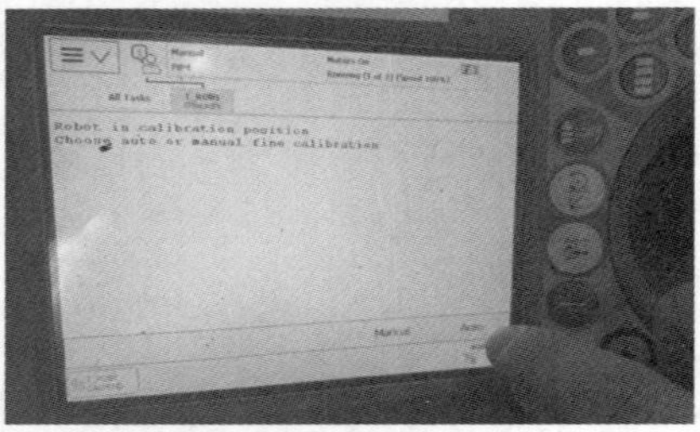
24	机器人会提示将要移动（校准过程中机器人会动）	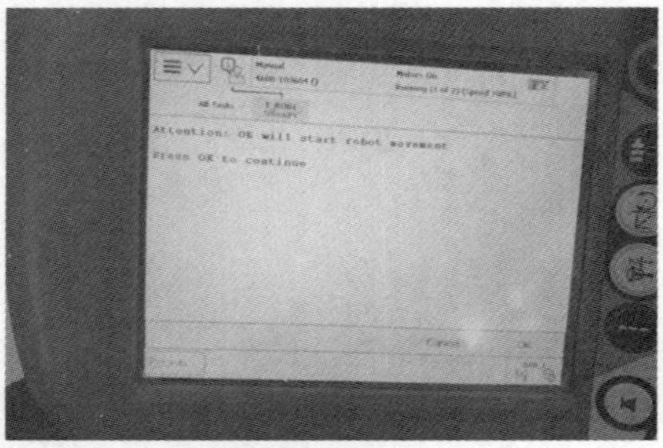
25	点击 OK 继续运行程序，机器人将到校准位置，点击 Auto 继续运行程序	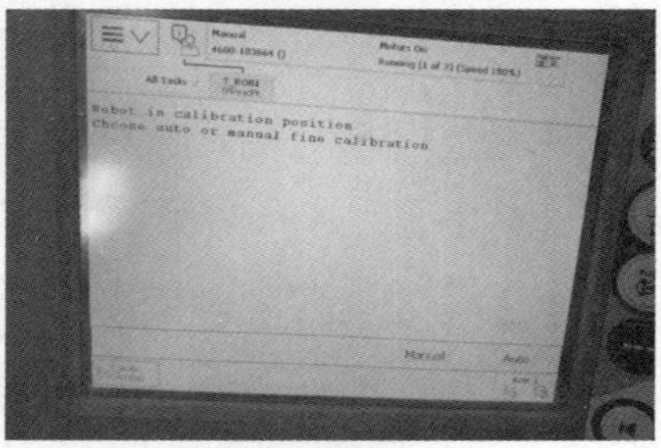

续表

步骤	操作	图示
26	运行完程序后会提示精校准完成，选择 Yes 保存校准参数	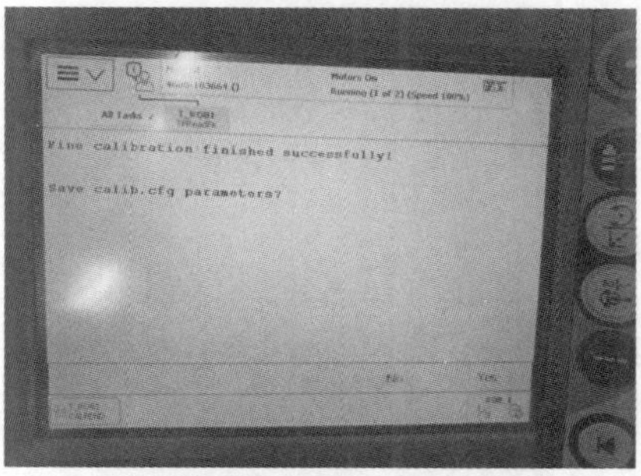
27	点击 HOME，机器人会自动更新主计算机和 SMB 单元，跳出程序完成整个精校准，恢复工具及保护块等到最初状态	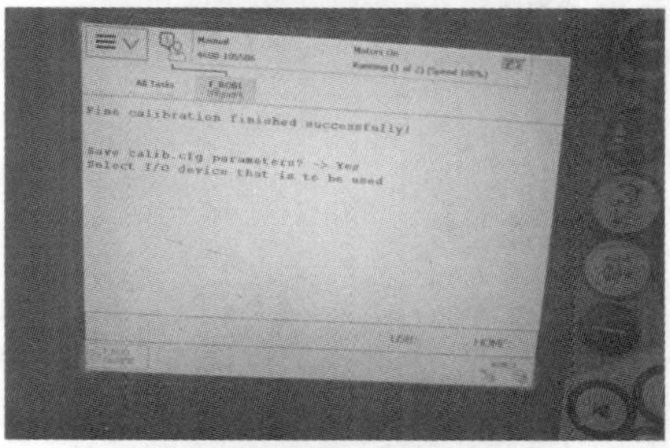

说明：精校准后轴配置数据偏差比较大会对原始程序有影响，安全起见需要手动走点运行轨迹以避免造成不必要的损失。必要时需要修改程序，以保证生产线运行稳定。

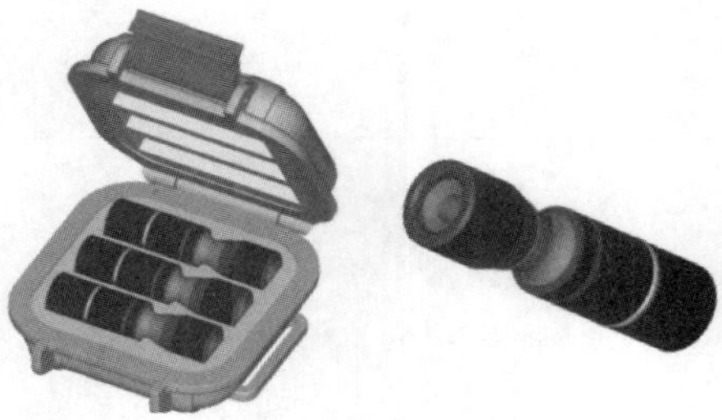

图 2-32　测量筒

2.2.2 测量筒校准

测量筒如图 2-32 所示，测量筒校准步骤见表 2-3。

表 2-3　测量筒校准步骤

步骤	操作	图示
1	把机器人运动到校准位置，进入校准程序	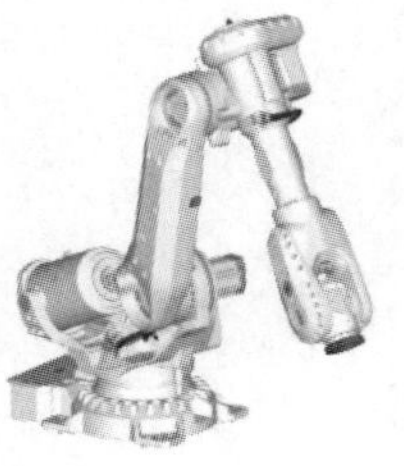
2	点击 Call Calibration Method	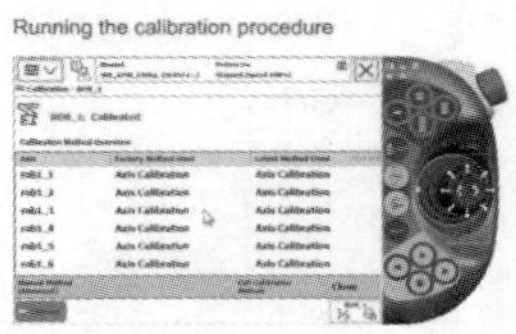

续表

步骤	操作	图示
3	选择 Fine	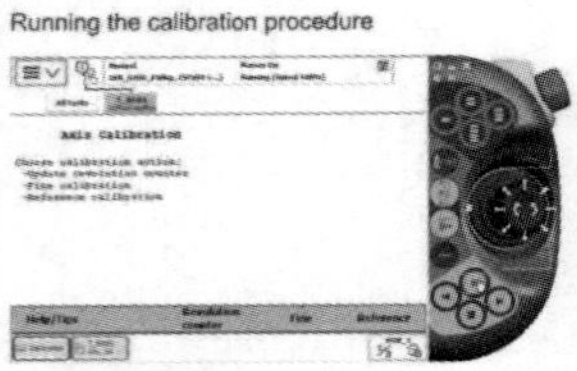
4	点击 Calibrate	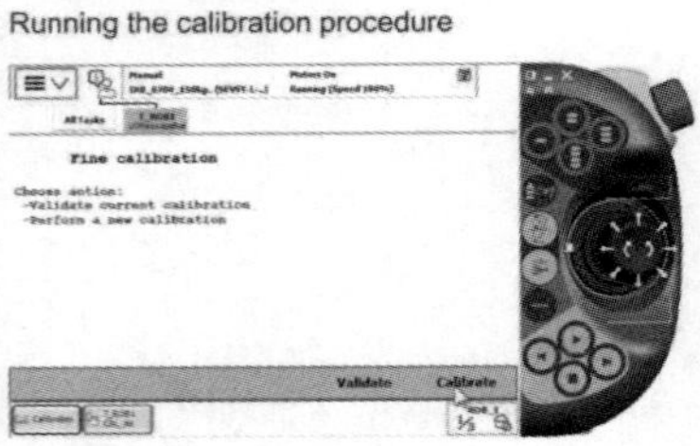
5	选择要校准的轴，例如 1 轴	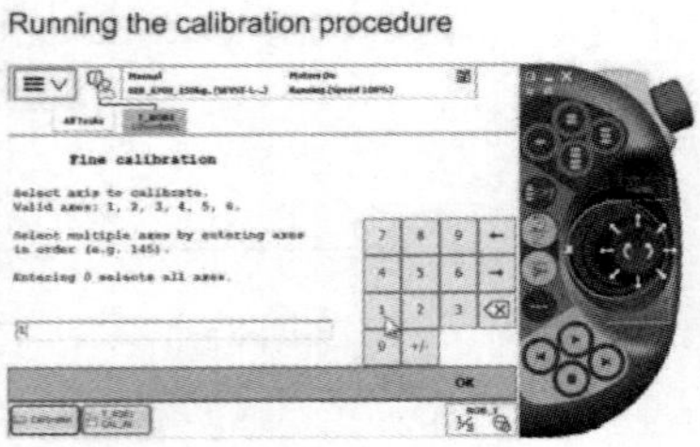
6	将机器人运动到基准位	
7	拆下机器人机座上校准杆的保护帽	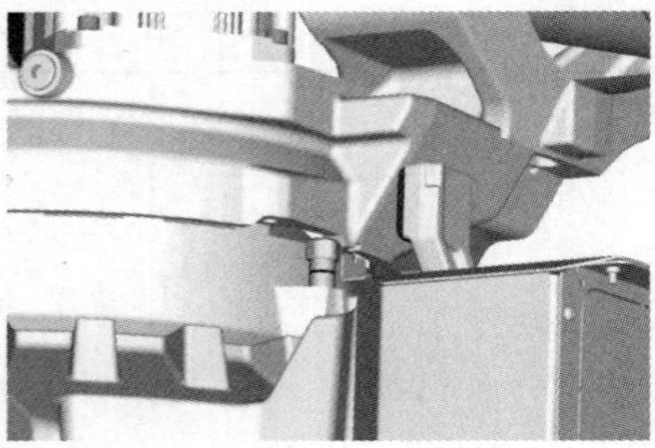
8	拆下安装校准工具的螺栓	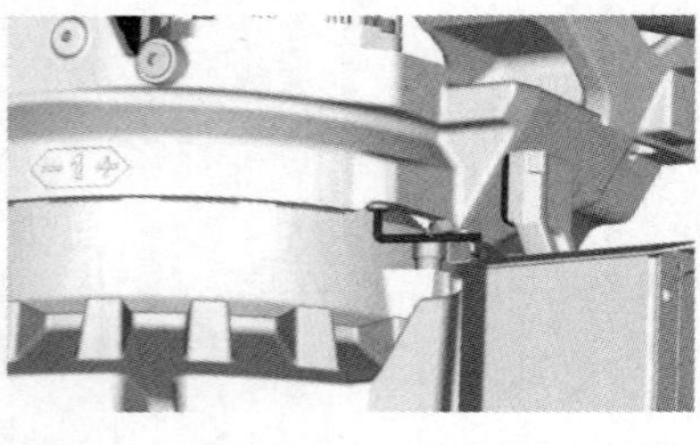

续表

步骤	操作	图示
9	安装测量筒	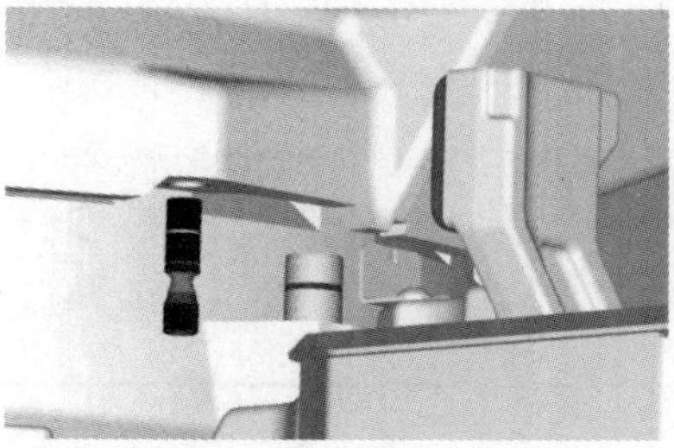
10	点击 Move，上电	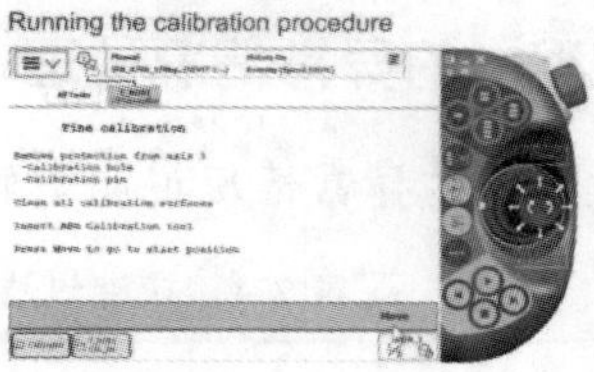
11	机器人将会自动运行校准程序	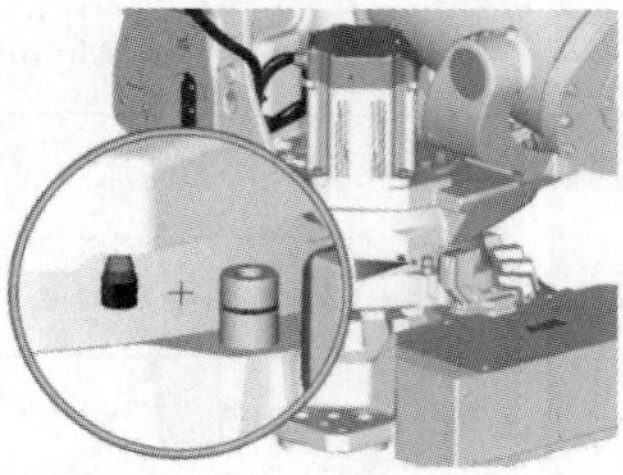 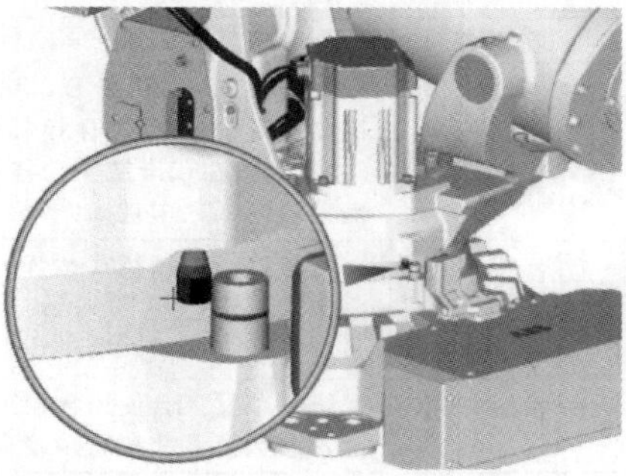
12	运行三次后自动停止	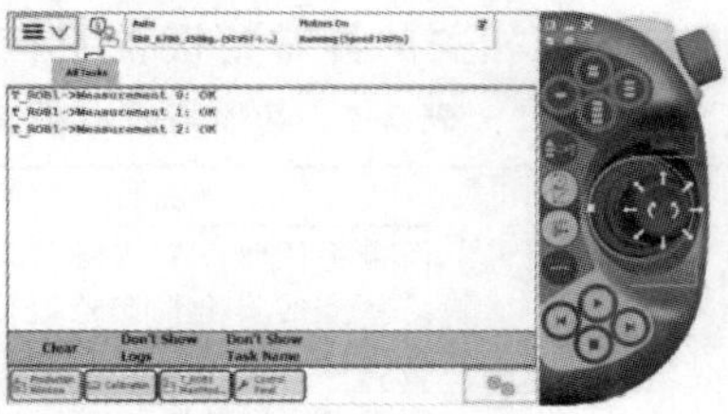
13	点击 Finish	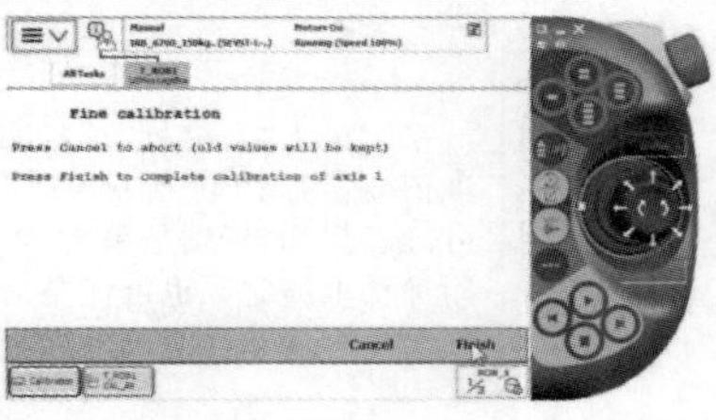

续表

步骤	操作	图示
14	取出测量筒，将螺栓和保护帽复位，完成校准	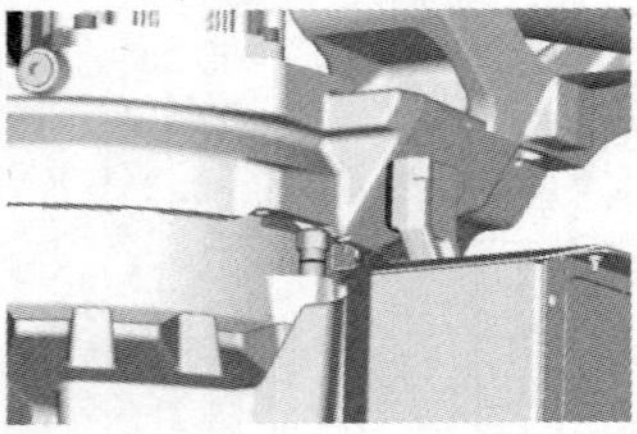

2.2.3 校准过程中的异常情况处理

（1）校准过程中的异常情况说明与解决方案（表 2-4）

表 2-4　校准过程中的异常情况说明与解决方案

序号	错误代码	说明	解决方案
1	50032，不允许该命令	在电机上电（Motors ON）状态尝试校准	更改为电机下电（Motors OFF）状态
2	50198，校准失败	由于未知的原点切换，校准时出现内部错误	①向 ABB 报告此问题 ②重新执行校准
3	50241，缺少函数	未购买“绝对精度”功能	将机器人系统参数“使用机器人校准”更改为 uncalib
4	50244，AbsAcc 校准失败	无法执行机器人 arg 的 AbsAcc 校准，返回状态 arg	①重新启动控制器 ②检查确保硬盘未满 ③安装更多存储器
5	50268，校准失败	不允许校准伺服工具：arg 位置为负	校准前调整伺服工具
6	50370，向工业机器人存储器传输数据失败	由于 SMB 通信断开，机械单元 arg 不允许从控制器向工业机器人存储器传输数据或传输中断。SMB 通信在校准或手动移动数据到工业机器人存储器之前或之中被断开	SMB 通信重新连接后，重试校准或手动将数据从控制器移动到工业机器人存储器
7	50427，校准后关节未同步	在对使用备用校准位置的关节 arg 进行微调后，关节未移动至更新转数计数器的正常同步位置。系统将在下次重新启动或上电时取消同步关节	在用于清除转数计数器的正常位置清除转数计数器
8	50477，轴校准数据缺失	机械单元 arg 使用轴校准来校准，但控制器缺少配置参数。无法执行轴校准服务例行程序	确保轴校准配置已加载到控制器存储器，确认数据存在于备份中

（2）其他与校准相关的异常情况说明与解决方案（表 2-5）

表 2-5　其他与校准相关的异常情况说明与解决方案

序号	错误代码	说明	解决方案
1	20269，SC arg 电机校准数据错误	尚未将任何校准数据下载到驱动模块 arg 上的安全控制器（SC）中，或者数据错误	将电机校准数据下载到安全控制器（SC）中
2	20462，SC arg 未找到校准偏移	检索安全控制器（SC）arg 的电机校准偏移失败	下载新的校准偏移到安全控制器（SC）中
3	38101，SMB 通信故障	系统进入“系统故障”状态并丢失校准消息。原因包括接触不良或电缆（屏蔽）损坏，特别是采用非 ABB 专用附加轴电缆时。也可能是因为串行测量电路板或轴计算机出现故障	①参阅工业机器人产品手册中的详细说明，重新设置工业机器人的转数计数器 ②确保串行测量电路板和轴计算机之间的电缆正确连接且符合 ABB 设定的规格 ③确保电缆屏蔽两端正确连接 ④确保工业机器人接线附近无极度电磁干扰辐射 ⑤确保串行测量电路板和轴计算机正常工作

续表

序号	错误代码	说明	解决方案
4	38102,内部故障	系统进入"系统故障"状态并丢失校准消息。这可能是工业机器人单元的某些短暂干扰或者轴计算机错误导致的	①重新启动系统 ②按工业机器人产品手册中的说明重置工业机器人的转数计数器 ③确保靠近工业机器人线路的区域没有强电磁干扰 ④确保轴计算机工作完全正常
5	50053,转数计数器的差异过大	接点 arg 的转数计数器差异过大。系统检测到串行测量电路板上的转数计数器实际值与系统预期值相差过大。工业机器人未校准,并可以手动微动控制,但无法执行自动操作。可能是电源关闭时手动更改了工业机器人手臂的位置。另外,也可能是串行测量电路板、编码器或电缆故障	①更新转数计数器 ②检查编码器和电缆 ③检查串行测量电路板
6	50242,由于 cfg 数据的原因而未同步	控制柜与关节数据(校准偏移或校准位置)不匹配,或者校准偏移的标记有效,或者 cfg 中的换向偏移不为真	①更新转数计数器 ②重新校准关节 ③更改 cfg 数据

2.3 工业机器人的维护

2.3.1 工业机器人本体的维护

2.3.1.1 注意事项

① 任何负责安装和维护工业机器人的人员务必阅读并遵循这些安全说明。只有熟悉工业机器人并且经过操作和处理工业机器人方面培训的人员才允许维护工业机器人。相关人员在饮酒、服用药品而受到影响后，不得维护、维修或使用工业机器人。

② 始终根据工业机器人的风险评估情况使用合适的个人防护装备。当操作人员在系统上操作时，需确保没有其他人可以打开控制柜和工业机器人的电源，建议始终用安全锁将主开关锁在控制柜中。

③ 工业机器人中存储的用于平衡某些轴的电量可能在拆卸工业机器人或其部件时释放，需注意防护。

④ 拆装机械单元时，需提防掉落的物体。

⑤ 切勿将工业机器人当作梯子使用，也就是说在检修过程中切勿攀爬工业机器人电机或其他部件。由于电机可能产生高温或工业机器人可能发生漏油，所以攀爬会有严重的灼伤和滑倒风险。工业机器人某些部件周围的温度也会很高，触摸它们可能会造成不同程度的灼伤。环境温度越高，工业机器人的表面越容易变热，从而可能造成灼伤。如果要拆卸可能会发热的组件，需等到其冷却，或者采用其他方式处理。

⑥ 采取任何必要的措施，确保卸除部件时工业机器人不会倒塌。

⑦ 线缆包装易受机械损坏，必须小心处理线缆包装（尤其是接插件），以避免损坏线缆包装。

⑧ 无论何时拆卸或装配电机和减速器，施加的压力过大都可能会损坏齿轮。

⑨ 对于所有在断电后仍将保持加压状态的组件，必须提供清晰可辨的泄放装置和标志，

指明在对工业机器人系统进行调整或实施任何维护之前需要先进行减压操作。这些组件中可能存在残留电能，关机后需特别小心。

⑩ 开始维修故障前，必须释放整个气动或液压系统内的压力。操作液压设备的人员必须具备液压方面的专业知识和相关经验。必须检查所有管道、软管和连接处是否有泄漏和损坏。如有损坏，必须立即修复。溅出的油料可能会引起人员伤害或火灾。

2.3.1.2 维护标准

不同的工业机器人维护时间间隔是不同的，表 2-6 对某工业机器人所需的维护活动和时间间隔进行了明确说明。

表 2-6 维护标准

部位	维护活动	时间间隔
机器人	清洁	随时
轴 1 齿轮箱，油位	检查	6 个月
轴 2 和轴 3 齿轮箱，油位	检查	
轴 6 齿轮箱，油位	检查	
机器人线束	检查	12 个月①
信息标签	检查	12 个月
机械止动装置，轴 1	检查	
阻尼器	检查	
轴 1 齿轮油	更换	DTC② 读数达 6000h 进行第一次更换；DTC② 读数达到 20000h 进行第二次更换；随后的更换时间间隔是 20000h
轴 2 齿轮油	更换	
轴 3 齿轮油	更换	
轴 6 齿轮油	更换	
机器人	大修	30000h
SMB 电池组	更换	低电量警告③
信号灯	检查	12 个月
电缆线束	更换	30000h④（不包括选装上臂线束）
齿轮箱⑤	更换	30000h

① 检测到组件损坏或泄漏，或发现其接近预期组件使用寿命时，更换组件。

② DTC 表示运行计时器，显示机器人的运行时间。

③ 电池的剩余后备容量（机器人电源关闭）不足 2 个月时，将显示低电量警告（38213 电池电量低）。对于较长的生产中断，通过电池关闭服务例行程序可延长使用寿命。

④ 严苛的化学或热环境，或类似的环境可导致预期使用寿命缩短。

⑤ 根据应用的不同，使用寿命也可能不同。在某些应用（如铸造或清洗）中，机器人可能会暴露在化学物质、高温或湿气中，这些都会对齿轮箱的使用寿命造成影响。

2.3.1.3 清洁机器人

(1) 注意事项

① 仅限使用不含溶剂的水溶性清洁剂。

② 切勿使用可燃性清洁剂。

③ 切勿使用强力清洁剂。

④ 切勿使用蒸汽和冷却剂进行清洁。

⑤ 不得使用高压清洁装置清洁。

⑥ 清洁剂不得进入电气或机械设备部件中。

⑦ 注意人员保护。

(2) 操作步骤

① 停止运行机器人。

② 必要时停止并锁住邻近的设备部件。

③ 如果为了便于进行清洁作业而需要拆下罩板，则将其拆下。

④ 对机器人进行清洁。

⑤ 从机器人上完全除去清洁剂。

⑥ 清洁生锈部位，然后涂上新的防锈材料。

⑦ 从机器人的工作区域中除去清洁剂。

⑧ 更换已损坏、不能辨认的盖板和标牌。

⑨ 重新装上拆下的罩板。

⑩ 仅将功能正常的机器人和系统重新投入运行。

2.3.1.4 检查

(1) 检查齿轮箱油位

① 断开连接到机器人的电源、液压源、气压源，然后再进入机器人工作区域。

② 打开检查油塞。

③ 检查所需的油位。

④ 根据需要加油。

⑤ 重新装上检查油塞。

(2) 检查电缆线束

机器人电缆线束位置如图 2-33 所示。

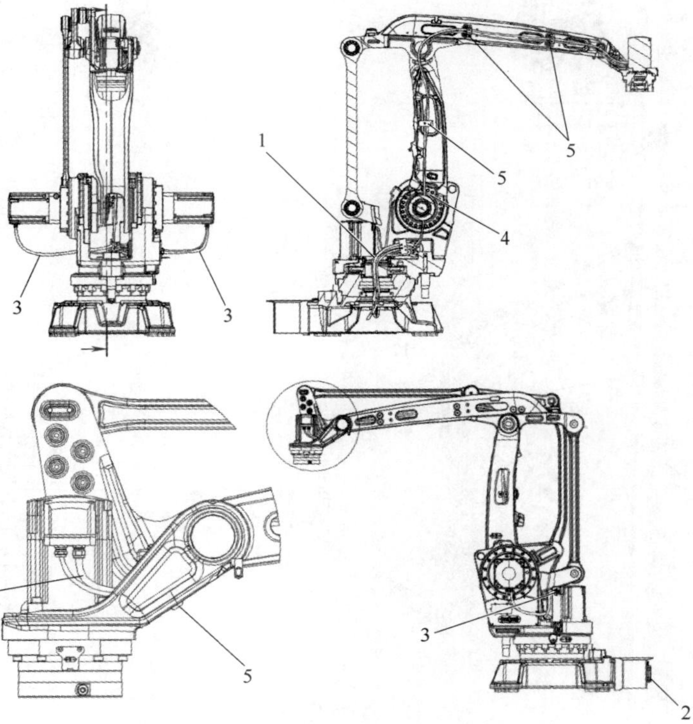

图 2-33 机器人电缆线束位置

1—1～6 轴电缆线束；2—机座上的连接器；3—电机电缆；4—2 轴电缆导向装置；5—金属夹具

检查步骤如下。

① 断开连接到机器人的电源、液压源、气压源，然后再进入机器人工作区域。

② 对电缆线束进行全面检查，以检测磨损和损坏情况。

③ 检查机座上的连接器。

④ 检查电机电缆。

⑤ 检查 2 轴电缆导向装置。如有损坏，将其更换。

⑥ 检查下臂上的金属夹具。

⑦ 检查上臂内部固定电缆线束的金属夹具，如图 2-34 所示。

⑧ 检查 6 轴上固定电机电缆的金属夹具。

⑨ 如果检测到电缆线束磨损或损坏，需更换。

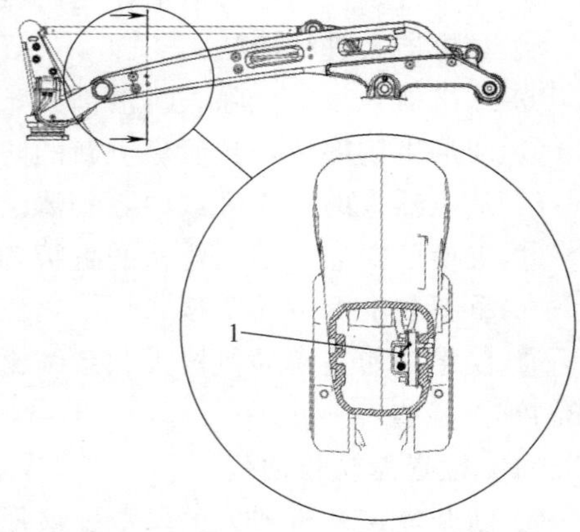

图 2-34 上臂内部固定电缆线束的金属夹具

1—上臂内部的金属夹具

(3) 检查信息标签

标签位置如图 2-35 所示。

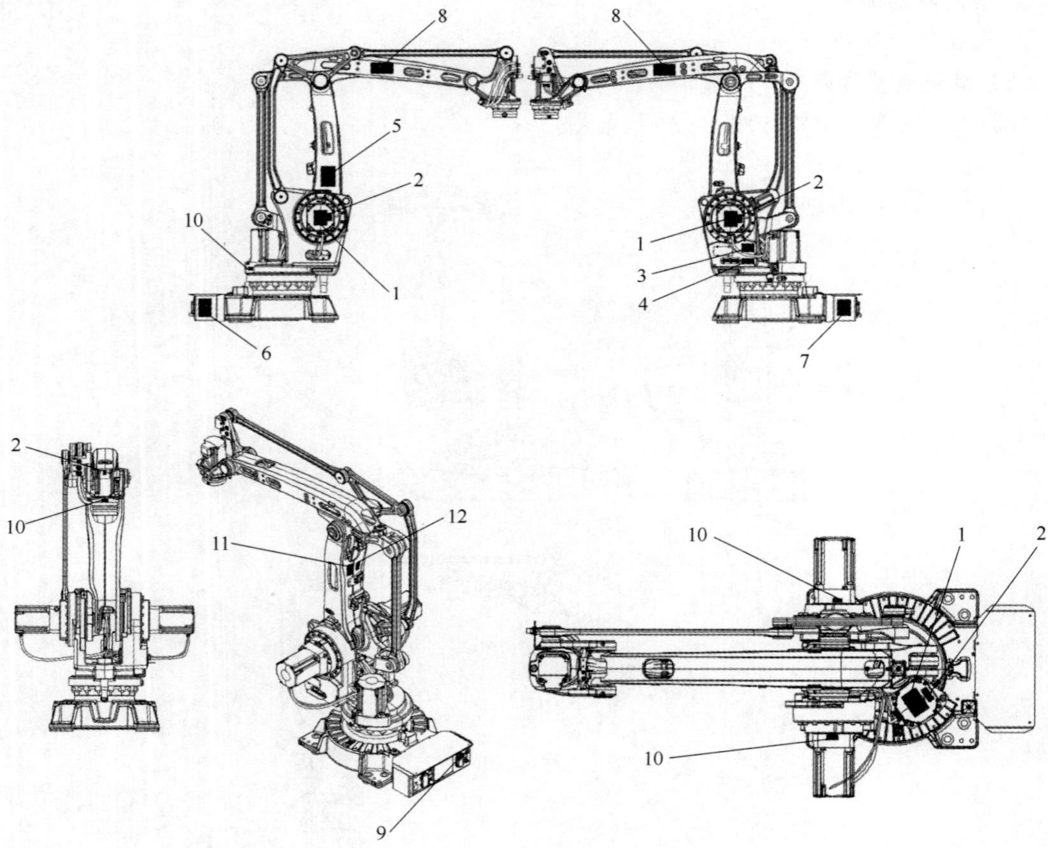

图 2-35 标签位置

1—警告标签“高温”（位于电机盖上）；2—警告标签，闪电符号（位于电机盖上）；3—组合警告标签“移动机器人”“用手柄关闭”和“拆卸前参阅产品手册”；4—组合警告标签“制动闸释放”“制动闸释放按钮”和“移动机器人”；5—起吊机器人的说明标签；6—警告标签“拧松螺栓时的翻倒风险”；7—规定了向齿轮箱中注入哪种油的信息标签；8—ABB 标识；9—UL 标签；10—每个齿轮箱旁边，规定齿轮箱使用哪种油的信息标签；11—序列号标签；12—校准标签

检查步骤如下。

① 断开连接到机器人的电源、液压源、气压源，然后再进入机器人工作区域。

② 检查位于图 2-35 所示位置的标签。

③ 更换所有丢失或受损的标签。

(4) 检查可移动的机械止动装置

① 断开连接到机器人的电源、液压源、气压源，然后再进入机器人工作区域。

② 检查可移动的机械止动装置（参见图 2-17）是否受损，如有损伤，必须更换。

③ 确保机械止动装置安装正确。

(5) 检查阻尼器

阻尼器位置如图 2-36 所示，3 轴的阻尼器在图中不可见。

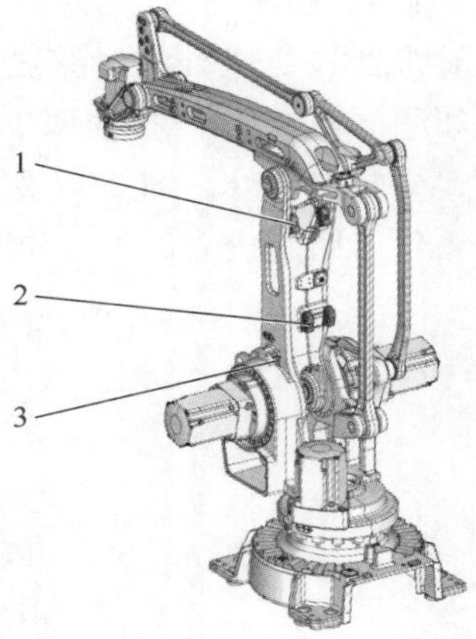

图 2-36 阻尼器位置

1—阻尼器（下臂上部）；2—阻尼器（下臂下部）；3—阻尼器（2 轴）

检查步骤如下。

① 断开连接到机器人的电源、液压源、气压源，然后再进入机器人工作区域。

② 检查所有阻尼器是否受损、破裂或存在大于 1mm 的印痕。

③ 检查连接螺钉是否变形。

④ 检测到任何损伤，必须更换。

(6) 检查信号灯（备选件）

信号灯位置如图 2-37 所示。

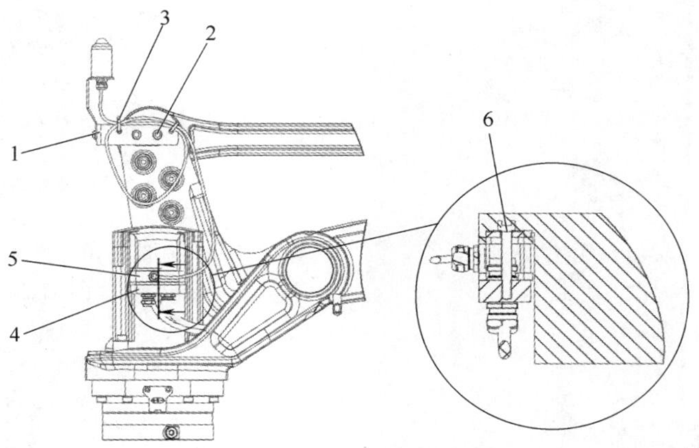

图 2-37 信号灯位置

1—信号灯支架；2,6—连接螺钉；3—电缆带；4—电缆接头盖；5—电机适配器（包括垫圈）

检查步骤如下。

① 当电机运行时（Motors ON），检查信号灯是否常亮。

② 如果信号灯未常亮，通过以下方式查找故障。

a. 断开连接到机器人的电源、液压源、气压源，然后再进入机器人工作区域。

b. 检查信号灯是否已经损坏。如已损坏，更换该信号灯。

c. 检查电缆连接。

d. 测量 6 轴电机连接器处的电压，查看该电压是否等于 24V。

e. 检查布线。如果检测到故障，更换线缆。

2.3.1.5 换油

机器人机座处的标签显示了所有齿轮箱用油的类型，如图 2-38 所示。1 轴齿轮箱的位置如图 2-39 所示，排油塞位置如图 2-40 所示。2 轴和 3 轴的齿轮箱位于电机连接处下方、下臂旋转中心处，图 2-41 所示为 2 轴齿轮箱位置，图 2-42 所示为 3 轴齿轮箱位置。6 轴齿轮箱位于倾斜机壳的中心位置，如图 2-43 所示。

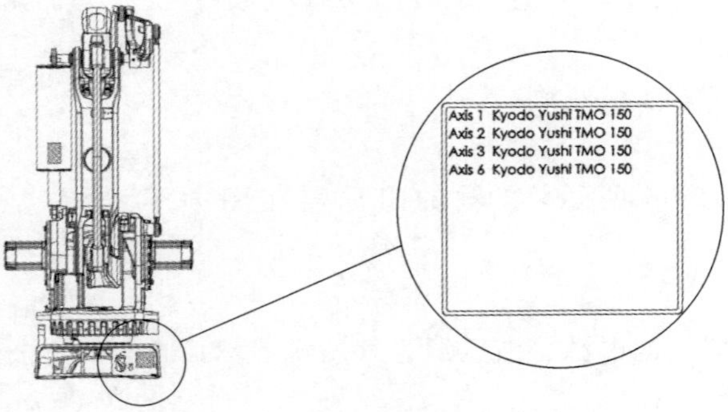

图 2-38 机器人机座处的标签

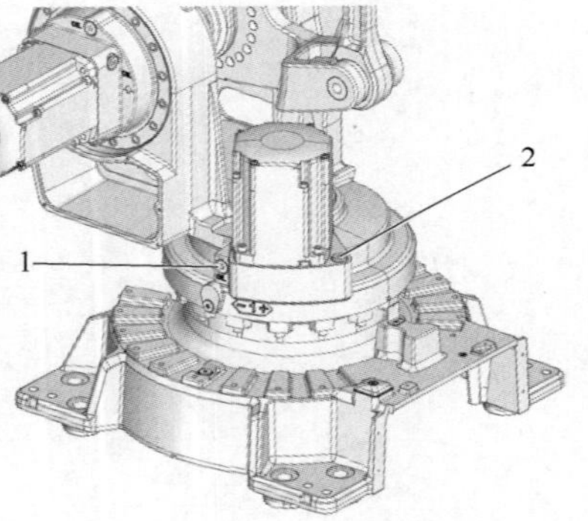

图 2-39 1 轴齿轮箱位置

1—检查油塞；2—注油塞

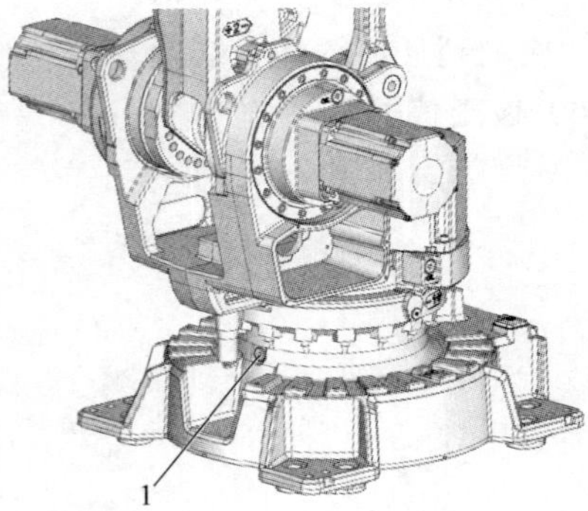

图 2-40 排油塞位置

1—排油塞

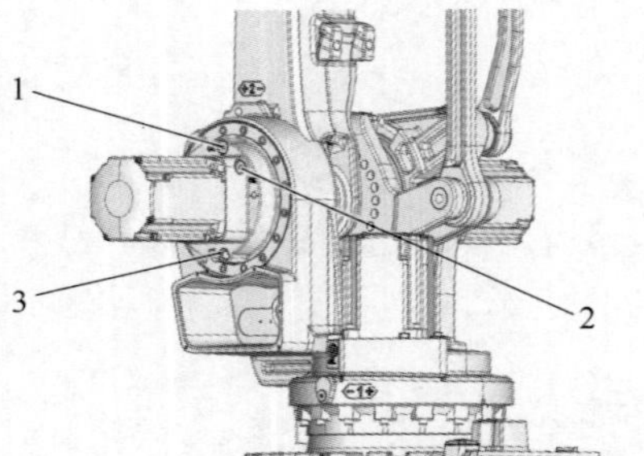

图 2-41 2 轴齿轮箱位置

1—2 轴齿轮箱通风孔塞；2—注油塞；3—排油塞

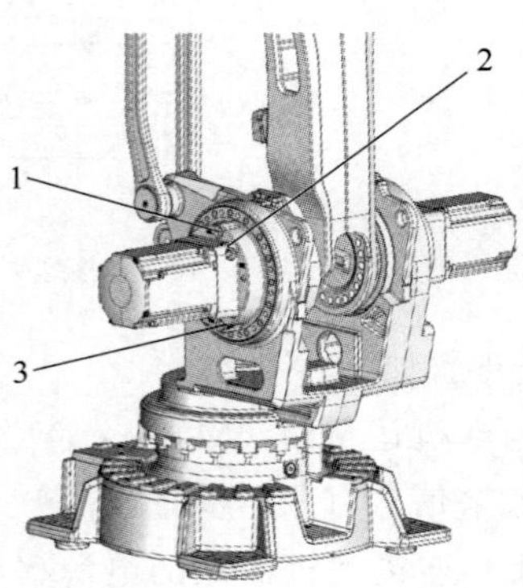

图 2-42 3 轴齿轮箱位置

1—3 轴齿轮箱通风孔塞；2—注油塞；3—排油塞

排油步骤如下。

① 断开连接到机器人的电源、液压源、气压源，然后再进入机器人工作区域。

② 对于1轴和6轴轴来说，卸下注油塞，对于2轴和3轴来说，卸下通风孔塞，可使排油速度加快。

③ 卸下排油塞并用带油嘴和集油箱的软管排出齿轮箱中的油。

④ 重新装上各堵塞。

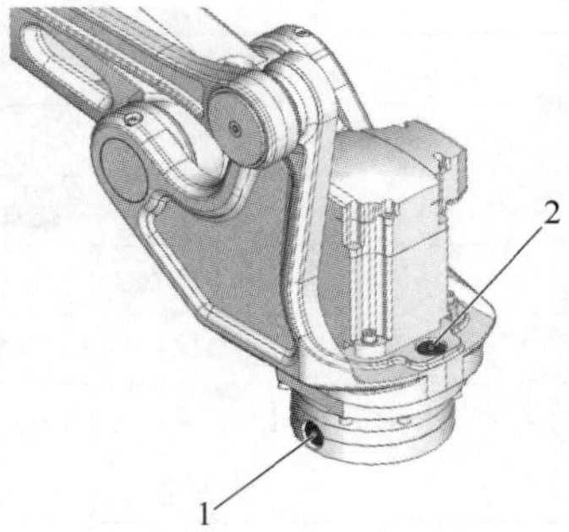

图 2-43　6 轴齿轮箱位置

1—排油塞；2—注油塞

注油步骤如下。

① 断开连接到机器人的电源、液压源、气压源，然后再进入机器人工作区域。

② 对于1轴和6轴来说，打开注油塞。对于2轴和3轴来说，同时还应拆下通风孔塞。

③ 向齿轮箱中重新注入润滑油。需重新注入的润滑油量取决于之前排出的润滑油量。

④ 对于1轴和6轴来说，重新装上注油塞。对于2轴和3轴来说，应重新装上注油塞和通风孔塞。

2.3.2 工业机器人控制柜的维护

2.3.2.1 注意事项

① 使用ESD（静电放电）保护。

② 按照规定使用清洁设备，任何其他清洁设备都可能会缩短控制柜所涂油漆、防锈剂、标记或标签的使用寿命。

③ 清洁前，先检查是否所有保护盖都已安装到控制柜。

④ 清洁控制柜外部时，切勿卸除任何盖子或其他保护装置。

⑤ 切勿使用压缩空气或高压清洁器进行清洁。

⑥ 可用真空吸尘器清洁。Standard 防护时可用少量清洁剂清洁；Clean room 防护时，可用少量清洁剂、酒精或异丙醇清洁，不可使用水或蒸汽清洁。清洁后需确保没有液体滞留在缝隙或表面。

2.3.2.2 维护标准

控制柜必须进行定期维护才能确保功能。表2-7列出了维护活动及相应时间间隔，时间间隔取决于工作环境，较为清洁的环境可以延长维护间隔。

表 2-7　维护标准

设备	维护活动	时间间隔
完整的控制柜	检查	12个月
系统风扇	检查	6个月
示教器	清洁	随时
紧急停止(示教器和操作面板)	功能测试	12个月
模式开关	功能测试	12个月

续表

设备	维护活动	时间间隔
使能装置	功能测试	12个月
电机接触器	功能测试	12个月
制动接触器	功能测试	12个月
自动停止(如果使用则测试)	功能测试	12个月
常规停止(如果使用则测试)	功能测试	12个月
安全部件	翻新	20年

2.3.2.3 日常检查

① 在控制柜内进行任何作业之前，首先确保主电源开关已关闭，已断开输入电源线缆与外部电源插座的连接。

② 控制柜容易受ESD影响，所以在进行控制柜日常检查之前需排除静电危险。通常使用手腕带、ESD保护地垫和防静电桌垫来排除静电放电危险。

③ 检查控制柜上的连线和布线以确认接线准确，并且线缆有损坏。

④ 检查系统风扇和控制柜表面的通风孔以确保其干净清洁。

⑤ 清洁后暂时打开控制柜的电源，确保其正常工作后，关闭电源。

2.3.2.4 清洁风扇

图2-44显示了系统风扇的位置，计算机风扇位于控制柜上盖的下面，如图2-45所示。需定期检查风扇罩和风扇的散热状态并清洁。

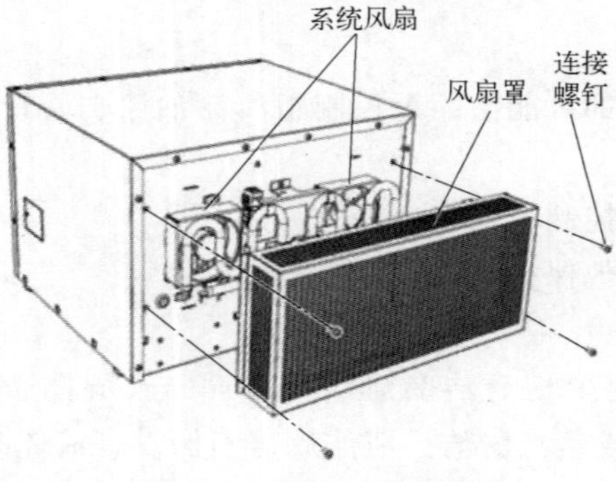

图2-44 系统风扇位置

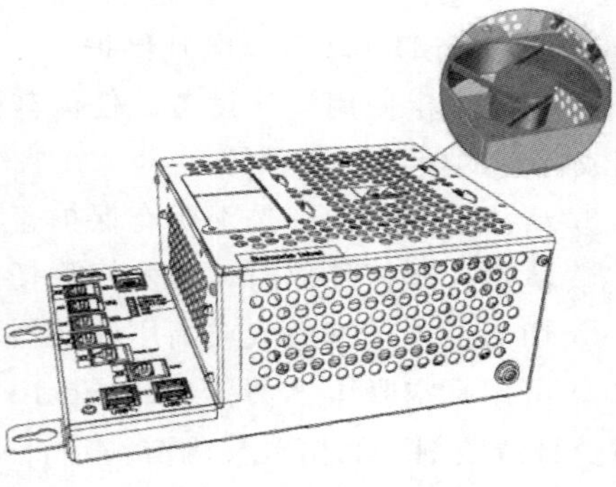

图2-45 计算机风扇位置

(1)系统风扇的清洁

① 关闭控制柜上的主电源开关，如图2-46所示。断开输入电源线缆与外部电源插座的连接。

② 卸除风扇罩上的四个连接螺钉（图2-44）。

③ 将风扇罩推到左边，然后将其卸除。注意：泄流器顶部为热表面，直接接触有灼伤危险。卸除装置时应小心谨慎。

④ 露出风扇，采用产品手册中介绍的清洁方法与工具，小心清理系统风扇即可，完成清理后需参照上述步骤重新装回系统风扇罩。

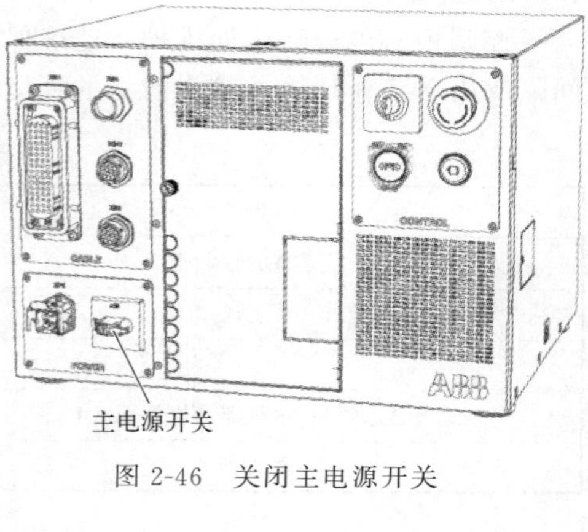

图2-46 关闭主电源开关

(2) 计算机风扇的清洁

① 关闭控制柜上的主电源开关。断开输入电源线缆与外部电源插座的连接。该装置易受 ESD 影响，所以操作前需选择使用手腕带、ESD 保护地垫和防静电桌垫来排除静电放电危险。

② 卸除盖板上的固定螺钉（图 2-47），向控制柜的背部方向推动盖板，以便它从前面板的弯曲处松开，然后向上拉将其卸除。

③ 卸下固定螺钉并拉开上盖，打开计算机单元，如图 2-48 所示。露出风扇，采用产品手册中介绍的清洁方法与工具，小心清理风扇。

④ 完成清理后参照上述步骤重新装回部件即可。

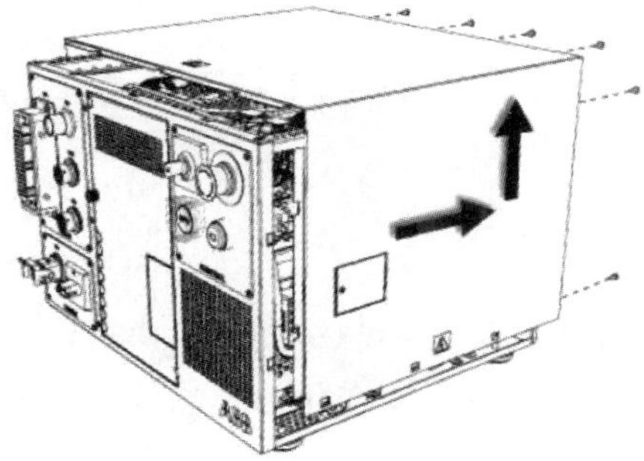

图 2-47 卸除盖板

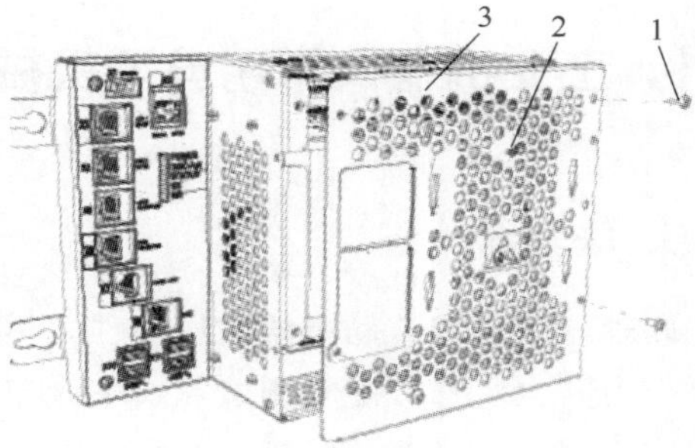

图 2-48 拉开上盖

1—上盖固定螺钉；2—风扇固定螺钉；3—上盖

2.3.2.5 清洁示教器

示教器需要清洁的表面如图 2-49 所示。

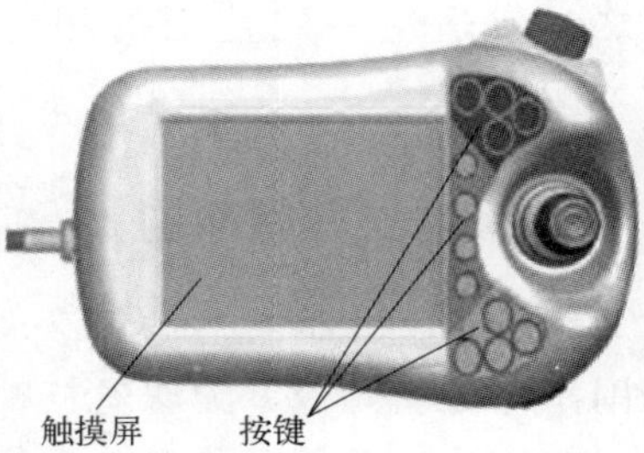

图 2-49 示教器需要清洁的表面

(1) 清洁步骤

① 关闭控制柜上的主电源开关。断开输入电源线缆与外部电源插座的连接。

注意：该装置易受 ESD 影响，所以操作前需选择使用手腕带、ESD 保护地垫和防静电桌垫来排除静电放电危险。

② 使用软布和水或温和的清洁剂来清洁触摸屏和按键。

(2) 注意事项

① 任何其他清洁设备都可能会缩短触摸屏的使用寿命。

② 清洁前，先检查是否所有保护盖都已安装到示教器，确保没有异物或液体能够渗透到示教器内部。

③ 切勿用高压清洁器进行喷洒。

④ 切勿用压缩空气、溶剂、洗涤剂或擦洗海绵来清洁示教器。

第 3 章 工业机器人机械部件的装调

3.1 工业机器人常用典型机械部件

3.1.1 联轴器

联轴器是机械传动中的常用部件，用来连接两传动轴，使其一起转动并传递转矩，有时也可作为安全装置。由于制造及安装误差、承载后的变形以及温度变化的影响等，两半联轴器往往不能保证严格的对中，而是存在着某种程度的相对位移，如图 3-1 所示。这就要求从结构上采取各种不同的措施，使之具有适应一定范围的相对位移的能力。

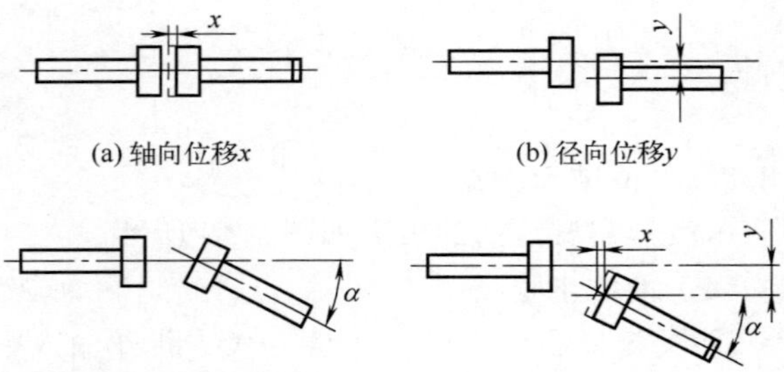

(a) 轴向位移x　(b) 径向位移y

(c) 角位移α　(d) 综合位移x、y、α

图 3-1　相对位移

3.1.2 滚珠丝杠螺母副

目前工业机器人上常用滚珠丝杠螺母副作为传动元件，滚珠丝杠螺母副是一种在丝杠和螺母间装有滚珠作为中间元件的丝杠副，如图 3-2 所示。在丝杠 3 和螺母 1 上都有半圆弧形的螺旋槽，当它们套装在一起时便形成了滚珠的螺旋滚道。螺母上有滚珠回路管道 4，将几圈螺旋滚道的两端连接起来构成封闭的循环滚道，并在滚道内装满滚珠 2。当丝杠 3 旋转时，滚珠 2 在滚道内循环转动，迫使螺母（或丝杠）轴向移动。

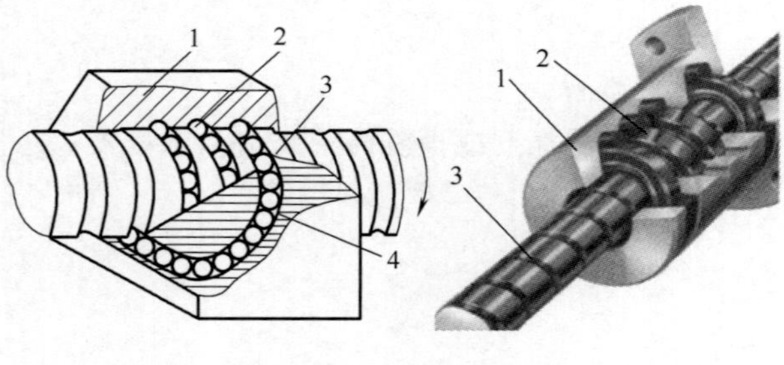

图 3-2　滚珠丝杠螺母副

1—螺母；2—滚珠；3—丝杠；4—滚珠回路管道

3.1.3 齿轮齿条副

齿轮齿条副由齿轮齿条组成（图 3-3），在工业机器人中应用得很多，特别是在桁架机器人中。

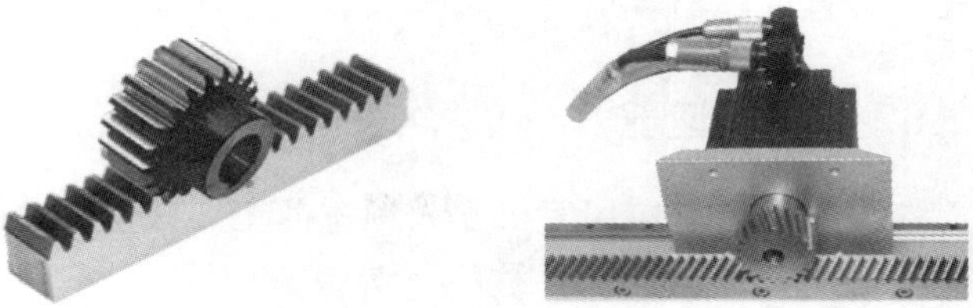

图 3-3 齿轮齿条副

3.1.4 滚动导轨

滚动导轨分为直线滚动导轨、圆弧滚动导轨、圆形滚动导轨。直线滚动导轨品种很多，有整体型和分离型，滚动体为滚珠（图 3-4）或滚柱（图 3-5），有单列和双列之分。

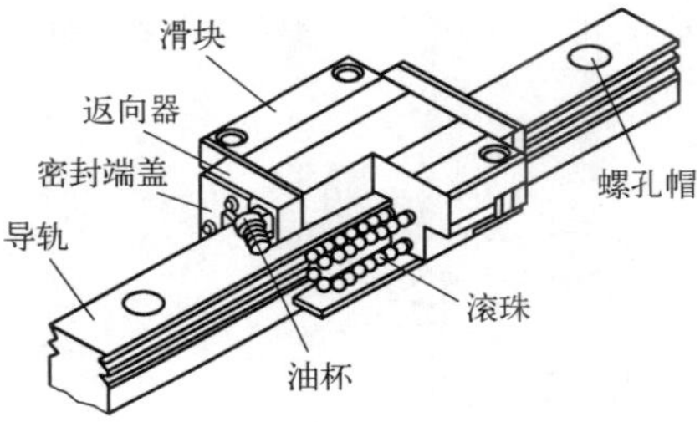

图 3-4 直线滚动导轨（滚动体为滚珠）

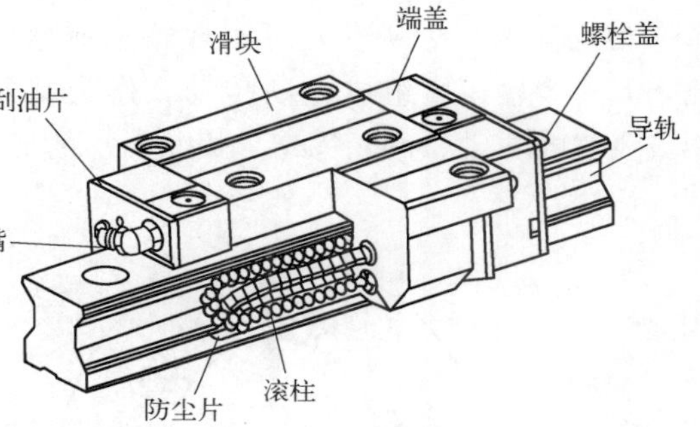

图 3-5 直线滚动导轨（滚动体为滚柱）

3.1.5 RV 减速器

RV 减速器具有体积小、重量轻、传动比范围大、寿命长、精度保持稳定、效率高、传动平稳等一系列优点。其第一级渐开线齿轮行星机构与第二级摆线针轮行星机构组成了封闭的差动轮系。如图 3-6 所示，RV 减速器主要包括齿轮轴、行星轮、转臂（曲柄轴）、摆线轮（RV 齿轮）、针轮、刚性盘与输出盘等。

图 3-6 RV 减速器

① 齿轮轴：它是一根输入轴，其一端与电机相接，另一端带一个齿轮（中心轮），它负责输入功率。它所带的齿轮与所啮合的齿轮是渐开线行星轮。

② 行星轮：它与转臂（曲柄轴）固连，两个行星轮均匀地分布在一个圆周上，起到功率分流作用，即将输入功率分成两路传递给摆线针轮行星机构。

③ 转臂（曲柄轴）：它是摆线轮的旋转轴。它的一端与行星轮相连，另一端与支承圆盘相连，它可以带动摆线轮产生公转，而且又支承着摆线轮产生自转。

④ 摆线轮（RV 齿轮）：为了实现径向力的平衡，在该传动机构中，一般应采用两个完全相同的摆线轮，分别安装在曲柄轴上，且两摆线轮的偏心位置对称。

⑤ 针轮：针轮与机架固定在一起，而成为一个针轮壳体。

⑥ 刚性盘与输出盘：输出盘是 RV 传动机构与外界从动工作机相互连接的构件，输出盘与刚性盘相互连接成为一个整体而输出运动或动力。在刚性盘上均匀分布着两个转臂的轴

承孔，转臂的输出端借助于轴承安装在刚性盘上。

3.1.6 谐波减速器

谐波减速器是应用于机器人领域的主要减速器之一，在关节型机器人中，谐波减速器通常放置在小臂、腕部或手部。谐波减速器的外观如图 3-7 所示。

图 3-7 谐波减速器外观

如图 3-8 所示，谐波减速器主要由三个基本构件组成：带有内齿圈的刚性齿轮（刚轮），它相当于行星系中的中心轮；带有外齿圈的柔性齿轮（柔轮），它相当于行星轮；波发生器，它相当于行星架。三个构件中可任意固定一个，其余两个一为主动，一为从动，可实现减速或增速，也可变成两个输入，一个输出，组成差动传动。作为减速器使用，通常采用波发生器主动、刚轮固定、柔轮输出的形式。

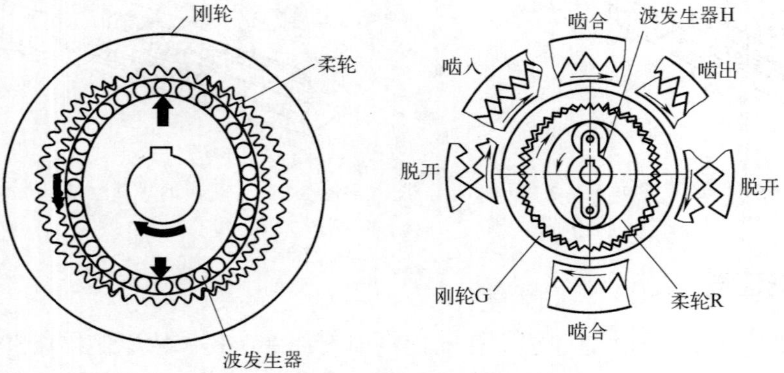

图 3-8 谐波减速器工作原理

3.1.7 传动带

带传动是传统的传动方式，常见的传动带有 V 形带、平带、多联 V 形带、多楔带和齿形带。为了定位准确，机器人中常采用多楔带和齿形带。

（1）多楔带

如图 3-9 所示，多楔带综合了 V 形带和平带的优点，运转时振动小，发热少，运转平稳，重量轻。此外，多楔带与带轮的接触好，负载分配均匀，即使瞬时超载，也不会产生打滑，而传动功率比 V 形带大 20%～30%。多楔形带安装时需要较大的张紧力，因此使主轴和电机承受了较大的径向负载。

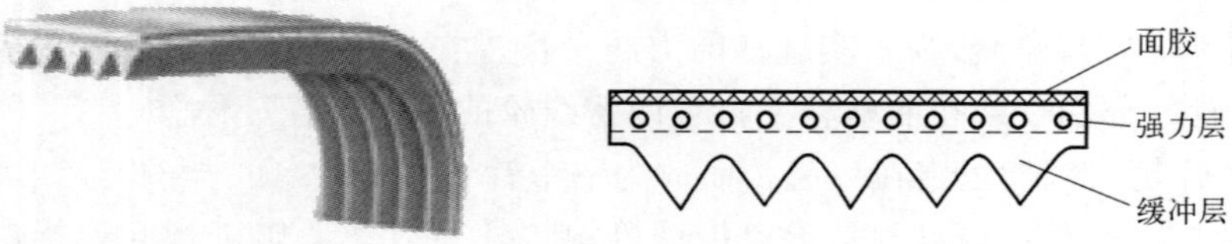

图 3-9 多楔带的结构

(2) 齿形带

同步齿形带在工业机器人上的应用如图 3-10 所示。

图 3-10　同步齿形带在工业机器人上的应用

3.2　工业机器人机座的装调

机座的位置如图 3-11 所示。

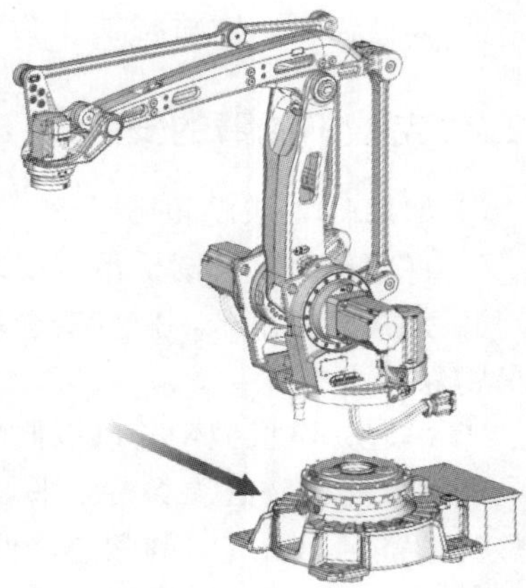

图 3-11　机座的位置

3.2.1　完整机械臂的拆卸

① 将机器人调至其装运姿态。

② 切断机器人的所有电力、液压和气压供给。

③ 将吊车移动到机器人顶部上空。

④ 卸下机架上的机械停止销（图 3-12）。

⑤ 排出轴 1 齿轮箱中的润滑油。

⑥ 松开机座上的电缆连接器，通过机架中心的孔将线缆从机座中拉出。

⑦ 卸下轴 1 电机。

⑧ 将起吊附件安装到完整机械臂上。

⑨ 安装圆形吊带（图 3-13）。

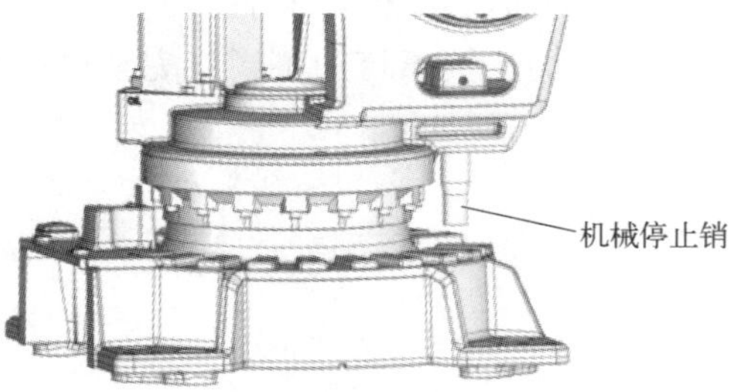

图 3-12　卸下机械停止销

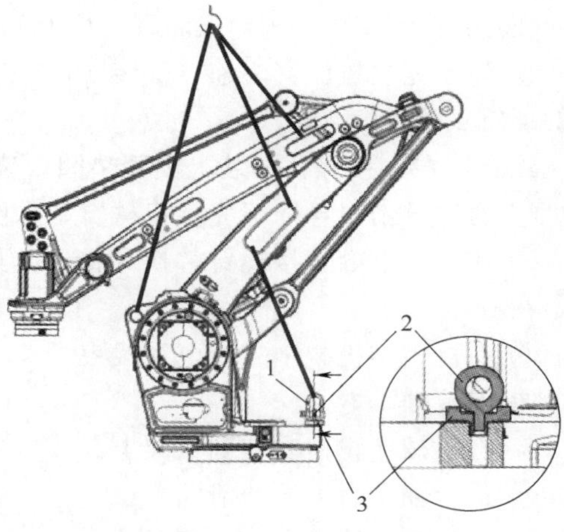

图 3-13　安装圆形吊带

1—钩环；2—吊环螺栓；3—接合器

a. 用吊车钩起机架上的圆形吊带。

b. 用吊车钩起下臂上的圆形吊带。

c. 用吊车钩起上臂上的圆形吊带。

d. 将接合器安装到向轴 1 齿轮箱注油的油塞孔。

e. 将吊环螺栓和钩环安装到接合器上。

f. 在下臂和钩环之间装上圆形吊带。

⑩ 张开圆形吊带，使其安全承载住完整机械臂的重量。调节每条圆形吊带的长度，使起吊物保持水平。

⑪ 拧动连接螺钉，将完整机械臂从机座处松开。

⑫ 卸下机架上成对角的保护塞。

⑬ 将两个导销安装到孔中，这样将便于卸下完整机械臂。

⑭ 小心地吊起完整机械臂并将其固定在安全区域中。

注意：起吊物必须保持水平，确保吊起完整机械臂前对圆形吊带进行调节，如果不进行事先调节就开始起吊，则完整机械臂可能失去平衡，若荷载向下倾斜，则会增大损伤接口的风险；为避免发生事故和损害，务必以极低的速度移动机器人，确保其不会倾斜！

⑮ 如有需要，随后将轴 1 齿轮箱从机座上卸下。

3.2.2 完整机械臂的安装

① 如果轴 1 齿轮箱已拆下，将其装上。

② 将起吊附件及圆形吊带安装到完整机械臂上。

③ 张开圆形吊带，使其安全承载住完整机械臂的重量。调节每条圆形吊带的长度，使起吊物保持水平。

④ 吊起完整机械臂并以极低的速度将其移动至安装现场，确保其不会倾斜。

注意：起吊物必须保持水平，确保吊起完整机械臂前对圆形吊带进行调节。确保在起吊完整机械臂时，所有吊钩和连接件都保持在适当的位置。

⑤ 将两个导销安装到轴 1 齿轮箱的孔中，如图 3-14 所示。为了安装时的方便，推荐使用两个不同长度的导销。

注意：由于空间所限，安装后，长于 140mm 的导销将无法拆下，务必成对地使用导销。

⑥ 降下完整机械臂之前，安装 16 个连接螺钉中的 14 个。完成此操作的目的在于将所有的螺钉正确地旋入。

注意：在连接螺钉上装上锁紧垫圈，确保锁紧垫圈安装正确。

⑦ 通过导销引导降下完整机械臂，如图 3-15 所示。安装时必须保持水平。

⑧ 使用余下的连接螺钉替换导销，并使用完整机械臂的连接螺钉和垫圈将完整机械臂固定在机座上。

⑨ 在机座和机架中安装电缆线束。

⑩ 安装轴 1 电机。

⑪ 将机械停止销安装到机架上。

⑫ 执行轴 1 齿轮箱的泄漏测试。

⑬ 向轴 1 齿轮箱中注入润滑油。

⑭ 重新校准机器人。

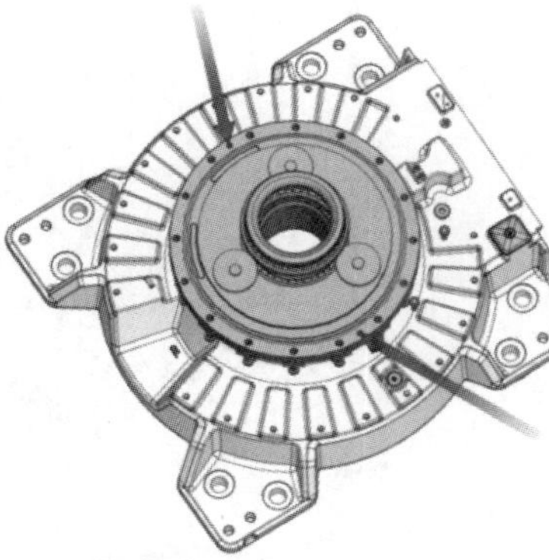

图 3-14　将两个导销安装到轴 1 齿轮箱的孔中

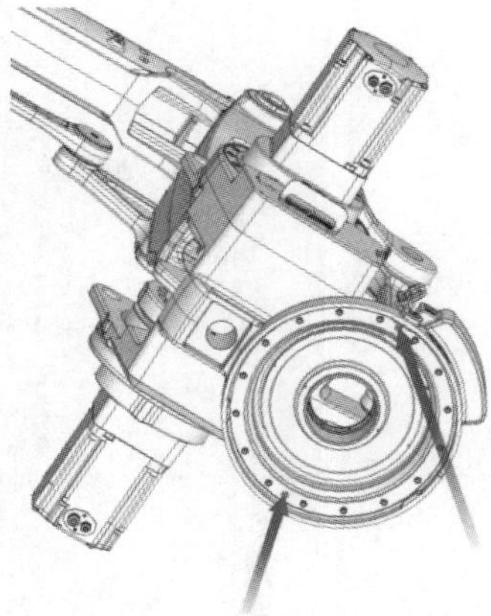

图 3-15　通过导销引导降下完整机械臂

3.3　工业机器人转动盘的装调

转动盘位于机械腕外壳前部，如图 3-16 所示。

3.3.1　转动盘的拆卸

① 将轴 6 微动至同步位置，如图 3-17 所示。

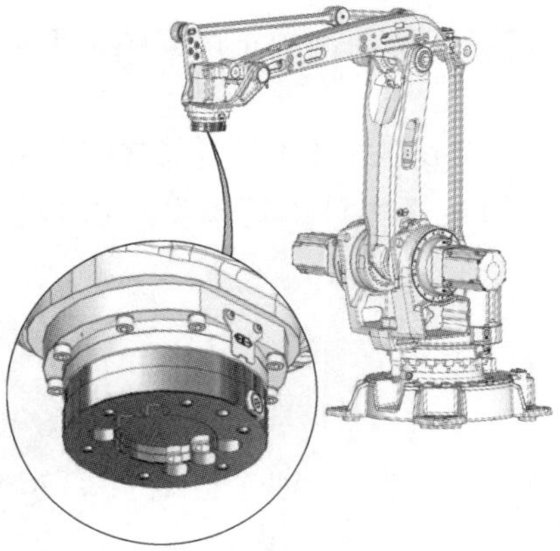

图 3-16　转动盘的位置

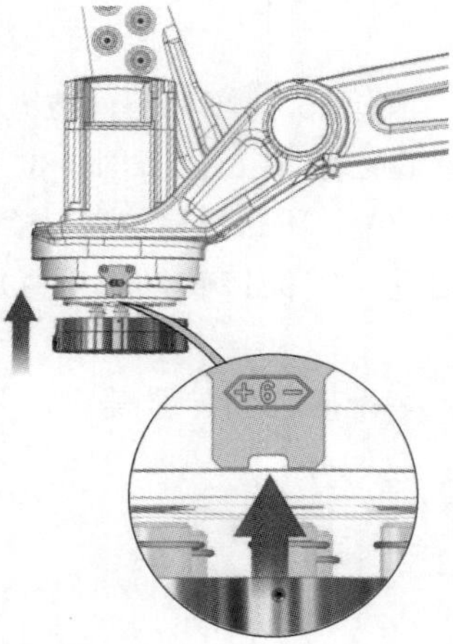

图 3-17　调节转动盘的位置

② 运行机器人，使其运动到倾斜外壳最适合更换转动盘的姿态。
③ 切断机器人的所有电力、液压和气压供给。
④ 卸下安装到转动盘上的所有装置。
⑤ 排出轴 6 齿轮箱中的润滑油。
⑥ 卸下固定转动盘的连接螺钉，如图 3-18 所示。
⑦ 卸下转动盘，如图 3-19 所示。
⑧ 检查 O 形环，如图 3-20 所示。

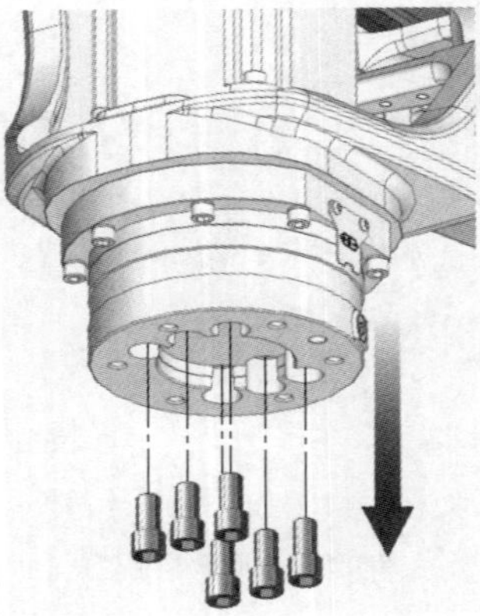

图 3-18　卸下固定转动盘的连接螺钉

图 3-19　卸下转动盘

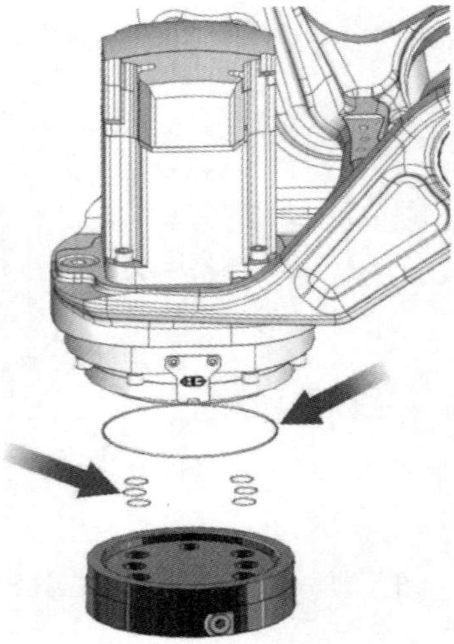

图 3-20　检查 O 形环

3.3.2 转动盘的安装

① 使用润滑脂润滑转动盘上的大 O 形环，并安装 O 形环，如图 3-21 所示。

② 在 6 个小 O 形环上涂上一些润滑脂，并将它们安装到转动盘中，如图 3-22 所示。

注意：确保使用尺寸正确的 O 形环；不得使用有缺陷的 O 形环；O 形环的凹槽没有气孔和尘垢。

③ 以匹配轴 6 同步标记的方式安装转动盘。这样可保证转动盘的正确安装，但前提是在卸下转动盘之前轴 6 位于同步位置。

④ 检查 O 形环的安装位置是否正确。通过转动盘和 O 形环的孔安装连接螺钉，在固定连接螺钉之前，需保持转动盘和 O 形环的位置不变。用连接螺钉固定转动盘，如图 3-23 所示。

注意：装配时均匀拧紧螺钉。

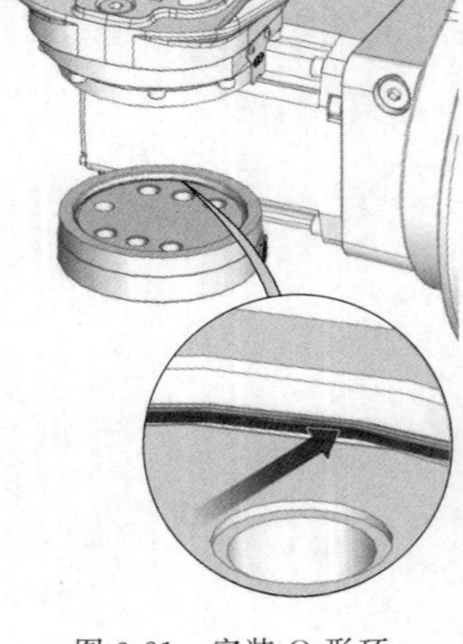

图 3-21　安装 O 形环

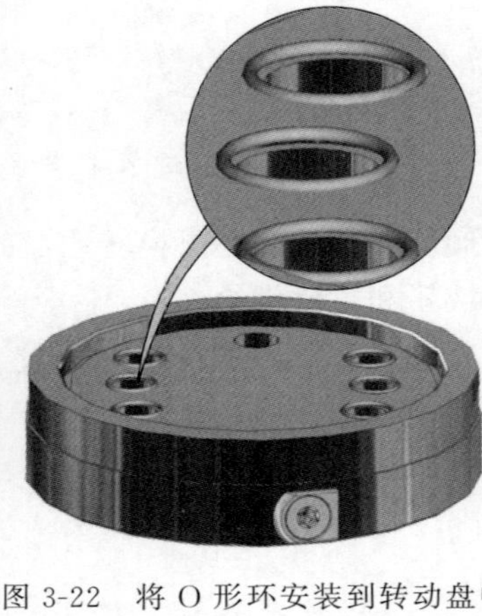

图 3-22　将 O 形环安装到转动盘中

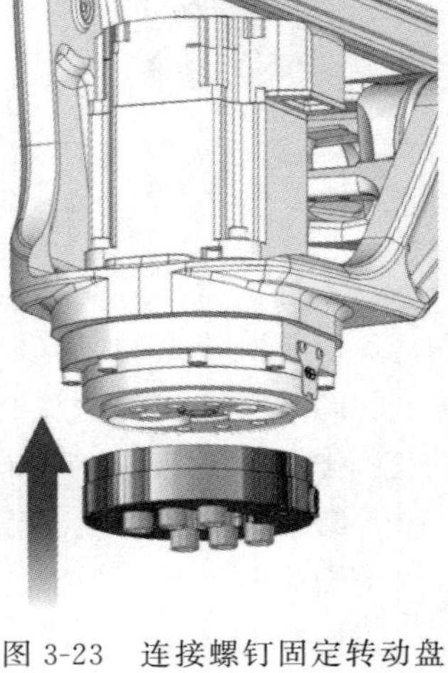

图 3-23　连接螺钉固定转动盘

⑤ 执行轴 6 齿轮箱的泄漏测试。

⑥ 向轴 6 齿轮箱中注入润滑油。

⑦ 重新校准机器人。

3.4 工业机器人倾斜机壳的装调

倾斜机壳的位置如图 3-24 所示，图 3-25、图 3-26 所示分别为机器人轴 2 端和轴 3 端的位置。图 3-27 显示了倾斜机壳的内部结构（两端相同）。

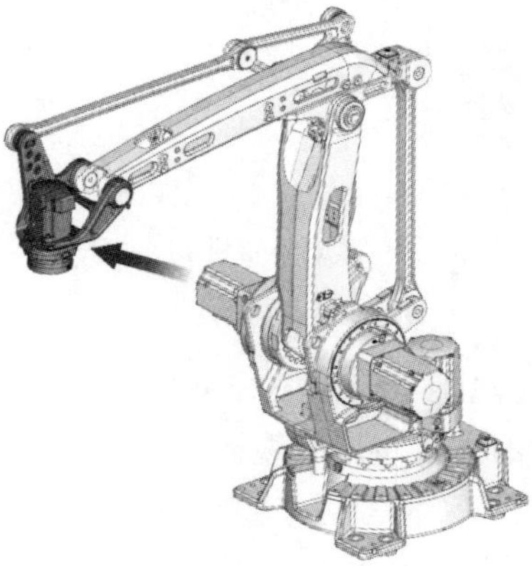

图 3-24 倾斜机壳的位置

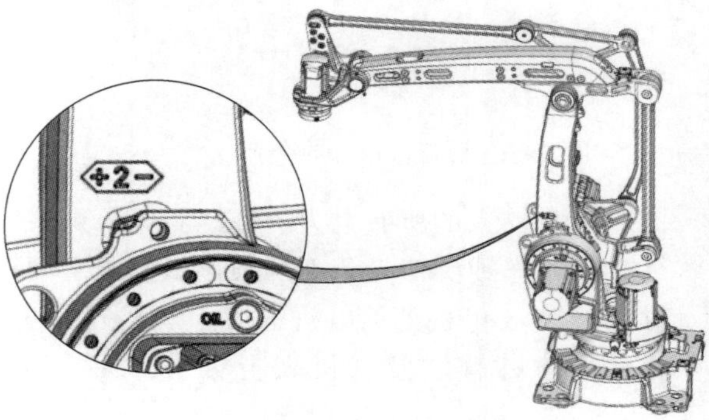

图 3-25 机器人轴 2 端的位置

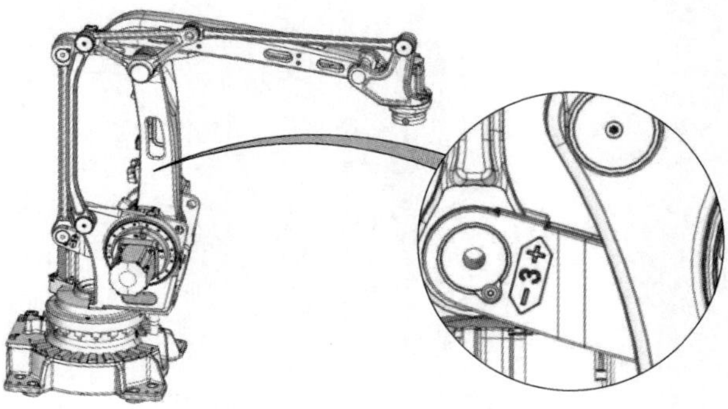

图 3-26 机器人轴 3 端的位置

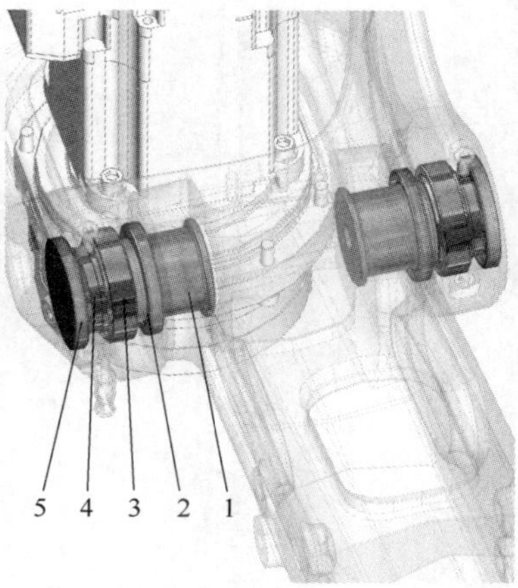

图 3-27 倾斜机壳的内部结构

1—轴；2—径向密封环；3—轴承；4—锁紧螺母；5—VK 盖

3.4.1 倾斜机壳的拆卸

① 将机器人的姿态调整为倾斜机壳静止在工作台、托盘或类似位置处，如图 3-28 所示。

② 固定倾斜机壳，避免拆卸上部连接时倾斜机壳掉落（图 3-29）。

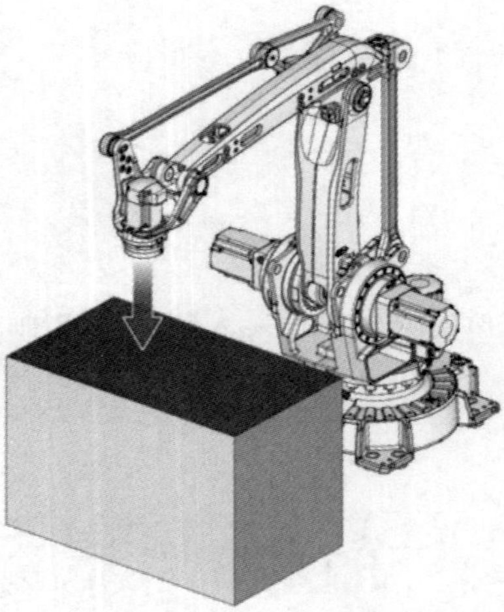

图 3-28 调整机器人的姿态

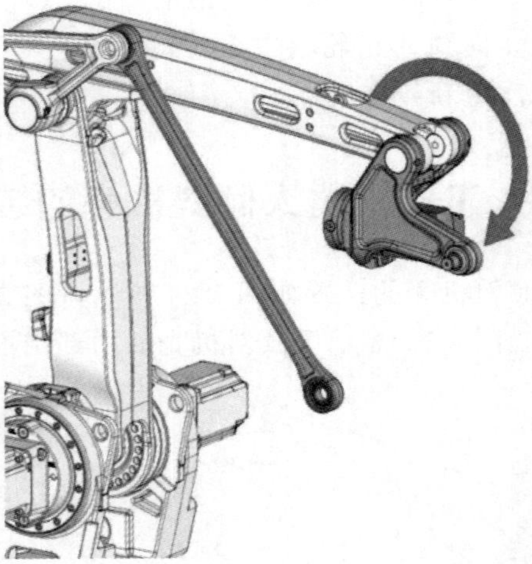

图 3-29 固定倾斜机壳

③ 切断机器人的所有电力、液压和气压供给。

④ 使用吊车或类似设备上的圆形吊带固定倾斜机壳，如图 3-30 所示。

⑤ 断开轴 6 电机处的电机电缆，以不会损坏电机电缆的方式布置电缆。

⑥ 将上连杆臂从倾斜机壳上拆下，无需将上部连接从连接装置处拆下，如图 3-31 所示。

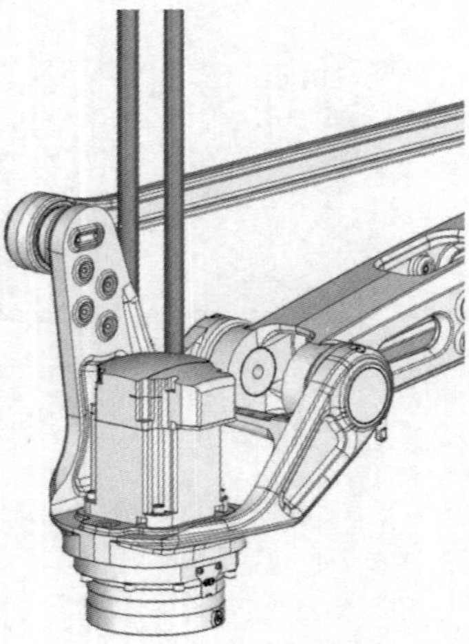

图 3-30 用圆形吊带固定倾斜机壳

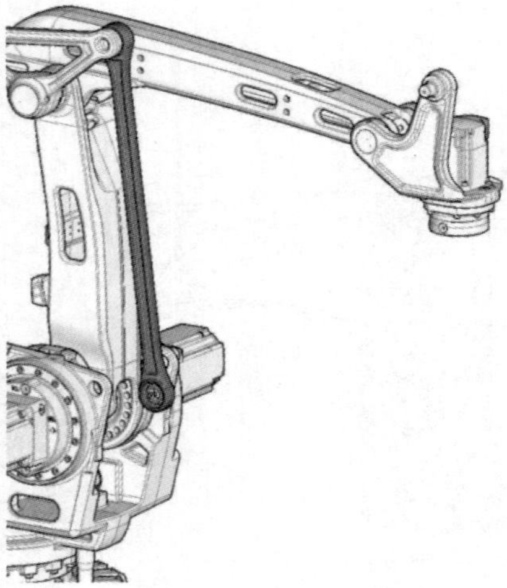

图 3-31 将上连杆臂从倾斜机壳上拆下

⑦ 卸下 M6 螺钉之一及其垫圈，注入润滑脂，如图 3-32 所示。注意不要损伤球阀，切勿拆下球阀，如图 3-33 所示。

⑧ 遵循以下步骤进行操作，一次只拆下一个轴，从轴 2 端开始。

⑨ 在 M6 孔处使用压缩空气注入润滑脂，以便于卸下 VK 盖，如图 3-34 所示。用手拿几张纸包住 VK 盖，将其抓住。

注意：只能使用非常低的空气压力。

⑩ 用短冲头或类似工具将小型 VK 盖从内部冲出，如图 3-35 所示。

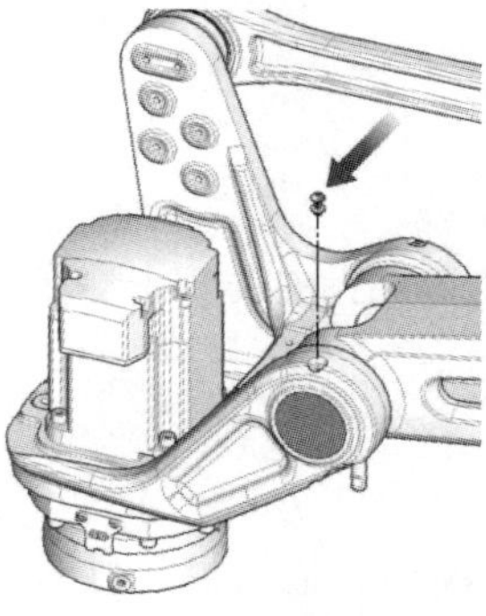

图 3-32　卸下 M6 螺钉

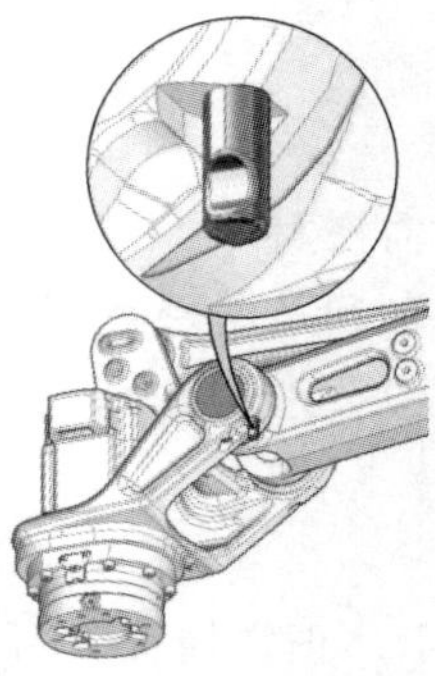

图 3-33　球阀位置

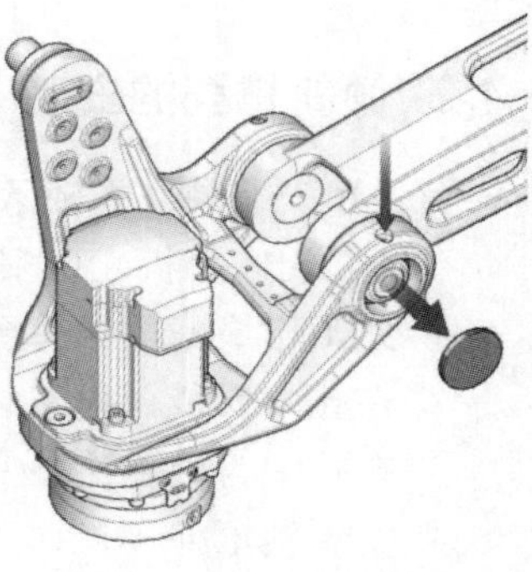

图 3-34　注入润滑脂

⑪ 卸下锁紧螺母，如图 3-36 所示。

⑫ 使用压轴工具和辅助轴衬拆卸轴，拆卸时需要比安装时更长的 M16 螺杆（长度 450mm）。

⑬ 用压轴工具将轴压出，如图 3-37 所示。

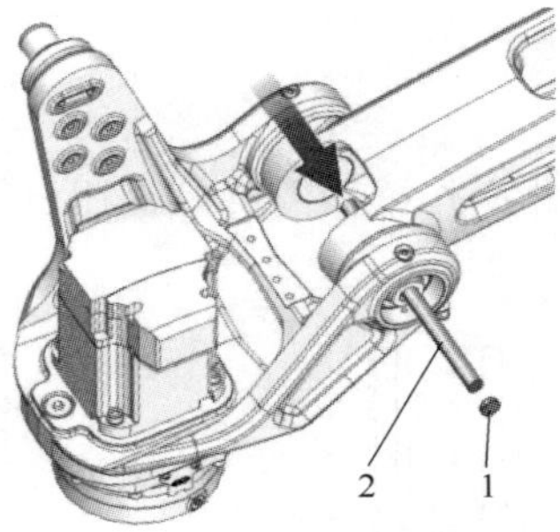

图 3-35　将 VK 盖从内部冲出

1—VK 盖；2—冲头

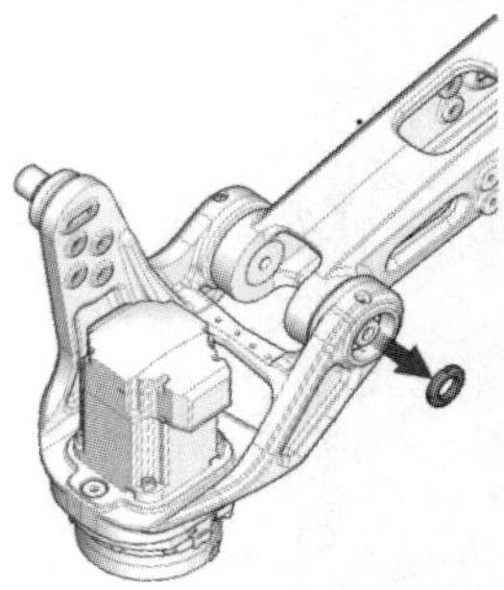

图 3-36　卸下锁紧螺母

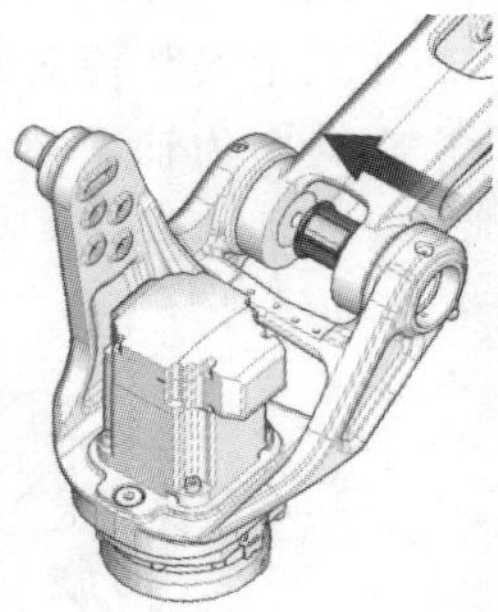

图 3-37　用压轴工具将轴压出

⑭ 卸下压轴工具和轴，如图 3-38 所示。

⑮ 继续对下一轴进行操作之前，检查倾斜机壳是否已固定在吊车或类似设备上。

⑯ 遵循上述步骤，以同样的方式卸下位于轴 3 端的轴。

⑰ 卸下倾斜机壳并将其吊运至安全位置（图 3-39）。检查轴承是否清洁，如受损，进行更换。

⑱ 用螺钉旋具或类似工具用力拆下密封环，如图 3-40 所示。重新安装时必须更换新的密封环。如有需要，更换轴承。

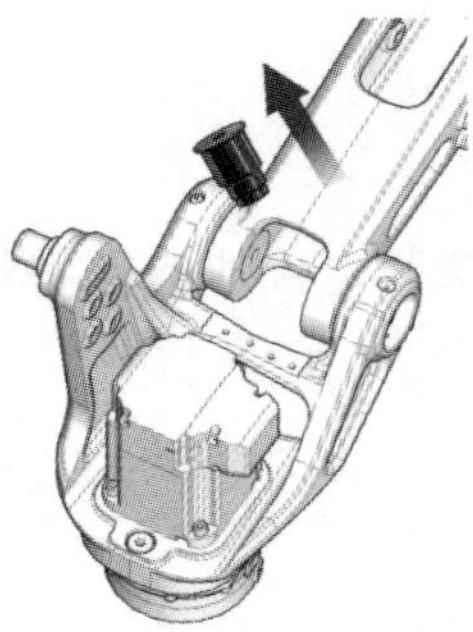

图 3-38　卸下压轴工具和轴

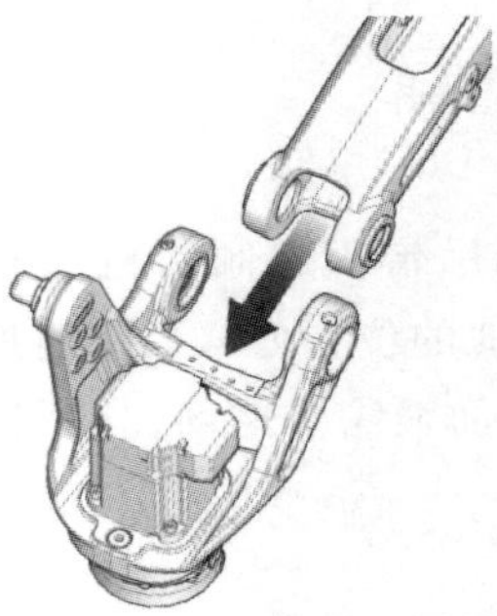

图 3-39　卸下倾斜机壳

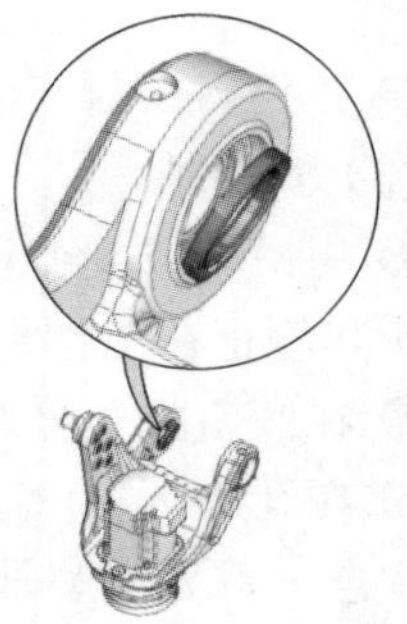

图 3-40　拆下密封环

3.4.2 倾斜机壳的安装

(1) 预安装轴 2 端轴承外环和径向密封环

在轴 2 端倾斜机壳中安装轴承外环和径向密封环，然后再将倾斜机壳安装到上臂处。

① 此工作最好在工作台或类似位置处完成。

② 在孔中安装径向密封环。

③ 在孔中为轴承涂一些润滑脂。

④ 安装轴承外环，如图 3-41 所示。正常情况下可手动完成此操作。如需要，使用压轴工具安装轴承外环。

⑤ 在径向密封环的内圈上涂润滑脂。

(2) 预安装轴 3 端轴承外环和径向密封环

在轴 3 端倾斜机壳中安装轴承外环和径向密封环，然后再将倾斜机壳安装到上臂处。

① 此工作最好在工作台或类似位置处完成。

② 在孔中安装径向密封环。

③ 在孔中为轴承涂一些润滑脂。

④ 安装轴承外环，如图 3-42 所示。正常情况下可手动完成此操作。如需要，使用压轴工具安装轴承外环。

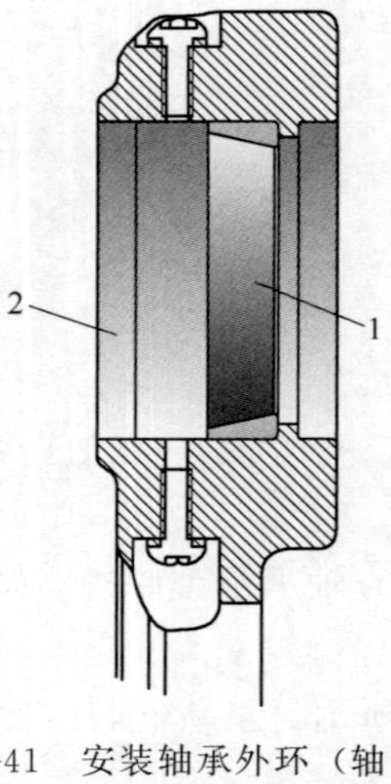

图 3-41 安装轴承外环（轴 2 端）
1—VK 盖；2—轴 2 端轴承外环

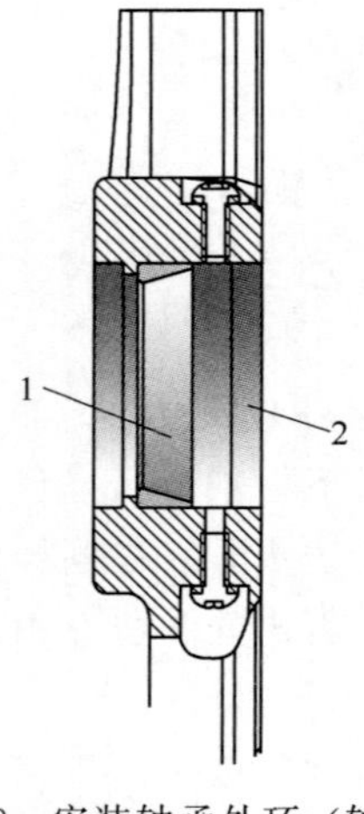

图 3-42 安装轴承外环（轴 3 端）
1—轴 3 端轴承外环；2—VK 盖

⑤ 在径向密封环的内圈上涂润滑脂。

(3) 安装轴

① 用吊车或类似设备上的圆形吊带固定倾斜机壳并将其吊运至其上臂处的安装位置，然后让其静止在工作台、托盘或类似的位置处（拆下时所处的位置），如图 3-43 所示。

② 在倾斜机壳接触上臂处的表面喷涂防锈剂，如图 3-44 所示。

③ 在孔中为轴涂一些润滑脂。

注意：首先安装轴 2 端。

④ 从内部将轴压入轴孔，如图 3-45 所示。

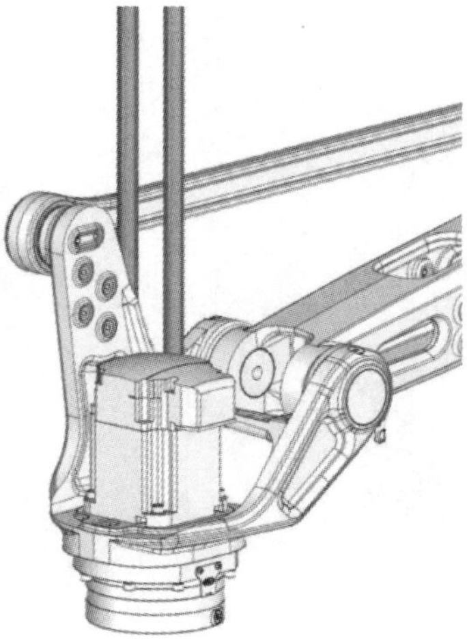

图 3-43　吊运倾斜机壳

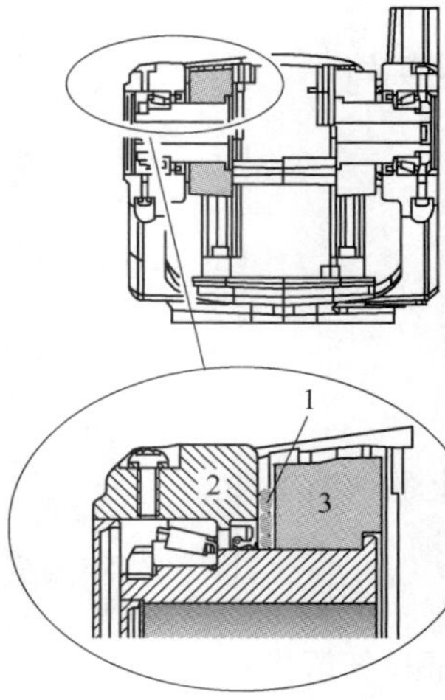

图 3-44　在倾斜机壳接触上臂处的表面喷涂防锈剂

1—防锈剂；2—倾斜机壳；3—上臂

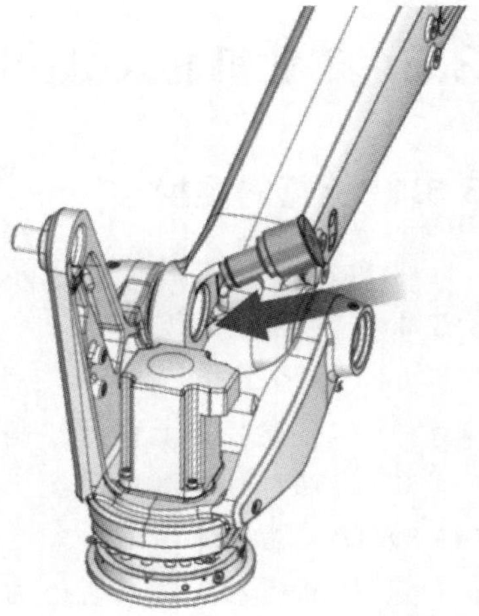

图 3-45　从内部将轴压入轴孔

⑤ 使上臂和倾斜机壳中的孔尽可能地对准。

⑥ 使用合适的压轴工具进行压轴。

注意：如果未使用正确的螺纹垫圈，则不能完全将轴压入。

⑦ 将部件压到一起。

⑧ 遵循上述步骤，以同样的方式安装轴 3 端。

（4）安装锁紧螺母和剩余部件

注意：从轴 2 端开始装配。

① 在轴 2 端放入轴承内环，并将其压入到位。通常可以非常轻松地将轴承安装到位。

② 在锁紧螺母的螺纹中注入螺纹紧固剂。

③ 用锁紧螺母固定轴 2 端的轴。

注意：锁紧螺母平坦的一侧朝内。

④ 在轴 3 端放入轴承内环，并将其压入到位。通常可以非常轻松地将轴承安装到位。

⑤ 在锁紧螺母的螺纹中注入螺纹紧固剂。

⑥ 用锁紧螺母固定轴 3 端的轴。

注意：锁紧螺母平坦的一侧朝内。

⑦ 固定轴 3 端的锁紧螺母时，旋转倾斜机壳。

⑧ 用异丙醇将 VK 盖的表面清理干净。

⑨ 用塑料锤在轴 2 和轴 3 上安装小型 VK 盖。

⑩ 用塑料锤在轴 2 和轴 3 上安装大型 VK 盖。

⑪ 卸下两端的 M6 螺钉，向轴承内注入润滑脂。一个孔用于注油，另一个孔用于排出空气。持续注入润滑脂直到其溢出排气孔为止。

⑫ 装上遮盖注油孔的 M6 螺钉和垫圈。

⑬ 安装上连杆臂。

⑭ 安装轴 6 电机电缆。

⑮ 重新校准机器人。

3.5 工业机器人机械臂的装调

3.5.1 上臂的更换

上臂的位置如图 3-46 所示。

3.5.1.1 上臂的拆卸

(1) 准备工作

① 卸下安装在上臂和倾斜外壳上的所有装置。

② 将轴 2 和轴 3 微动至+40°（轴 2）和－40°（轴 3）的位置。

③ 切断机器人的所有电力、液压和气压供给。

④ 卸除上臂中的电缆线束。

⑤ 使用吊车或类似设备上的圆形吊带固定上臂。

⑥ 升起吊运设备，吊起上臂。

⑦ 卸下联动系统。

⑧ 卸下倾斜机壳。

⑨ 卸下平行杆。

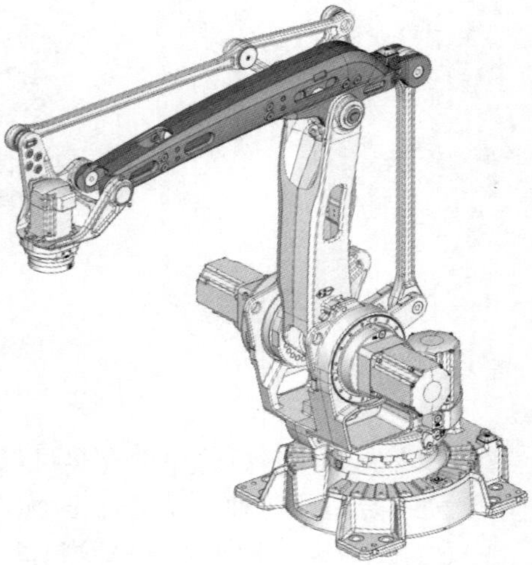

图 3-46　上臂的位置

(2) 卸下上臂第一部分

① 卸下用于固定轴的锁紧螺母，如图 3-47 所示。移除轴 2 端和轴 3 端的锁紧螺母。

② 卸下轴上的带密封环的支持垫圈，如图 3-48 所示。卸下轴 2 端和轴 3 端的带密封环的支持垫圈。

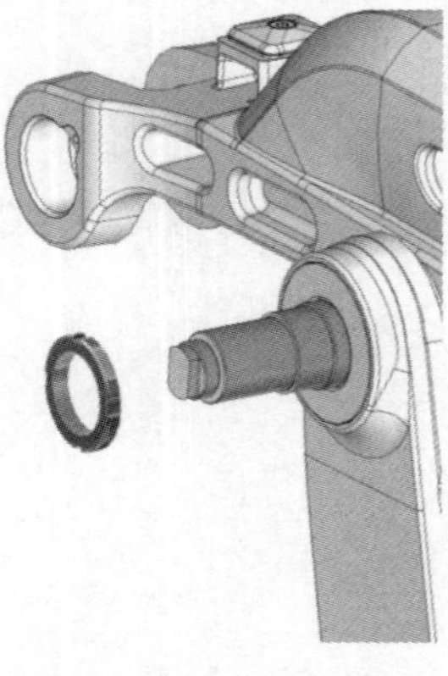

图 3-47　卸下锁紧螺母

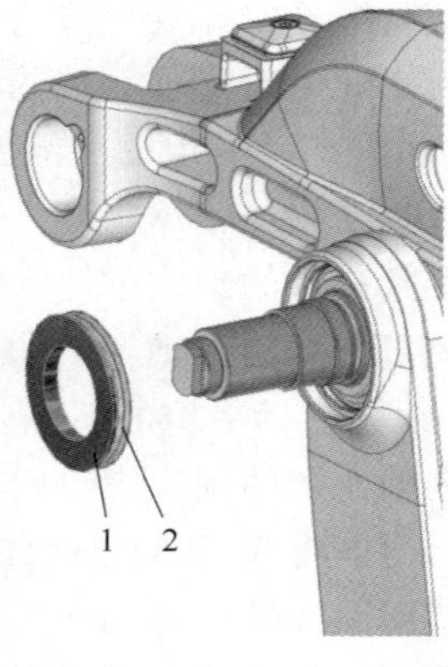

图 3-48　卸下支持垫圈

1—支持垫圈；2—密封环

③ 卸下用于固定轴 2 和轴 3 的止动螺钉（每根轴上各一个），如图 3-49 所示。

④ 将适配器（包括保护盖）放到轴上，如图 3-50 所示。接合器包含两个部件：适配器和保护盖，如图 3-51 所示。

注意：使用适配器时，务必将保护盖安装在适配器上。

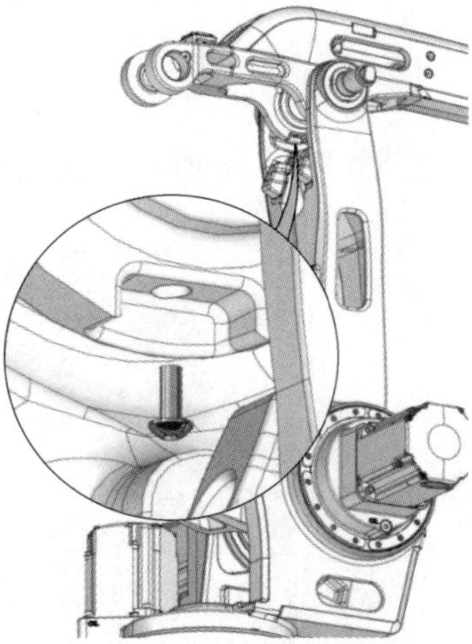

图 3-49 卸下止动螺钉

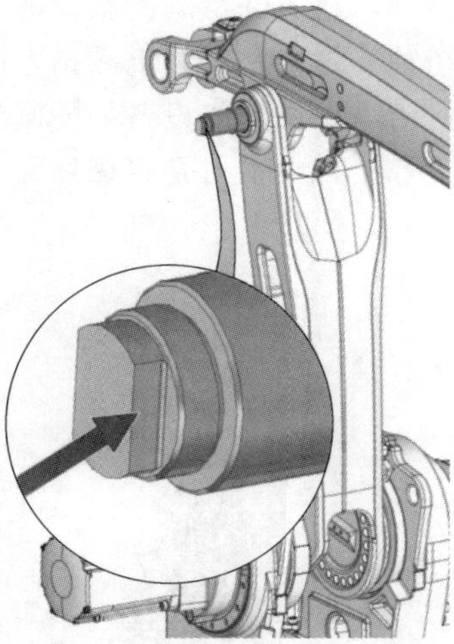

图 3-50 将适配器（包括保护盖）放到轴上

（3）卸下上臂第二部分

① 开始继续拆卸轴 3 端的轴。卸下轴 3 后，上臂将没有任何支撑。通过小心地转动开始操作，以松开轴 3 端的轴。小心地执行此拆卸动作，否则螺纹可能会受损。

② 继续松开轴，直到轴 2 端上臂和下臂之间的间隙消失为止。在此点处，轴仍与上臂通过螺纹相连。

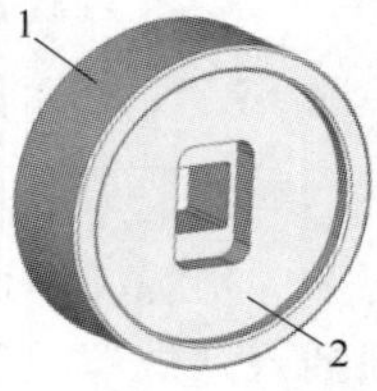

图 3-51 接合器

1—保护盖；2—适配器

③ 用拉轴工具将带轴承和 T 形环的轴拉出，直到轴 3 端上臂和下臂之间的间隙消失为止。使用杆或类似的工具，在拉出轴时将上臂推向轴 3 端。将该杆插入轴 2 端的间隙。

④ 卸下拉轴工具并在轴上装上接合器。

⑤ 使用适配器从上臂处继续松开轴。上臂将再次开始向轴 2 端移动。持续松开，直到轴 2 端上臂和下臂之间的间隙再次消失为止。

⑥ 确保轴上的螺纹已和上臂完全分离。如果还未分离，重复上述步骤确保轴上的螺纹和上臂完全分离，然后再继续。如果已分离，用拉轴工具将轴与轴承和 T 形环一同完全拉出。

⑦ 将轴放在干净且安全的位置。

⑧ 遵循上述步骤卸下轴 2 端的轴。

⑨ 卸下上臂。

⑩ 检查密封环（V 形环）。如有损坏，进行更换。

3.5.1.2 上臂的安装

（1）准备工作

在安装上臂之前对轴和轴承进行必要的准备工作，此操作最好在工作台或类似位置处完成。

① 将轴放在工作台上。

② 将密封环（V 形环）安装在轴上，如图 3-52 所示。

③ 在轴和密封环上涂一些润滑脂，切勿涂在轴的螺纹和锥体上，如图 3-52 所示。

④ 向轴承注入轴承润滑脂。注入润滑脂期间，旋转轴承以确保外圈和内圈均润滑良好。

⑤ 在轴的螺纹和锥体上涂指定的润滑脂。

⑥ 使用吊车或类似设备上的圆形吊带固定上臂。

⑦ 检查上臂中轴衬是否完好无损且仍处于正确的位置，如图 3-53 所示。如受损，更换轴衬。

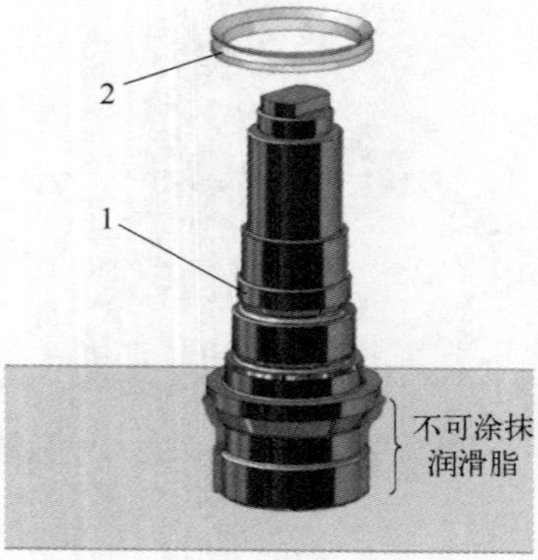

图 3-52　将密封环（V 形环）安装在轴上

1—轴；2—密封环（V 形环）

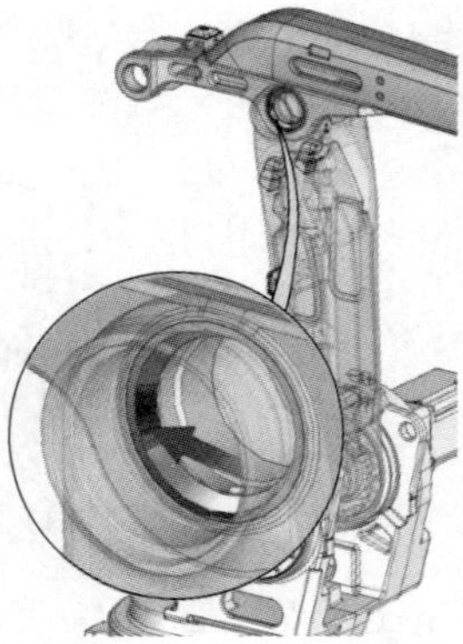

图 3-53　检查轴衬

⑧ 将上臂移动至其安装位置。确保将上臂放置在水平位置。确保以正确的方式（轴可无损插入）放置上臂。

（2）安装上臂

① 从轴 3 端开始安装。仅用手，小心地将轴旋入上臂中的螺纹。切勿强行旋转，否则螺纹可能会受损。

② 将适配器（包括保护盖）放到轴上，如图 3-50 所示。

③ 用手将 T 形环放到轴上，使其尽可能靠近其最终位置，如图 3-54 所示。

④ 将轴承外环放置到轴上，使其尽可能靠近其最终位置，如图 3-55 所示。

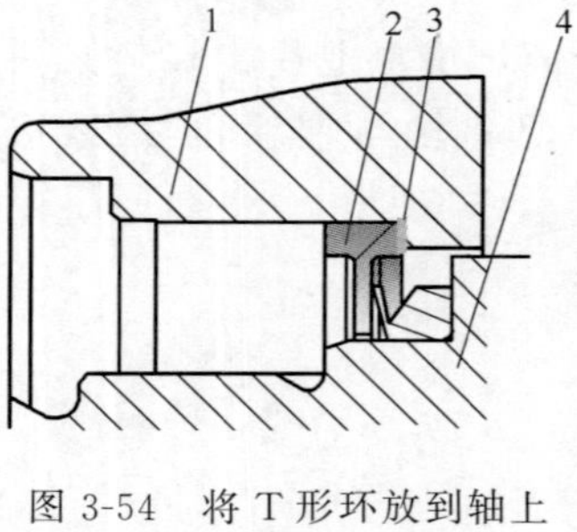

图 3-54　将 T 形环放到轴上

1—下臂；2—T 形环；

3—T 形环所接触的下臂表面；4—轴

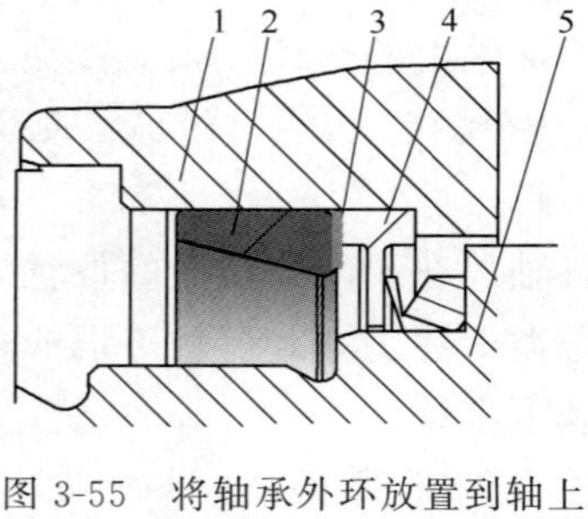

图 3-55　将轴承外环放置到轴上

1—下臂；2—轴承外环；3—轴承外环所接触的

T 形环表面；4—T 形环；5—轴

⑤ 使用上臂压轴工具，将两个部件压入其最终位置。

⑥ 在轴承内环中注入润滑脂。

⑦ 使用上臂压轴工具在轴上安装轴承内环并将其压紧，如图 3-56 所示。

⑧ 安装带密封环的支持垫圈，如图 3-57 所示。

⑨ 按照以下顺序，使用轴 3 端的锁紧螺母固定轴。

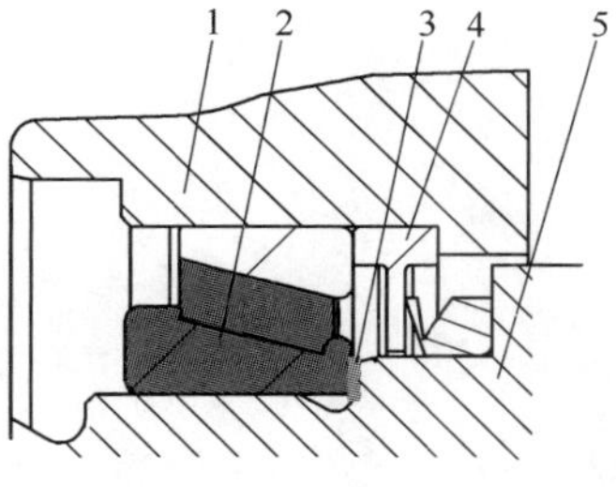

图 3-56　在轴上安装轴承内环

1—下臂；2—轴承内环；3—轴承内环所接触的轴表面；4—T 形环；5—轴

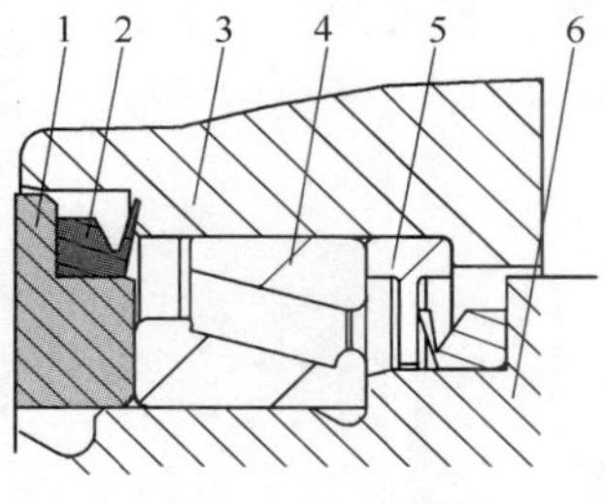

图 3-57　安装支持垫圈

1—支持垫圈；2—密封环；3—下臂；4—轴承；5—T 形环；6—轴

a. 在锁紧螺母的螺纹中注入螺纹紧固剂。

b. 用 90N・m 的拧紧力矩将锁紧螺母拧紧。

⑩ 按照以下顺序，使用轴 2 端的锁紧螺母固定轴。

a. 用 200N・m 的拧紧力矩将锁紧螺母拧紧，施力的同时移动上臂。

b. 拧松锁紧螺母。

c. 在锁紧螺母的螺纹中注入螺纹紧固剂。

d. 用 90N・m 的拧紧力矩将锁紧螺母拧紧。施力的同时移动上臂。

注意：拧紧锁紧螺母时，移动上臂对于正确地安装非常重要。

⑪ 在止动螺钉的两个孔中灌注螺纹紧固剂，然后安装螺钉（参见图 3-49）。

⑫ 擦掉轴上残留的润滑脂和污染物。

⑬ 安装倾斜机壳。

⑭ 安装平行杆。

⑮ 安装上臂中的电缆线束。

⑯ 从连杆开始安装联动装置。

⑰ 重新校准机器人。

3.5.2 联动装置的更换

3.5.2.1 更换上连杆臂

连杆臂的位置如图 3-58 所示。

(1) 卸下上连杆臂

① 将机器人调整为可接触到所有需拆卸部件的姿态。检查是否能够拆卸中间连接件处的锁紧垫圈。

② 使倾斜机壳静止在工作台、托盘或类似位置处，如图 3-59 所示。避免拆卸上连杆臂时倾斜机壳掉落。为避免发生事故，将上臂也固定在吊车上。

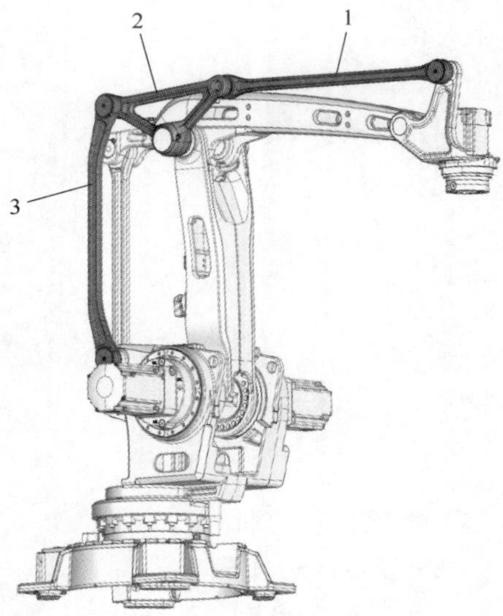

图 3-58　连杆臂的位置

1—上连杆臂；2—中间连接件；3—下连杆臂

③ 如果下连杆臂已卸下，利用中间连接件中心的孔，用圆形吊带将中间连接件固定在吊车上，如图 3-60 所示。目的在于：在上连杆臂和下连杆臂均已卸下时避免中间连接件移动。

④ 切断机器人的所有电力、液压和气压供给。

⑤ 卸下固定锁紧垫圈的锁紧螺钉，如图 3-61 所示。

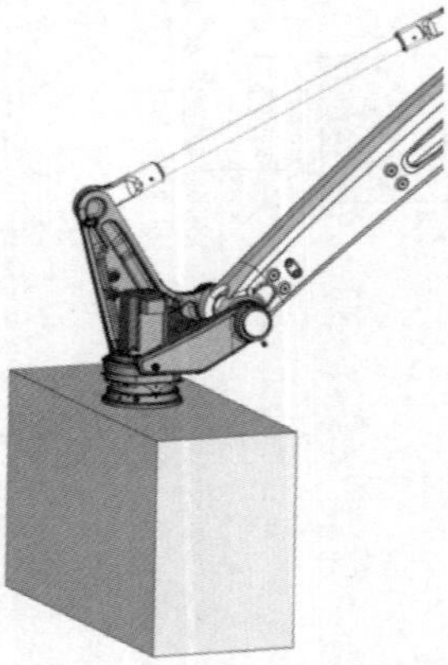

图 3-59 倾斜机壳静止在工作台上

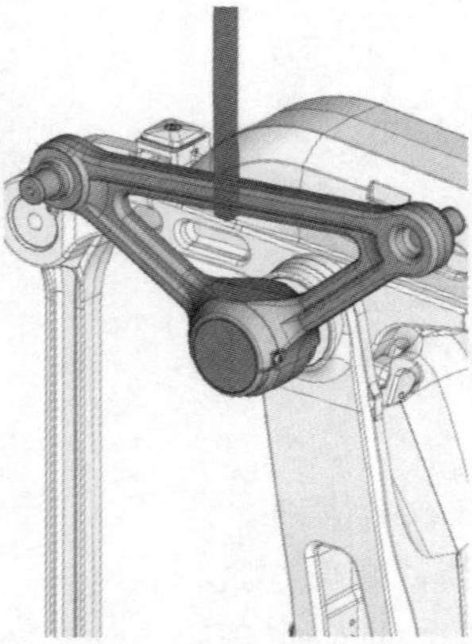

图 3-60 用圆形吊带将中间连接件固定在吊车上

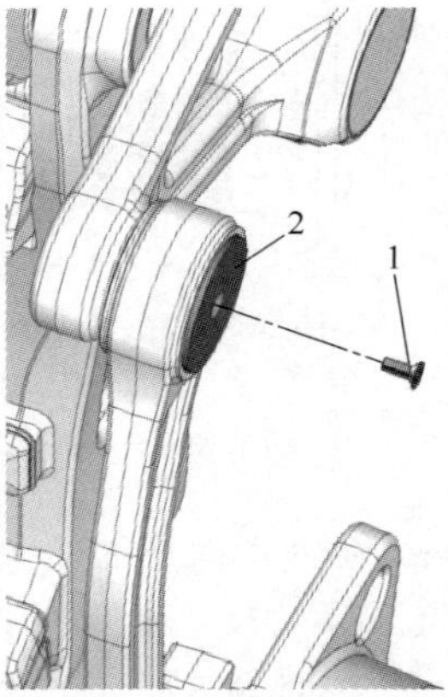

图 3-61 卸下固定锁紧垫圈的锁紧螺钉

1—锁紧螺钉；2—锁紧垫圈

⑥ 卸下锁紧垫圈，如图 3-62 所示。

⑦ 卸下上连杆臂，如图 3-63 所示。从连杆上拆卸连杆臂时，需要用到三脚式轴承拆卸器。从倾斜机壳上拆卸时，可使用塑料锤。

⑧ 卸下径向密封环，如图 3-64 所示。

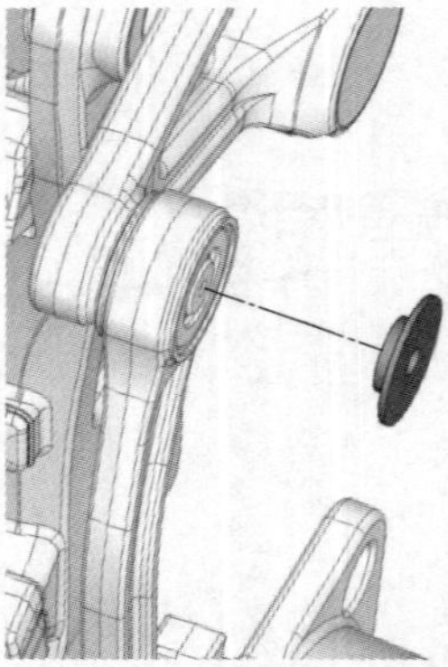

图 3-62 卸下锁紧垫圈

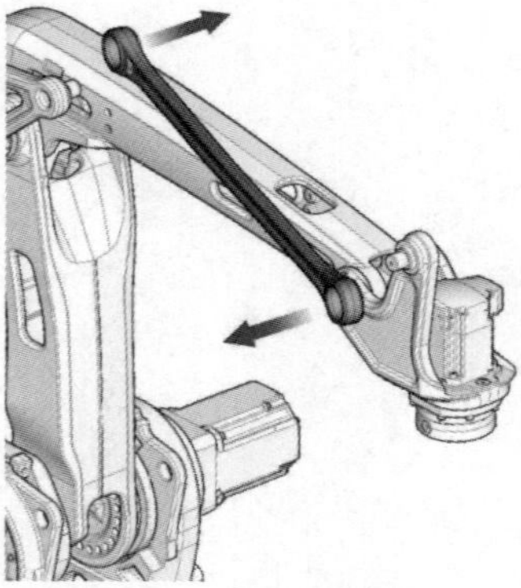

图 3-63 卸下上连杆臂

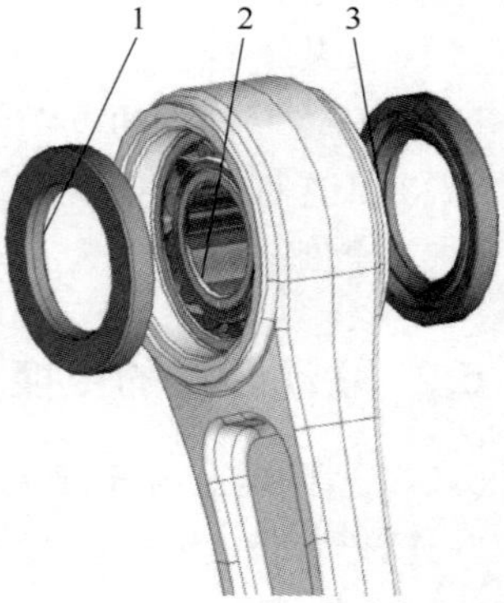

图 3-64 卸下径向密封环

1,3—径向密封环；2—轴承

⑨ 擦除残留的润滑脂。

(2) 安装上连杆臂

① 如需要，更换上连杆臂中的轴承。该轴承对推力十分敏感，确保它们未受损。

② 使用轴承润滑脂对轴承进行适当的润滑。

③ 在上连杆臂中安放锁紧垫圈（参见图 3-62）。

④ 使用三脚式轴承拆卸器将上连杆臂压到轴上。压力应施加在锁紧垫圈上。检查上连杆臂是否已完全压入到位。

⑤ 向锁紧螺钉的孔中注入螺纹紧固剂。

⑥ 用锁紧螺钉固定锁紧垫圈（参见图 3-61）。

3.5.2.2 更换下连杆臂

（1）卸下下连杆臂

① 切断机器人的所有电力、液压和气压供给。

② 如果上连杆臂已卸下，利用中间连接件中心的孔，用圆形吊带将中间连接件固定在吊车上，如图 3-82 所示。目的在于：在上连杆臂和下连杆臂均已卸下时避免中间连接件移动。

③ 卸下固定锁紧垫圈的锁紧螺钉（参见图 3-61）。

④ 卸下锁紧垫圈（参见图 3-62）。

⑤ 卸下下连杆臂，如图 3-65 所示。从连杆上拆卸连杆臂时，需要用到三脚式轴承拆卸器。从机架上拆卸时，可使用塑料锤。

⑥ 卸下径向密封环（参见图 3-64）。

⑦ 去除残留的润滑脂和密封剂。

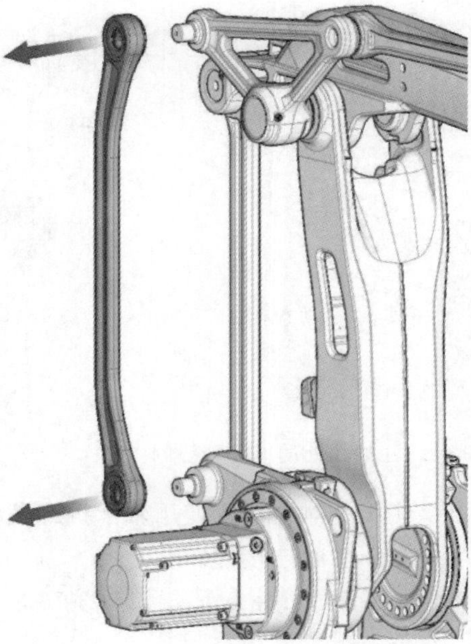

图 3-65 卸下下连杆臂

（2）安装下连杆臂

① 如需要，更换轴承。轴承对推力十分敏感，确保它们未受损。

② 使用轴承润滑脂对轴承进行适当的润滑。

③ 在下连杆臂中安装径向密封环（参见图 3-64）。

④ 在下连杆臂中安放锁紧垫圈（参见图 3-62）。

⑤ 使用三脚式轴承拆卸器将下连杆臂压到轴上。压力应施加在锁紧垫圈上。检查下连杆臂是否已完全压入到位。

⑥ 向锁紧螺钉的孔中注入螺纹紧固剂。

⑦ 用锁紧螺钉固定锁紧垫圈（参见图 3-61）。

3.5.2.3 更换中间连接件

（1）卸下中间连接件

① 切断机器人的所有电力、液压和气压供给。

② 利用中间连接件中心的孔，使用吊车上的圆形吊带固定中间连接件（参见图 3-60）。目的在于：在上连杆臂和下连杆臂均已卸下时避免中间连接件移动，以免造成事故。

③ 卸下上连杆臂和下连杆臂。

④ 卸下注油孔处的螺钉和垫圈，如图 3-66 所示。

⑤ 向注油孔吹入低压气流，利用压缩空气卸下 VK 盖，如图 3-67 所示。用手拿几张纸放在 VK 盖的顶部，以便在其松开时将其拿住。

注意：要使用非常低的空气压力。

⑥ 卸下锁紧螺母 ，如图 3-68 所示。

⑦ 在中间连接件的轴上安装辅轴。

⑧ 转动中间连接件，以腾出用塑料锤将其敲下的空间，如图 3-69 所示。在尽量靠近中间连接件中心处的位置进行敲击。开始敲击之前，微微放松一点起吊力。如不这样做，中间连接件可能会被起吊力锁定。

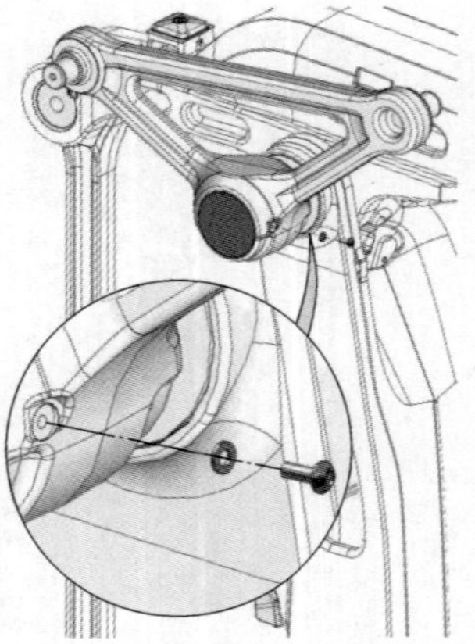

图 3-66　注油孔处的螺钉和垫圈

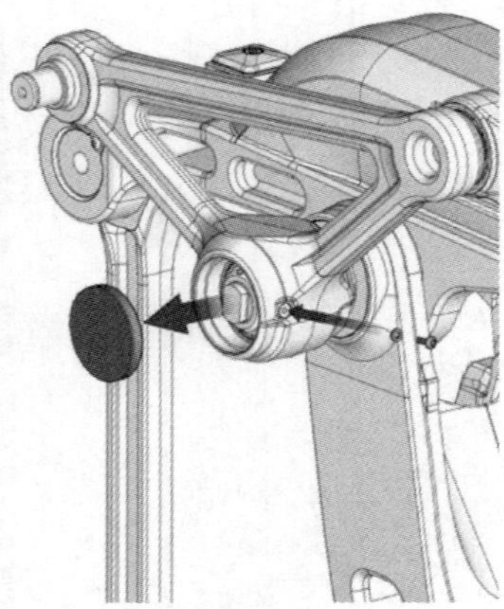

图 3-67　卸下 VK 盖

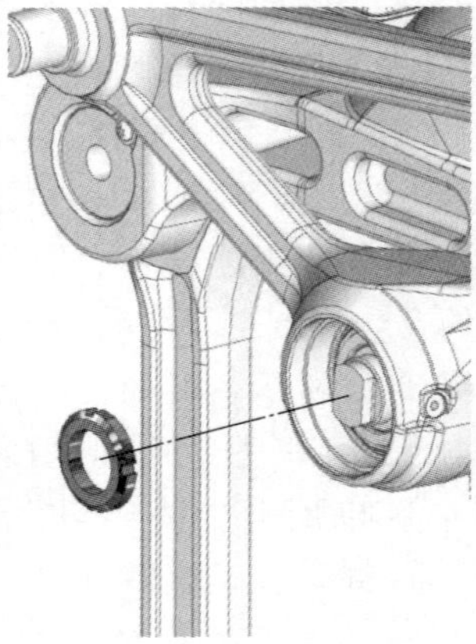

图 3-68　卸下锁紧螺母

⑨ 使用一对杠杆或使用轴承拆卸器将中间连接件撬松。

⑩ 卸下中间连接件。

⑪ 卸下 POM 密封环，如图 3-70 所示。

⑫ 擦去残留的润滑脂。

⑬ 如有需要，更换轴承。

（2）安装中间连接件

① 在轴上放置 POM 密封环，如图 3-71 所示。

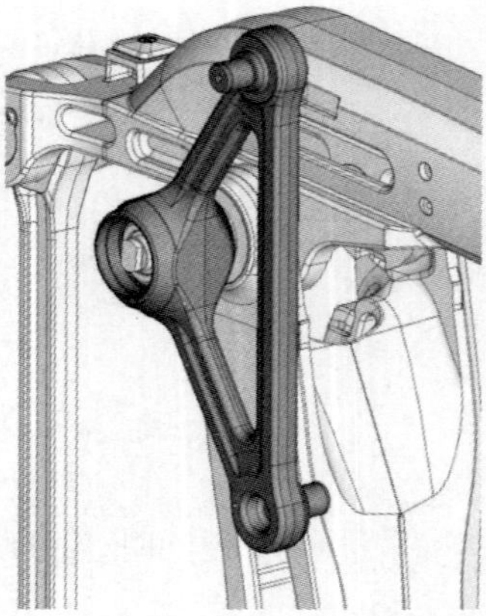

图 3-69　腾出操作空间

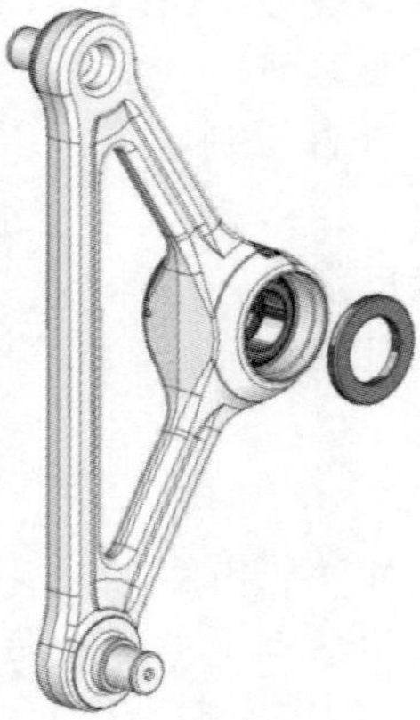

图 3-70　卸下 POM 密封环

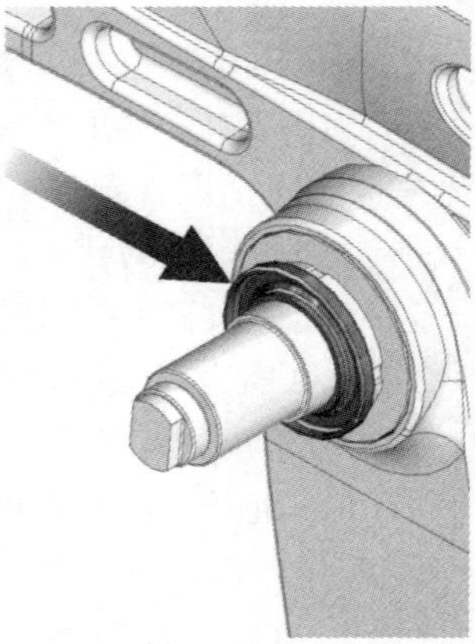

图 3-71　在轴上放置 POM 密封环

② 使用吊车上的圆形吊带固定中间连接件，并将其吊运至安装位置。

③ 在轴上安装辅轴。

④ 在轴上安放内轴承的内环，并用中间连接件压紧工具将其压入到位，如图 3-72 所示。

⑤ 在轴上安放外轴承的内环和中间连接件，如图 3-73 所示。

⑥ 使用中间连接件压紧工具将这些部件压到一起。

⑦ 向锁紧螺母的螺纹中注入螺纹紧固剂（参见图 3-68）。

⑧ 按照以下三个步骤固定锁紧螺母。按照推荐的顺序拧紧锁紧螺母非常重要，这样可避免轴未来发生故障。

a. 以 300N·m 的力矩拧紧，同时旋转中间连接件。

b. 拧松锁紧螺母。

c. 用 90N·m 的拧紧力矩将锁紧螺母拧紧。

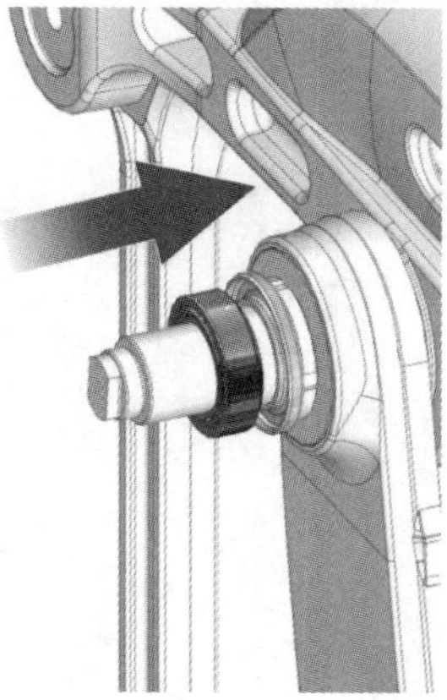

图 3-72　安放内轴承的内环

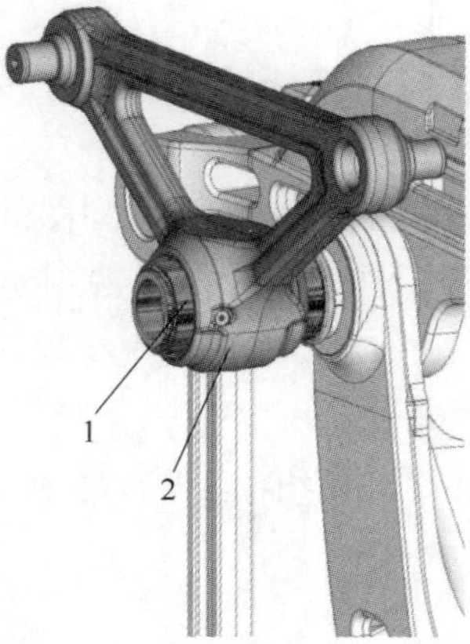

图 3-73　在轴上安放外轴承的内环和中间连接件

1—外轴承的内环；2—中间连接件

⑨ 小心地用螺钉旋具将 POM 密封环装入其最终位置，如图 3-74 所示。

⑩ 安装 VK 盖，如图 3-75 所示。

⑪ 向中间连接件注入润滑脂，如图 3-76 所示。

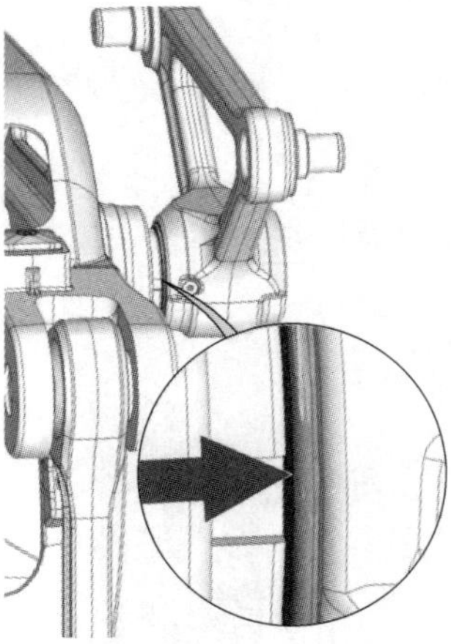

图 3-74　用螺钉旋具将 POM 密封环装入其最终位置

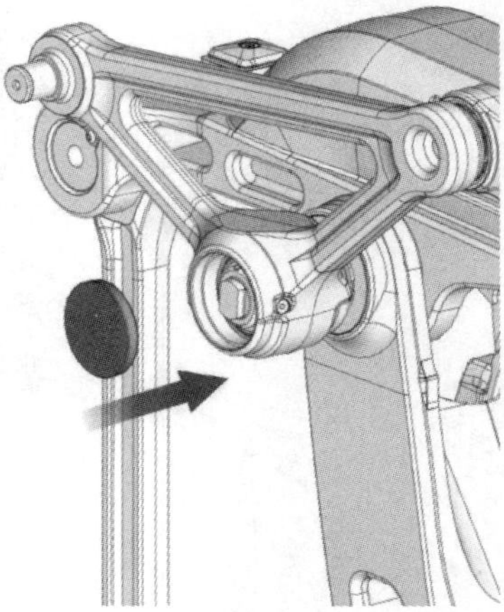

图 3-75　安装 VK 盖

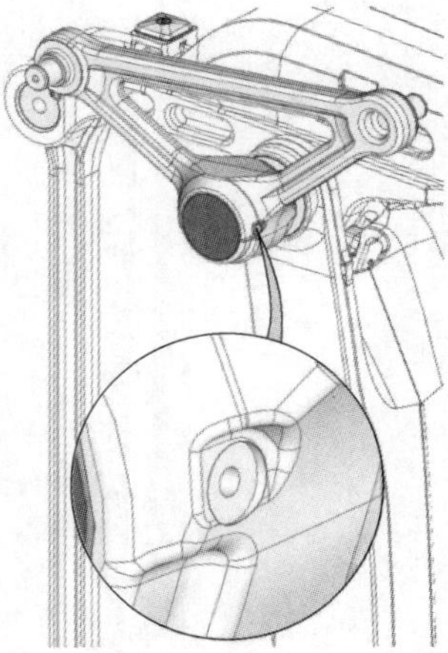

图 3-76　向中间连接件注入润滑脂

⑫ 安装注油孔处的螺钉和垫圈（参见图 3-66），以便注入润滑脂。

⑬ 安装上连杆臂。

⑭ 安装下连杆臂。

⑮ 重新校准机器人。

3.5.3 平行杆的更换

平行杆的位置如图 3-77 所示。

（1）卸下平行杆

① 切断机器人的所有电力、液压和气压供给。

② 为避免发生事故，需要将上臂用圆形吊带固定在吊车或类似设备上。

③ 卸下将平行杆的轴固定到位的锁紧螺钉和垫圈，如图 3-78 所示。

④ 在轴 3 端加入垫片，如图 3-79 和图 3-80 所示。

⑤ 卸下上部轴，如图 3-81 所示。

⑥ 将平行杆从其上部连接点向后转动，如图 3-82 所示，使其静止在机座处。

⑦ 卸下安装在轴 2 端的带 POM 密封环的止推垫圈，如图 3-83 所示。

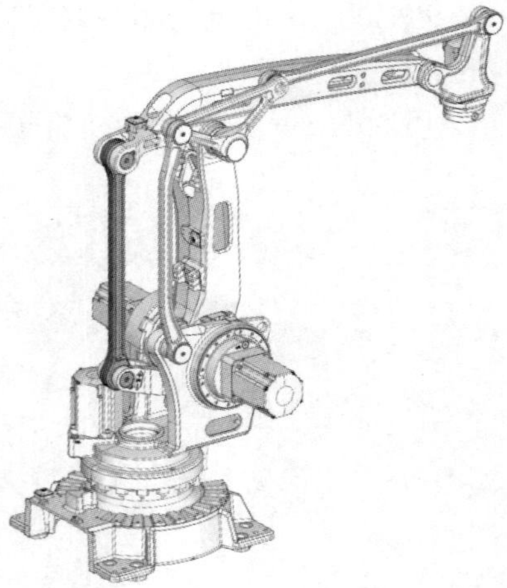

图 3-77　平行杆的位置

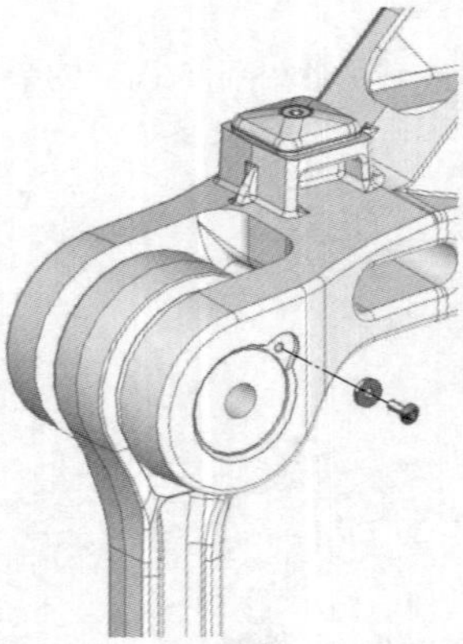

图 3-78　卸下锁紧螺钉和垫圈

图 3-79　垫片

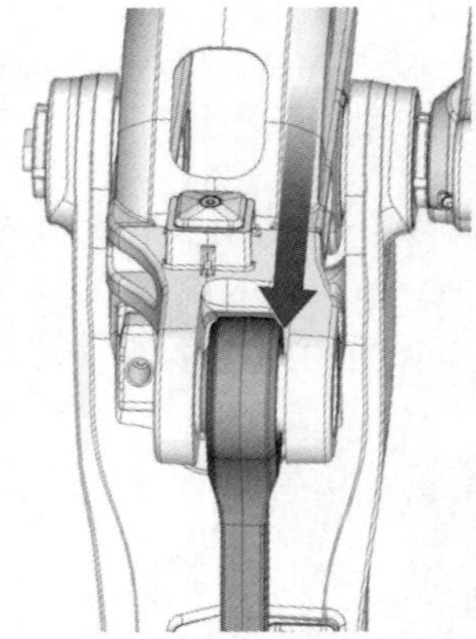

图 3-80　在轴 3 端加入垫片

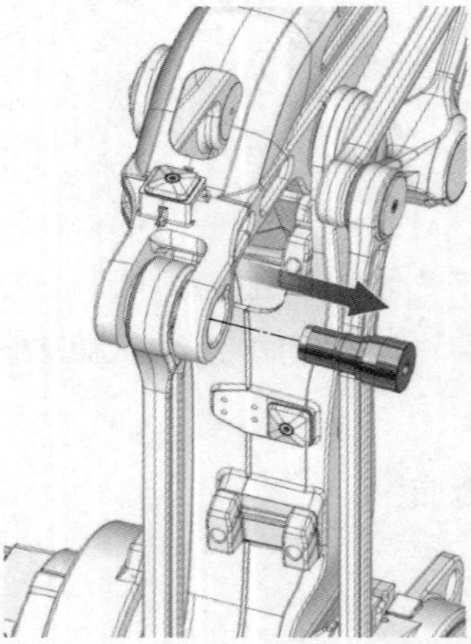

图 3-81　卸下上部轴

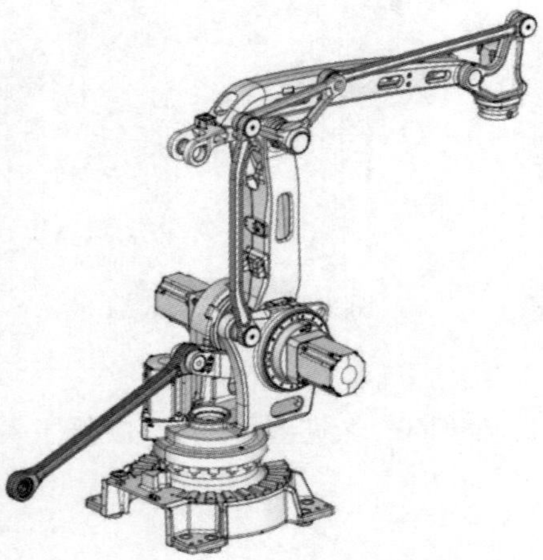

图 3-82　将平行杆从其上部连接点向后转动

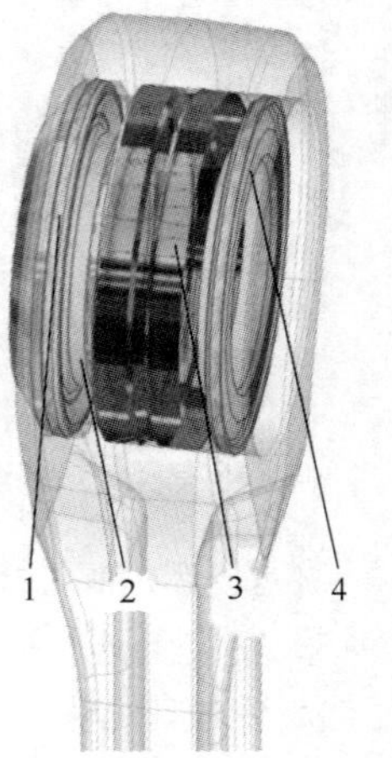

图 3-83　卸下止推垫圈

1—止推垫圈；2—轴承；3—安装在止推垫圈上的 POM 密封环（轴 2 端）；4—POM 密封环（轴 3 端）

⑧ 卸下轴 3 端的 POM 密封环。

⑨ 按照拆卸平行杆上端的相同方法拆卸其下端。

⑩ 将平行杆从机器人上卸下。

⑪ 如有必要，更换轴承。

（2）安装平行杆

① 安装平行杆的下端。

② 确保轴承位于平行杆上正确的位置。

③ 在止推垫圈上安装 POM 密封环，如图 3-84 所示。

④ 将止推垫圈（装有 POM 密封环）放置到平行杆的轴 2 端，如图 3-85 所示。

⑤ 安装轴 3 端的 POM 密封环，如图 3-86 所示。

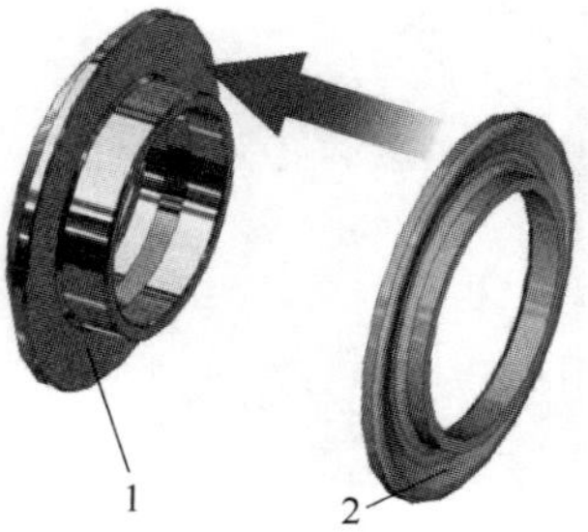

图 3-84　在止推垫圈上安装 POM 密封环

1—止推垫圈；2—POM 密封环

图 3-85　将止推垫圈放置到平行杆的轴 2 端

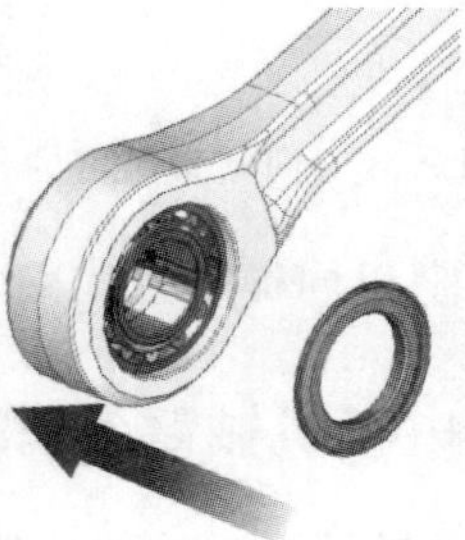

图 3-86　安装轴 3 端的其他 POM 密封环

⑥ 将平行杆放入安装位置，如图 3-87 所示。

⑦ 在轴 3 端加入垫片（参见图 3-80），不要将垫片向下推太多。

⑧ 使用安装/拆卸工具安装轴，如图 3-88 所示。

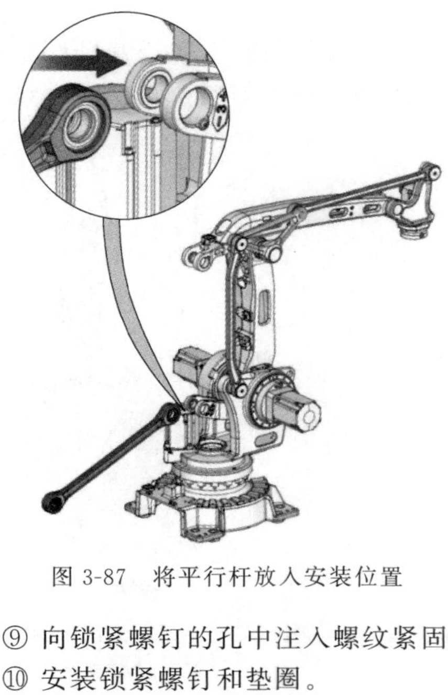

图 3-87　将平行杆放入安装位置

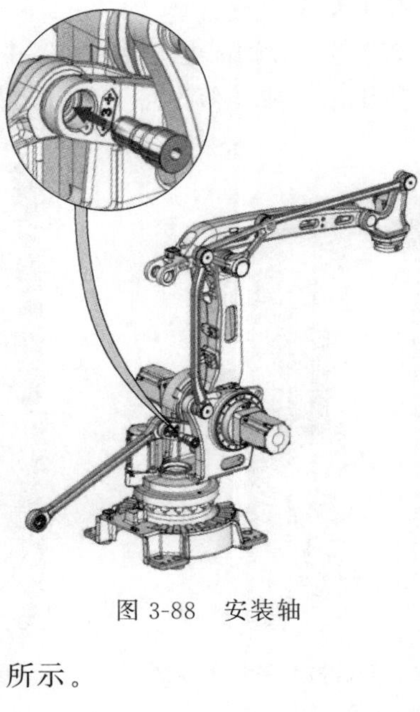

图 3-88　安装轴

⑨ 向锁紧螺钉的孔中注入螺纹紧固剂，如图 3-89 所示。

⑩ 安装锁紧螺钉和垫圈。

⑪ 将平行杆拉起，移至安装上端的位置，如图 3-90 所示。

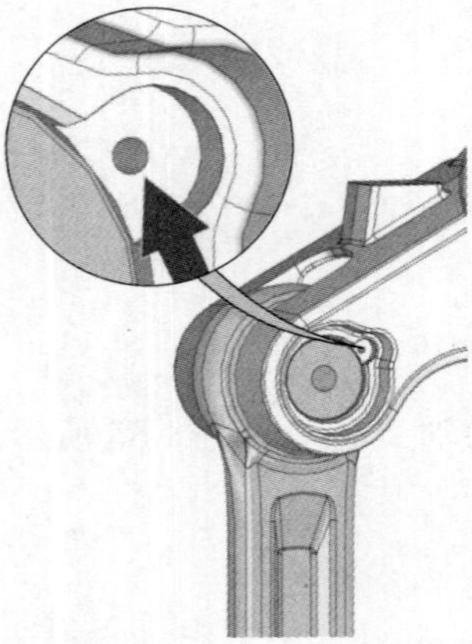

图 3-89　向锁紧螺钉的孔中注入螺纹紧固剂

图 3-90　将平行杆移至安装上端的位置

⑫ 以同样的方式安装平行杆的上端。

3.5.4　下机械臂系统的更换

下机械臂系统的位置如图 3-91 所示，它包括下臂和平行臂。

(1) 卸下下机械臂系统

① 切断机器人的所有电力、液压和气压供给。

② 在螺孔中旋入锁紧螺钉固定下臂，如图 3-92 所示。

③ 从上连杆臂开始拆卸联动装置。

④ 卸下平行杆。

⑤ 卸除在上臂和下臂中的电缆线束。以保护电缆线束不受损和不沾油的方式固定电缆线束。

⑥ 卸下整个上臂。

⑦ 卸下轴 2 和轴 3 电机上的盖，并断开电机电缆。卸下电机，以便于旋转下臂和平行臂。

⑧ 使用吊车或类似设备上的圆形吊带固定整个下机械臂系统，如图 3-93 所示。

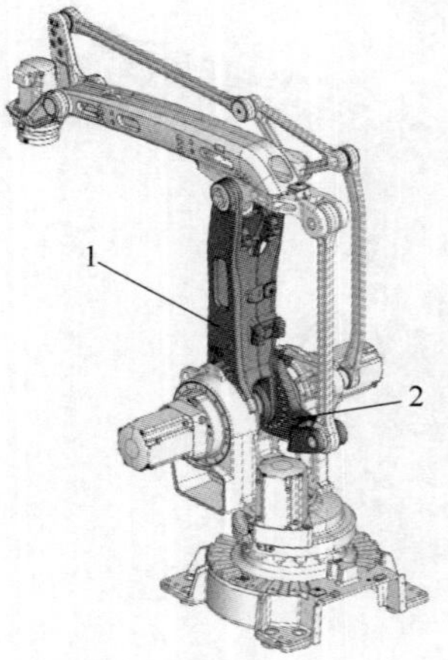

图 3-91　下机械臂系统的位置
1—下臂；2—平行臂

图 3-92　固定下臂

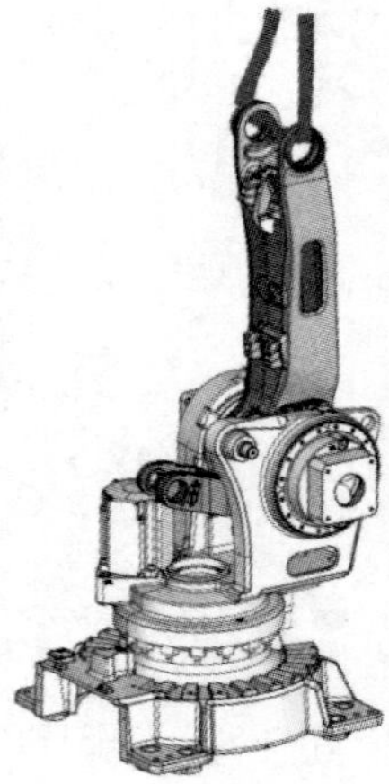

图 3-93　使用圆形吊带固定整个下机械臂系统

⑨ 卸下固定下机械臂系统的锁紧螺钉（参见图 3-92）。

⑩ 为释放制动闸，连接 24VDC 电源。连接连接器 R2. MP2 或 R2. MP3，连接哪一个视具体情况而定：端子 2 为+；端子 5 为一。

⑪ 卸下两端固定下机械臂系统的所有连接螺钉，如图 3-94 所示。需要旋转下臂和平行臂才能接触到所有连接螺钉。释放制动闸。

⑫ 卸下密封盖，如图 3-95 所示。

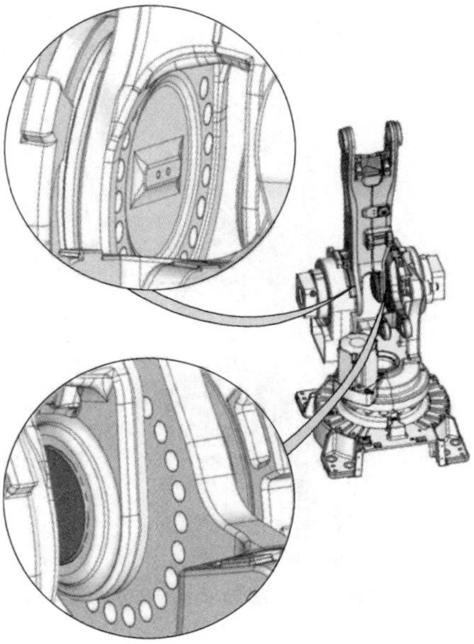

图 3-94　卸下连接螺钉

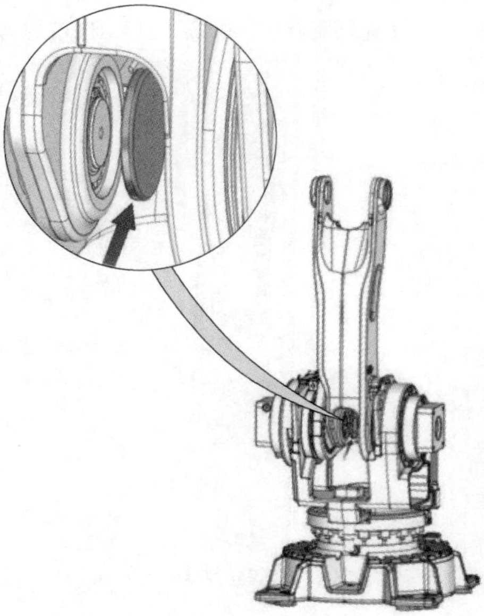

图 3-95　卸下密封盖

⑬ 齿轮箱之间的空间非常狭窄。因此需要使用铁条或类似工具将下臂和平行臂推到一起之后，再将它们拆下。如果未将这些部件推到一起，则很难拆卸整个下机械臂系统。

⑭ 平行臂固定在下臂上，卸下下机械臂系统之前，必须将平行臂固定在下臂上。如果未固定，平行臂可能会掉落并造成严重事故（图 3-96、图 3-97）。

⑮ 卸下整个下机械臂系统，如图 3-98 所示。

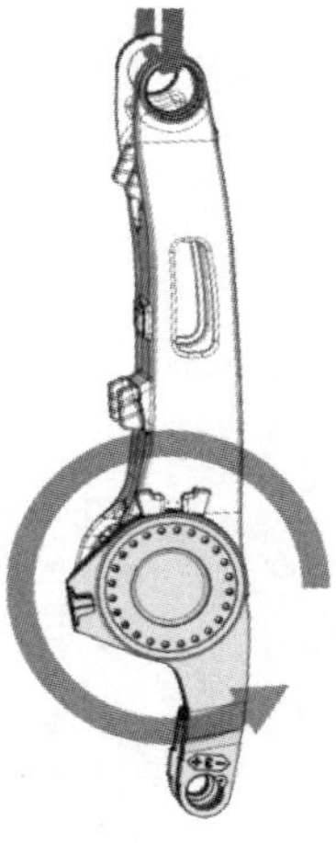

图 3-96　平行臂掉落

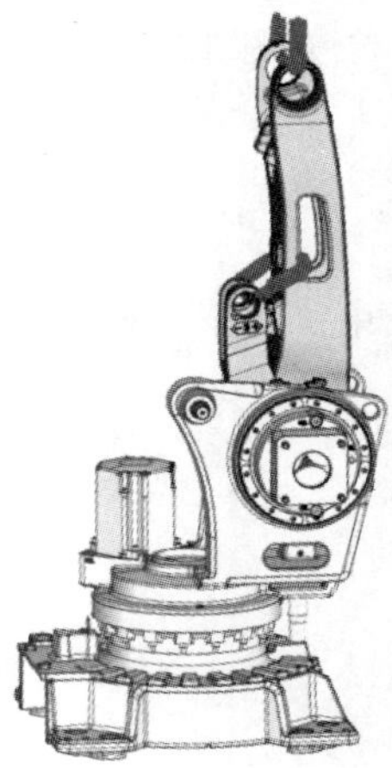

图 3-97　将平行臂固定在下臂上

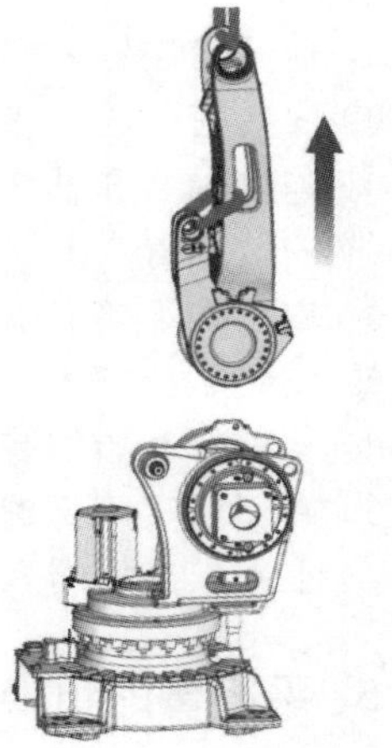

图 3-98　卸下整个下机械臂系统

（2）安装下机械臂系统

① 将平行臂安装到下臂上。

② 将圆形吊带安装到下机械臂系统上，并将其吊起，如图 3-99 所示。吊起下机械臂系统之前，必须将平行臂固定在下臂上。如果未固定，平行臂可能会掉落并造成严重事故。

③ 为释放制动闸，连接 24VDC 电源。连接连接器 R2. MP2 或 R2. MP3，连接哪一个视具体情况而定：端子 2 为＋；端子 5 为－。

④ 将下机械臂系统放置到其安装位置，如图 3-100 所示。如果需要调整孔型，释放制动闸并使用旋转工具（图 3-101）通过移动齿轮找出正确的孔型。

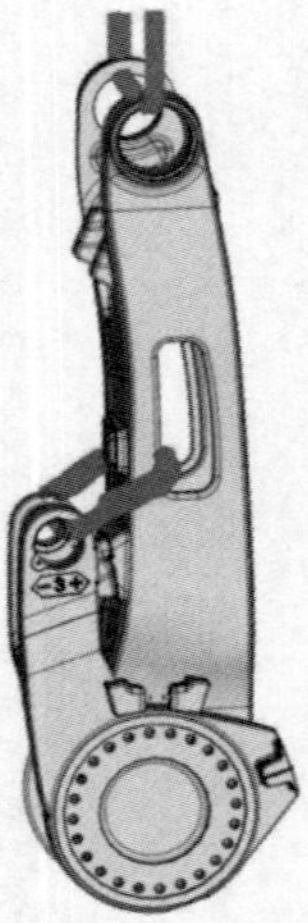

图 3-99　吊起下机械臂系统

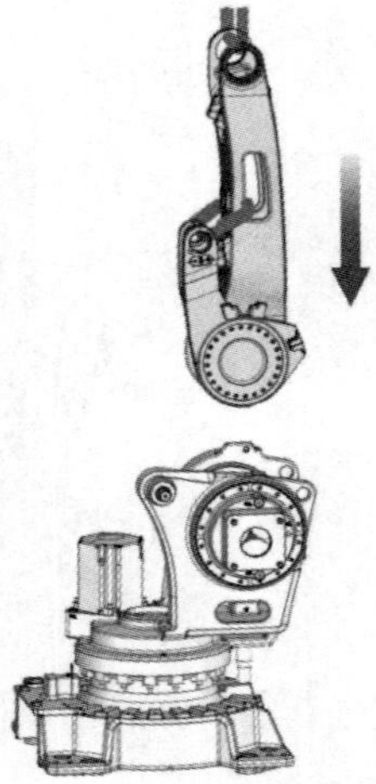

图 3-100　将下机械臂系统放置到其安装位置

⑤ 首先安装轴 2 端。

⑥ 将带垫圈的连接螺钉安装在可安装的轴 2 端（参见图 3-94），拧紧力矩为 120N・m。

⑦ 在铁条或类似工具的帮助下，将平行臂推向轴 3 端。

⑧ 将带垫圈的连接螺钉安装在可安装的轴 3 端，拧紧转矩为 120N・m。

⑨ 更改下臂的姿态，以便接触到剩余的连接螺孔，并安装剩余的螺钉。

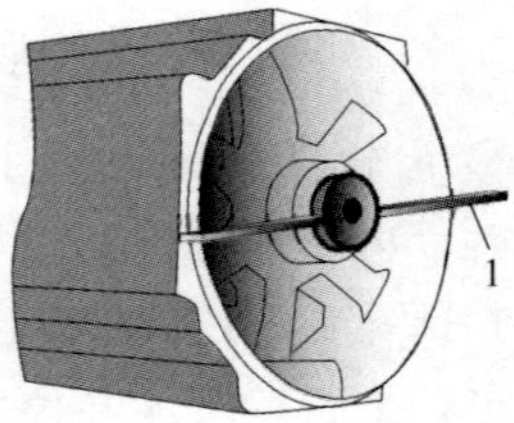

图 3-101　旋转工具
1—旋转工具

⑩ 通过安装锁紧螺钉固定下臂（参见图 3-92）。

⑪ 安装密封盖（参见图 3-95）。

⑫ 连接轴 2 和轴 3 电机电缆并安装盖。

⑬ 安装上臂。

⑭ 安装在上臂和下臂中的电缆线束。

⑮ 安装平行杆。

⑯ 从连杆开始安装联动装置。

⑰ 卸下固定下臂的锁紧螺钉。

⑱ 重新校准机器人。

3.5.5 平行臂的更换

平行臂的位置如图 3-102 所示。

（1）卸下平行臂

① 切断机器人的所有电力、液压和气压供给。

② 吊起下机械臂系统之前，必须将平行臂固定在下臂上。如果未固定，平行臂可能会掉落并造成严重事故。

③ 将整个下机械臂系统从机器人上卸下。

④ 将下机械臂系统放在工作台上，如图 3-103 所示。

⑤ 使用吊车上的圆形吊带固定平行臂。

⑥ 通过将平行臂直接吊起将其从下臂上卸下，如图 3-104 所示。如有需要，可使用塑料锤从内向外锤击平行臂。

⑦ 翻转平行臂，将其放在工作台或类似的装置上，如图 3-105 所示。

⑧ 如有需要，更换轴承。

（2）安装平行臂

① 将平行臂置于工作台上。

② 检查 POM 密封件、轴承和扣环的装配是否正确，状况是否良好，如图 3-106 所示。酌情更换受损的部件。

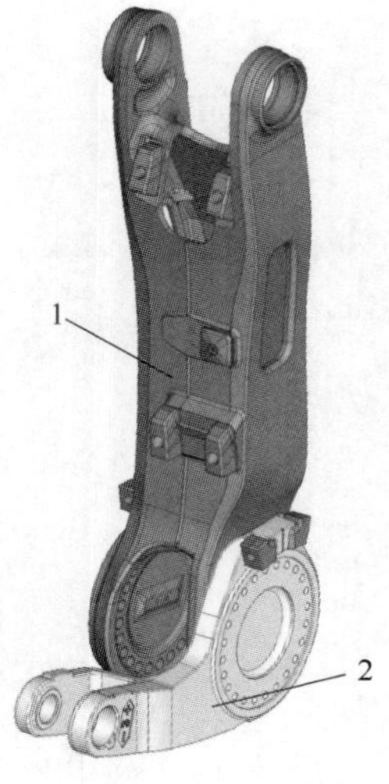

图 3-102　平行臂的位置

1—下臂；2—平行臂

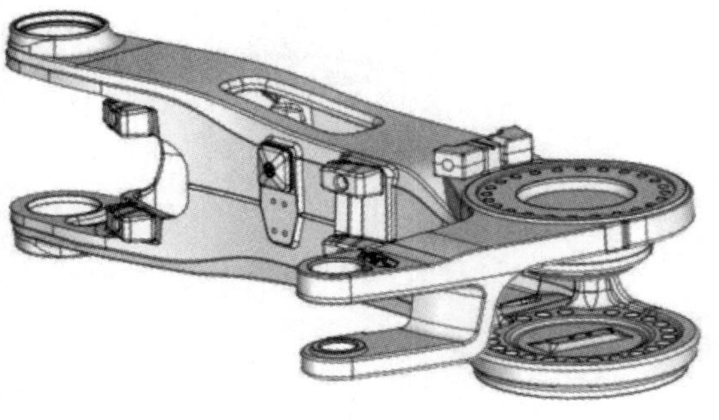

图 3-103　将下机械臂系统放在工作台上

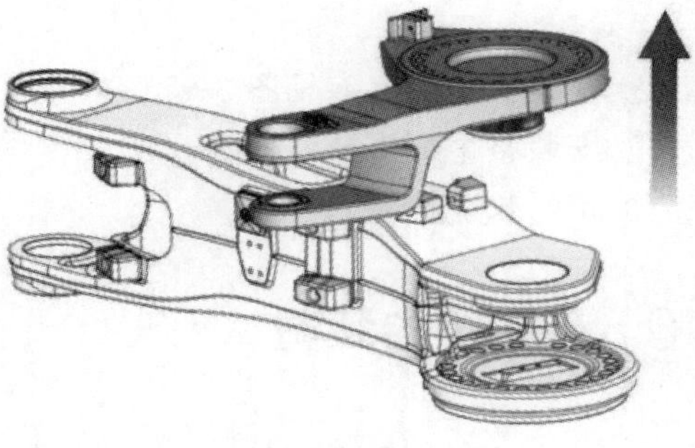

图 3-104　将平行臂从下臂处卸下

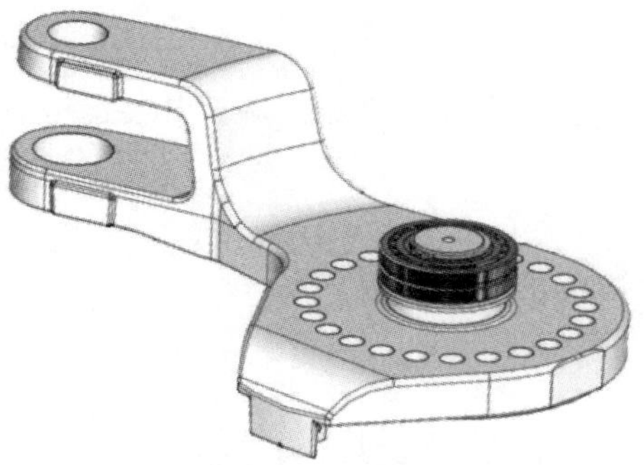

图 3-105　翻转平行臂

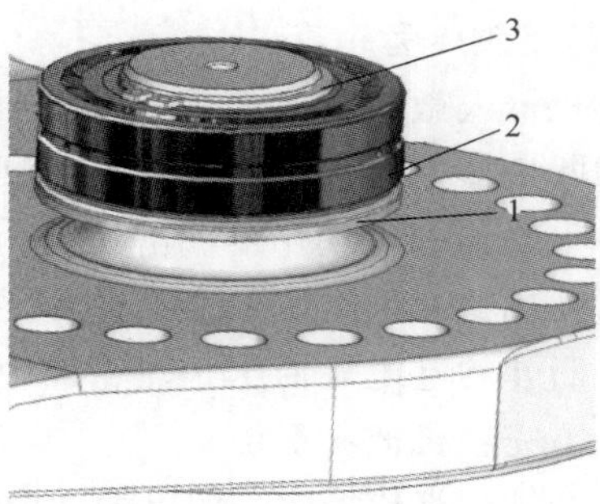

图 3-106　检查 POM 密封件、轴承和扣环的装配是否正确

1—POM 密封件；2—轴承；3—扣环

③ 向轴承中注入润滑脂。

④ 检查下臂是否按照图 3-107 所示，轴承孔向上放置在工作台上。

⑤ 在孔中为轴承涂一些润滑脂，如图 3-108 所示。

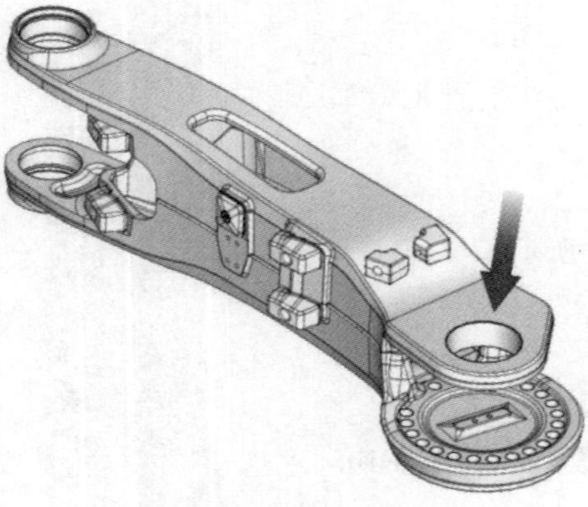

图 3-107　检查下臂

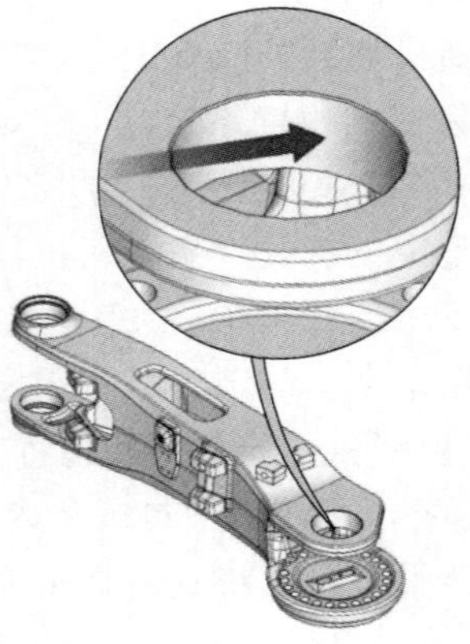

图 3-108　在孔中为轴承涂上一些润滑脂

⑥ 将平行臂吊运至放置下臂的位置。

⑦ 将安装了轴承的平行臂推入下臂，如图 3-109 所示。如有需要，使用塑料锤在平行臂的铸造表面上敲击。

⑧ 安装密封盖（参见图 3-95）。

⑨ 安装整个下机械臂系统。

⑩ 重新校准机器人。

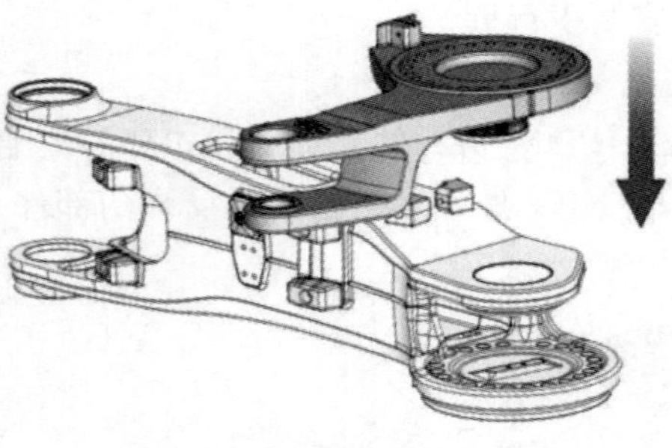

图 3-109　将平行臂推入下臂

3.6 齿轮箱的装调

3.6.1 轴 1 齿轮箱的更换

轴 1 齿轮箱位于机架和机座之间，如图 3-110 所示。

（1）卸下轴 1 齿轮箱

① 将机器人微动至轴 2 为－40°、轴 3 为＋25 °的位置，亦即将机器人调至其装运姿态。

② 切断机器人的所有电力、液压和气压供给。

③ 排出轴 1 齿轮箱中的润滑油。

④ 断开机器人机座后部的所有接线，并吊出机座内部的电缆托板。

⑤ 将断开的电缆从轴 1 齿轮箱的中心拉出。

⑥ 卸下完整机械臂系统。

⑦ 松开轴 1 齿轮箱中心的电缆导向装置上的螺钉，并将导向装置吊到一旁。

⑧ 拧动机座上的连接螺钉，脱开机座。

⑨ 在齿轮箱的两侧分别安装两个吊环螺栓和钩环，如图 3-111 所示。

⑩ 将圆形吊带连接到齿轮箱上。

⑪ 吊起包含轴 1 齿轮箱在内的机座。

⑫ 将支撑安装到机座上。确保机座保持在稳定的位置，然后才能在机座下执行其他工作。

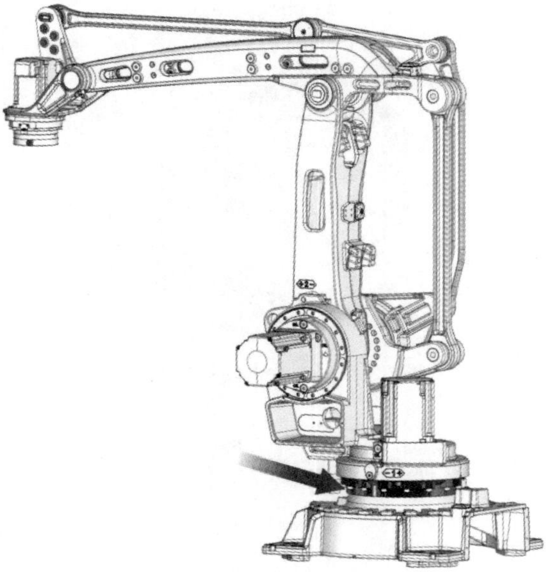

图 3-110　轴 1 齿轮箱的位置

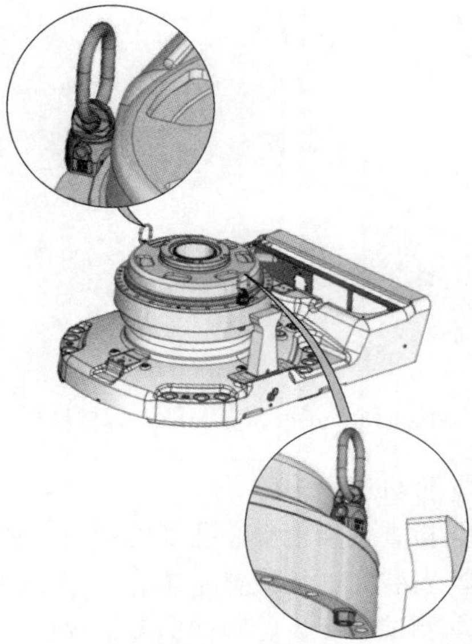

图 3-111　在齿轮箱的两侧分别安装两个吊环螺栓和钩环

⑬ 拆下将轴 1 齿轮箱固定到机座的连接螺钉和垫圈，如图 3-112 所示。

⑭ 吊起齿轮箱。

（2）安装轴 1 齿轮箱

① 将支撑安装到机座上，如图 3-113 所示。

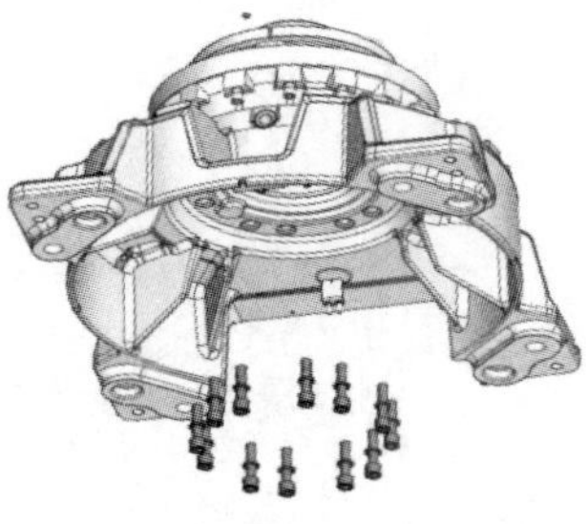

图 3-112　拆下连接螺钉和垫圈

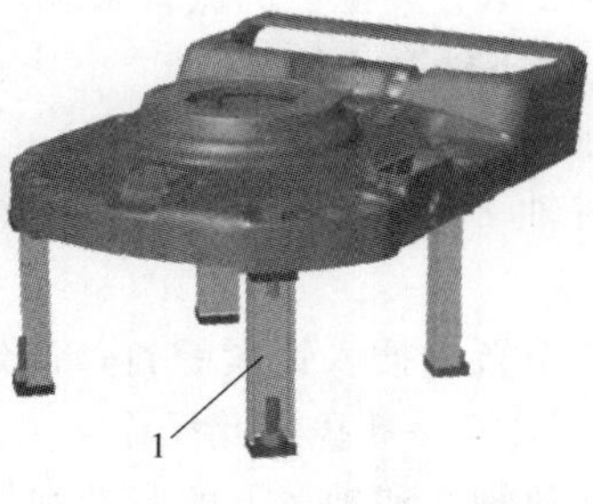

图 3-113　将支撑安装到机座上

1—支撑

② 确保 O 形环正确地嵌入齿轮箱中的 O 形环凹槽内，如图 3-114 所示。用少量润滑脂润滑 O 形环。

③ 在齿轮箱的两侧安装两个吊环螺栓和钩环（参见图 3-111）。

④ 将吊具安装到齿轮箱上。

⑤ 在机座相互平行的两个连接孔中安装两个导销。

⑥ 将轴 1 齿轮箱调运至导销上方，然后小心地将其降下，并使其落入安装位置。

⑦ 用连接螺钉和垫圈固定齿轮箱（参见图 3-112）。

⑧ 安装电缆导向装置，如图 3-115 所示。

⑨ 吊起机器人机座和轴 1 齿轮箱并卸下支撑。

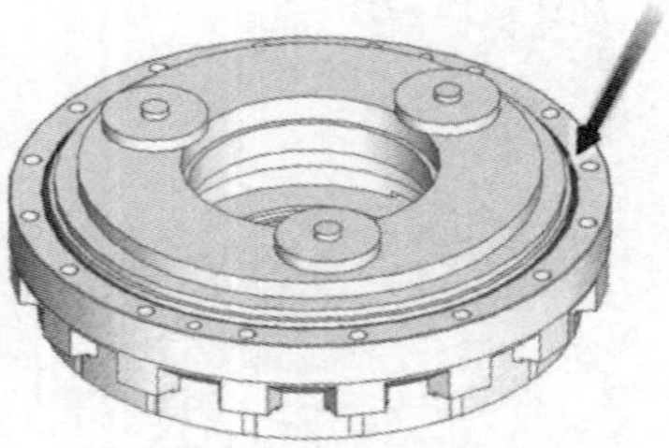

图 3-114　O 形环嵌入 O 形环凹槽位

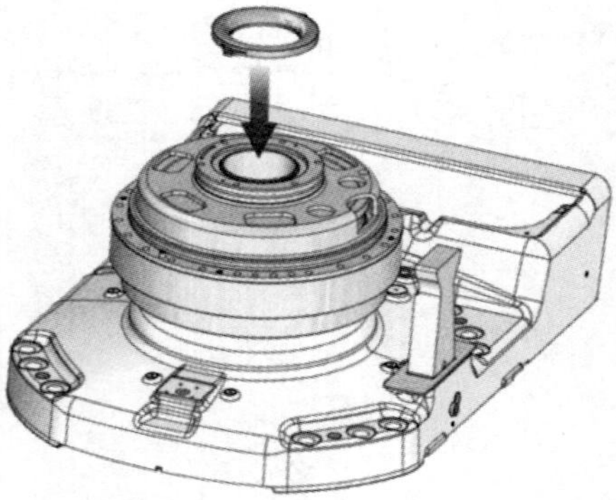

图 3-115　安装电缆导向装置

⑩ 将机座固定。

⑪ 检查机架上中心孔处的油封。如有损坏，将其更换。

⑫ 安装完整机械臂系统。

⑬ 测试轴 1 齿轮箱的泄漏情况。

⑭ 向齿轮箱中注入润滑油。

⑮ 重新校准机器人。

3.6.2 轴 2 齿轮箱的更换

注意：轴 2 和轴 3 的齿轮箱分别位于机架的两侧，如图 3-116 所示。切勿同时更换两个齿轮箱，除非已卸下了整个机械臂系统。

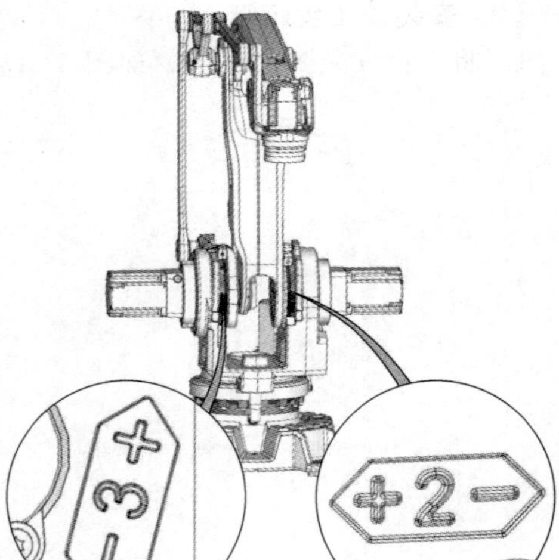

图 3-116　轴 2 和轴 3 齿轮箱的位置

（1）卸下轴 2 齿轮箱

① 排出齿轮箱中的油。

② 将轴 2 微动至 0°，轴 3 微动至正的最大度数。

③ 在下臂中插入锁紧螺钉，固定轴 2（参见图 3-92）。只能手动执行此操作。

④ 释放轴 2 和轴 3 上的制动闸，以便将平行臂搁置于阻尼器上。

⑤ 采用圆形吊带将平行杆固定到下臂上。此操作的作用是将平行臂锁定到位。

⑥ 切断机器人的所有电力、液压和气压供给。

⑦ 卸下轴 2 电机，保护电缆使其不受损或沾染油污。

⑧ 松开电机法兰的连接螺钉，将垫圈和电机法兰吊到一旁，如图 3-117 所示。

⑨ 将两个导销旋入齿轮箱中的两个对接孔中，如图 3-118 所示。注意成对地使用导销。

⑩ 将吊具安装到齿轮箱上。

⑪ 松开将齿轮箱固定在下机械臂系统上的连接螺钉，如图 3-119 所示。

⑫ 如有需要，将两个全螺纹螺钉装入齿轮箱中的孔，将齿轮箱顶出。

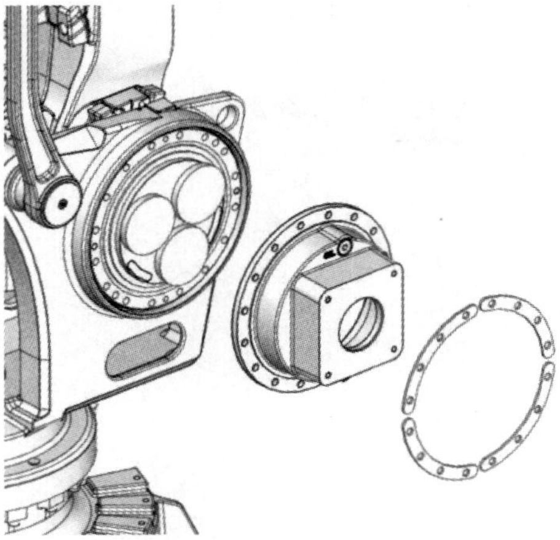

图 3-117　拆下电机法兰

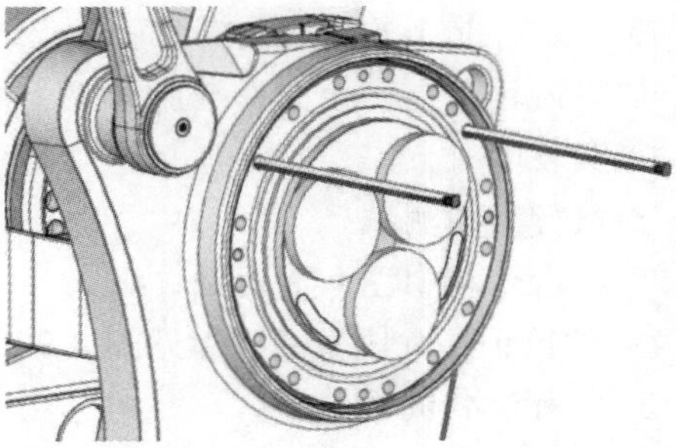

图 3-118　将两个导销旋入齿轮箱中的两个对接孔中

⑬ 用吊车或类似设备将轴 2 齿轮箱沿已安装的导销吊出。

（2）安装轴 2 齿轮箱

① 清洁所有接触面上的污物。

② 确保将 O 形环安装到齿轮箱，如图 3-120 所示。

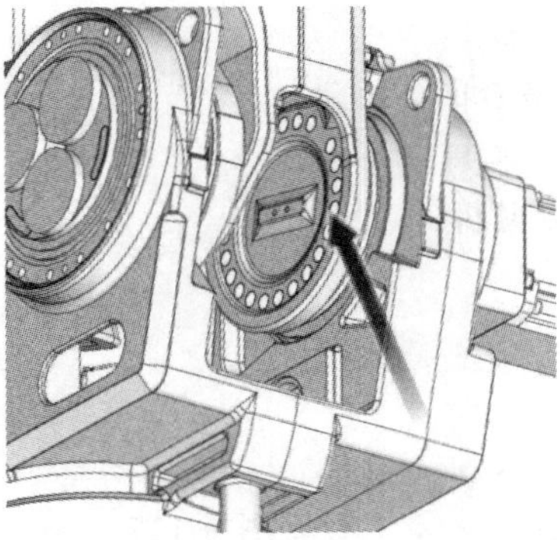

图 3-119　松开连接螺钉

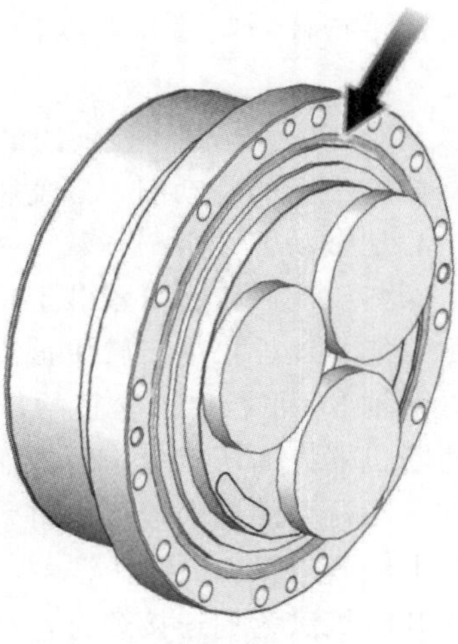

图 3-120　将 O 形环安装到齿轮箱

③ 用润滑脂润滑 O 形环。

④ 在所有接触面上涂一些润滑脂。

⑤ 在机架的齿轮箱对接孔中安装两个导销（参见图 3-118）。

⑥ 在齿轮箱的对接孔中安装两个导销。其中一个比另一个短，目的是便于安装到下臂。导销所处的位置必须便于稍后取下。

⑦ 将吊具安装到齿轮箱上。

⑧ 使用吊车或类似设备，将齿轮箱起吊到导销上。

⑨ 小心地将齿轮箱滑入导销，滑至其安装位置。

⑩ 使用曲柄移动齿轮箱，将其调整到与连接螺钉孔对应的正确位置。

⑪ 使用连接螺钉和垫圈将齿轮箱和电机法兰固定在机架上（参见图 3-117）。

⑫ 卸下导销并使用剩余的连接螺钉将其更换。

⑬ 使用连接螺钉和垫圈将齿轮箱固定在下机械臂系统上（参见图 3-119）。

⑭ 在下臂上卸下导销。

⑮ 固定好其余连接螺钉。

⑯ 将齿轮箱上多余的润滑脂清除干净。

⑰ 安装电机。

⑱ 执行泄漏测试。

⑲ 向齿轮箱中注入润滑油。

⑳ 卸下下臂锁紧螺钉（参见图 3-92）。

㉑ 重新校准机器人。

3.6.3 轴 3 齿轮箱的更换

（1）卸下轴 3 齿轮箱

① 排出齿轮箱中的油。

② 将轴 2 微动至 0°，轴 3 微动至正的最大度数。

③ 释放轴 3 上的制动闸，以便将平行臂搁置于阻尼器上。

④ 拆卸平行杆的底端（或卸下整个平行杆）。这样做是为了能够在后续拆卸过程中移动平行臂。

⑤ 微动轴 3（平行臂）至负的最大度数。

⑥ 释放轴 3 上的制动闸，以便将平行臂搁置于阻尼器上。

⑦ 小心地微动轴 2 至约＋50°。检查微动期间上臂是否向前移动。

⑧ 将倾斜机壳放置在可承载上臂重量的某种坚硬物体上。

⑨ 尽可能多地拧松平行臂中该点处的连接螺钉，以便拆卸。

⑩ 微动轴 3（平行臂）至正的最大度数。

⑪ 切断机器人的所有电力、液压和气压供给。

⑫ 拧下平行臂的剩余连接螺钉。

⑬ 卸下轴 3 电机。

⑭ 松开电机法兰的连接螺钉，将垫圈和电机法兰吊到一旁（参见图 3-117）。

⑮ 在齿轮箱的对接孔中安装两个导销（参见图 3-118）。注意成对地使用导销。

⑯ 将吊具安装到齿轮箱上。

⑰ 如有需要，将两个全螺纹螺钉装入齿轮箱中的孔，将齿轮箱顶出。

⑱ 用吊车或类似设备将轴 3 齿轮箱沿已安装的导销从机架中吊出。

（2）安装轴 3 齿轮箱

① 清洁所有接触面上的污物。

② 确保将 O 形环安装到齿轮箱（参见图 3-120）。

③ 用润滑脂润滑 O 形环。

④ 在所有接触面上涂一些润滑脂。

⑤ 在机架的齿轮箱对接孔中安装两个导销（参见图 3-118）。

⑥ 在齿轮箱的对接孔中安装两个导销。其中一根比另一根短，目的是便于安装到下臂。

导销所处的位置必须便于稍后取下。

⑦ 将吊具安装到齿轮箱上。

⑧ 使用吊车或类似设备，小心地将齿轮箱滑入导销至其安装位置。

⑨ 使用曲柄移动齿轮箱，将其调整到与连接螺钉孔对应的正确位置。

⑩ 使用连接螺钉和垫圈将齿轮箱和电机法兰固定在机架上（参见图 3-117）。

⑪ 卸下导销并使用剩余的连接螺钉将其更换。

⑫ 尽可能多地拧紧平行臂中该点处的连接螺钉，并固定轴 3 齿轮箱。

⑬ 安装轴 3 电机。

⑭ 微动轴 2 和轴 3 至可安装和紧固剩余连接螺钉的位置。

⑮ 小心地微动轴 3（平行臂）至可将平行杆安装到平行臂上的位置。

⑯ 安装平行杆。

⑰ 执行泄漏测试。

⑱ 向齿轮箱中注入润滑油。

⑲ 重新校准机器人。

3.6.4 轴 6 齿轮箱的更换

轴 6 齿轮箱位于机械腕的中心，如图 3-121 所示。

（1）卸下轴 6 齿轮箱

① 微动机器人至倾斜机壳装置放置到适当维修位置的位置。

② 切断机器人的所有电力、液压和气压供给。

③ 排出齿轮箱中的润滑油。

④ 卸下转动盘。

⑤ 卸下校准板，如图 3-122 所示。

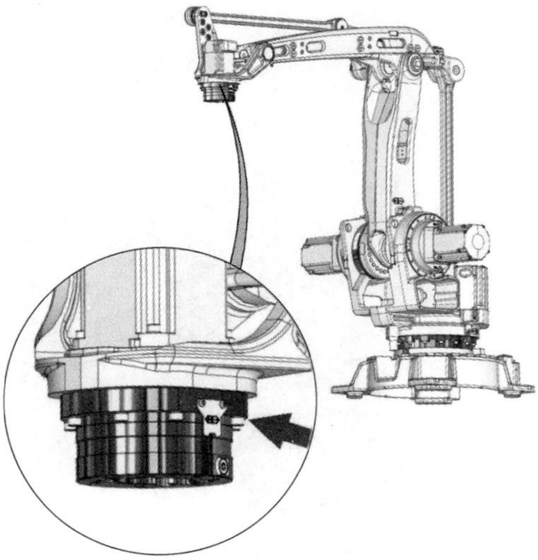

图 3-121　轴 6 齿轮箱的位置

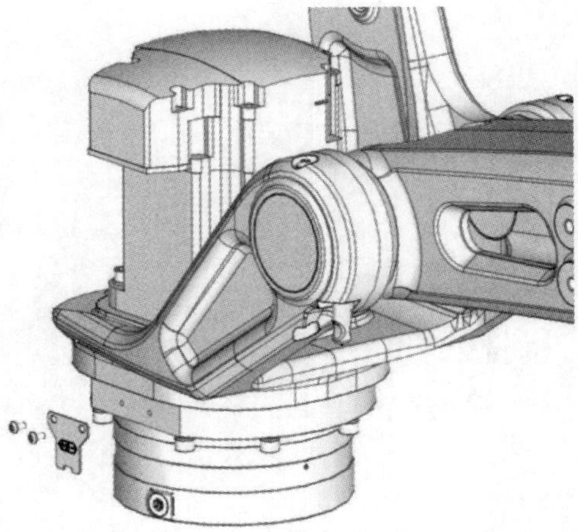

图 3-122　卸下校准板

⑥ 卸下齿轮箱上的连接螺钉和垫圈，如图 3-123 所示。小心地将齿轮箱吊到一旁。在此过程中小心不要损坏齿轮。

⑦ 检查小齿轮，如图 3-124 所示。如有损坏，将其更换。

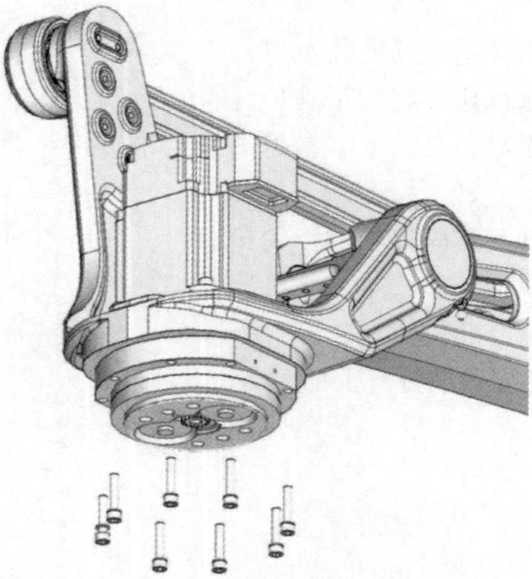

图 3-123　卸下连接螺钉和垫圈

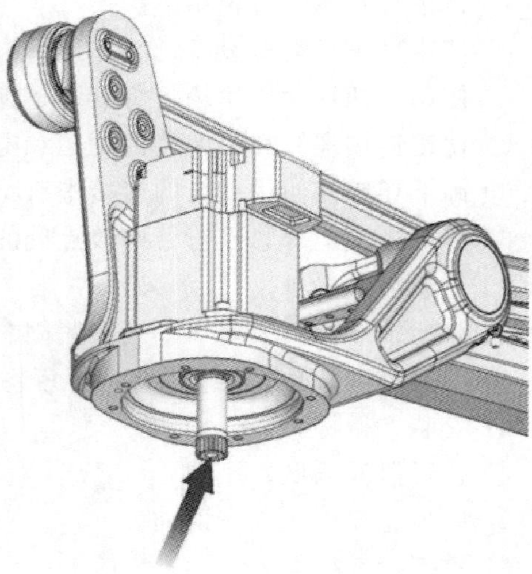

图 3-124　检查小齿轮

（2）安装轴 6 齿轮箱

① 切断机器人的所有电力、液压和气压供给。

② 确保 O 形环未受损并将其安装到齿轮箱，如图 3-125 所示。如有损坏，更换 O 形环。用润滑脂润滑 O 形环。

③ 手动释放轴 6 电机的制动闸。

④ 检查轴 6 电机的小齿轮是否未受损（参见图 3-124）。

⑤ 将轴 6 齿轮箱小心地插入倾斜机壳，如图 3-126 所示。确保齿轮箱的齿轮与轴 6 电机的小齿轮啮合。在此过程中，切勿损坏齿轮。

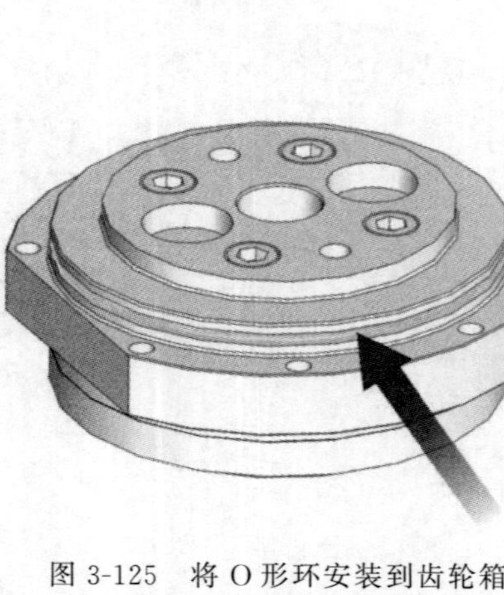

图 3-125　将 O 形环安装到齿轮箱

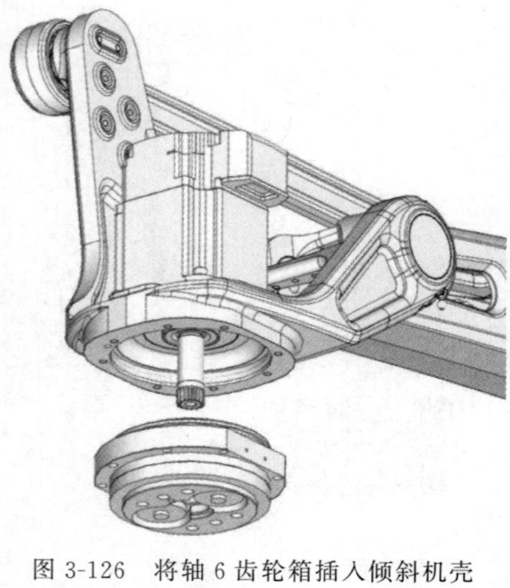

图 3-126　将轴 6 齿轮箱插入倾斜机壳

⑥ 使用齿轮箱的连接螺钉和垫圈固定齿轮箱（参见图 3-123）。

⑦ 安装转动盘。

⑧ 测试泄漏。

⑨ 向齿轮箱中注入润滑油。

⑩ 安装校准板（参见图 3-122）。

⑪ 重新校准机器人。

3.7 桁架工业机器人的装调

图 3-127 所示为 ARA-1000D 桁架机器人总装图。

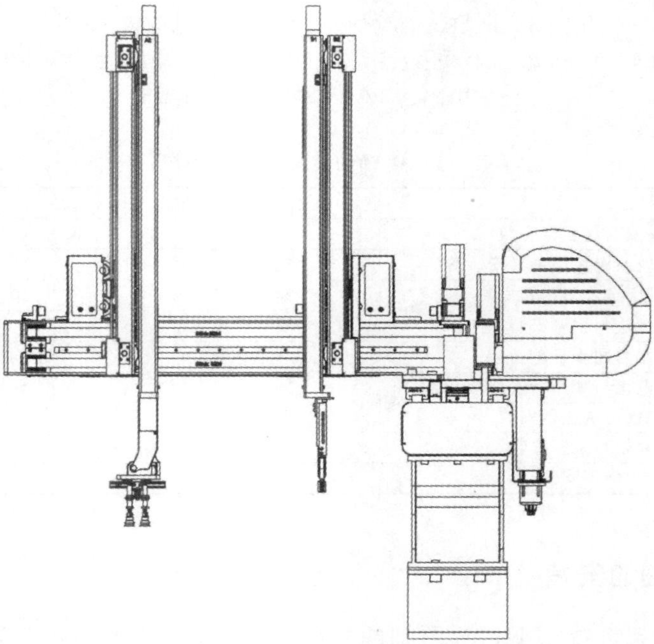

图 3-127　ARA-1000D 桁架机器人总装图

3.7.1 W 轴的安装

ARA-1000D 桁架机器人 W 轴的装配图如图 3-128 所示，其装配步骤与要求见表 3-1。

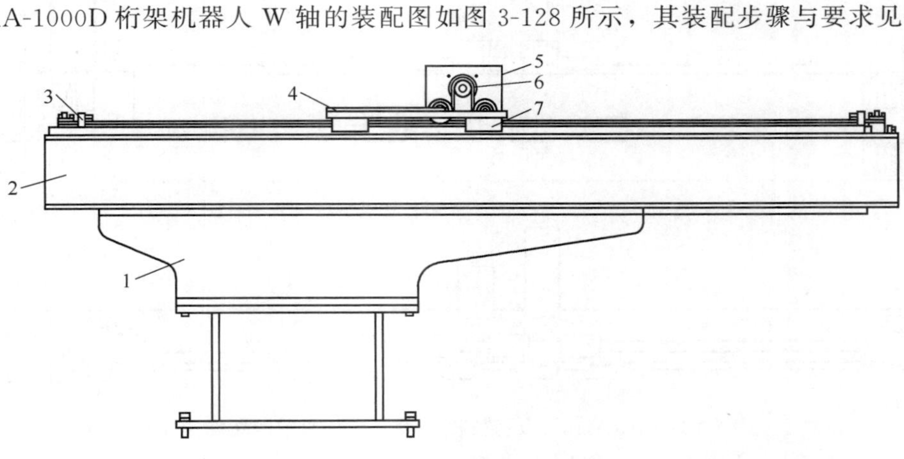

图 3-128

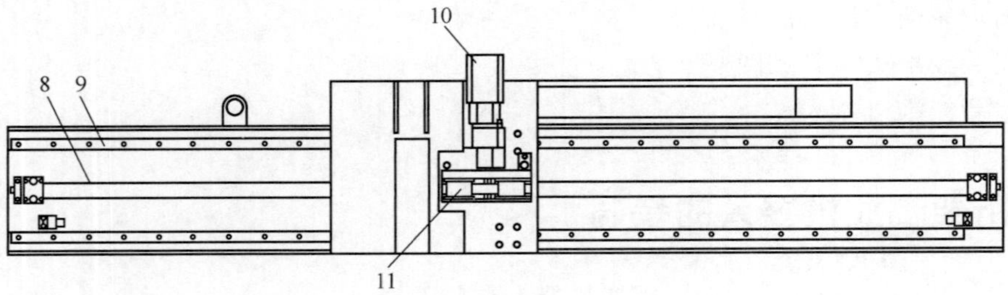

图 3-128　ARA-1000D 桁架机器人 W 轴的装配图

1—底座；2—主臂；3—防撞块；4—连接板；5—电机连接座；6—同步带轮；7—滑块；8—同步带；9—线性滑轨；10—伺服电机；11—张紧轮

表 3-1　W 轴的装配步骤与要求

步骤	装配内容	配合及连接方法	装配要求
1	底座安装与主臂安装	螺钉连接	连接牢固
2	线性滑轨及滑块与主臂安装	螺钉连接	导轨平行度 0.02mm
3	同步带固定座与主臂安装	螺钉连接	传动带运动顺利
4	防撞块与主臂安装	螺钉连接	连接牢固
5	减速器与同步带轮安装	孔轴配合,键连接	同轴度 ϕ0.01mm
6	伺服电机与减速器安装	螺钉连接	同轴度 ϕ0.01mm
7	连接板与减速器安装	螺钉连接	连接牢固
8	张紧轮与主臂安装	螺钉连接	连接牢固
9	同步带安装	螺钉连接	连接牢固

3.7.2 U、V 两轴的安装

ARA-1000D 桁架机器人 U、V 两轴的装配图如图 3-129 所示，其装配步骤与要求见表 3-2。

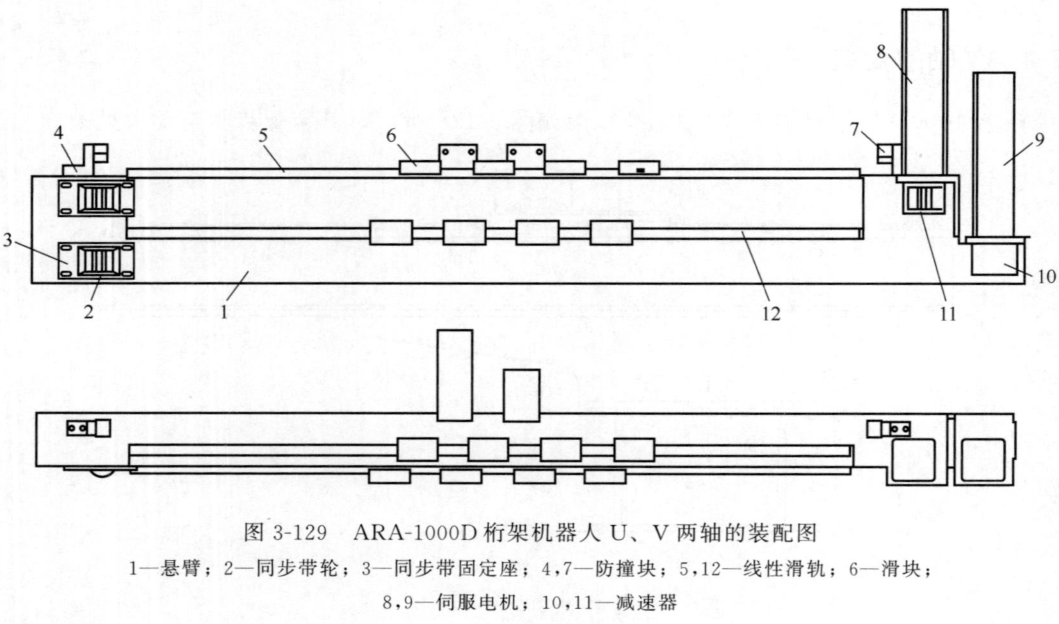

图 3-129　ARA-1000D 桁架机器人 U、V 两轴的装配图

1—悬臂；2—同步带轮；3—同步带固定座；4,7—防撞块；5,12—线性滑轨；6—滑块；8,9—伺服电机；10,11—减速器

表 3-2　U、V 两轴的装配步骤与要求

步骤	装配内容	配合及连接方法	装配要求
1	悬臂安装到 W 轴上	螺钉连接	垂直度 0.02mm
2	线性滑轨及滑块与悬臂安装	螺钉连接	导轨平行度 0.02mm
3	同步带固定座与悬臂安装	螺钉连接	皮带运动顺利
4	防撞块与悬臂安装	螺钉连接	连接牢固
5	减速器与同步带轮安装	孔轴配合，键连接	同轴度 ϕ0.01mm
6	伺服电机与减速器安装	螺钉连接	同轴度 ϕ0.01mm
7	悬臂与减速器安装	螺钉连接	连接牢固
8	张紧轮与悬臂安装	螺钉连接	连接牢固
9	同步带安装	螺钉连接	连接牢固
10	盖板安装	螺钉连接	连接牢固

3.7.3 A 轴的安装

ARA-1000D 桁架机器人 A 轴的装配图如图 3-130 所示，其装配步骤与要求见表 3-3。

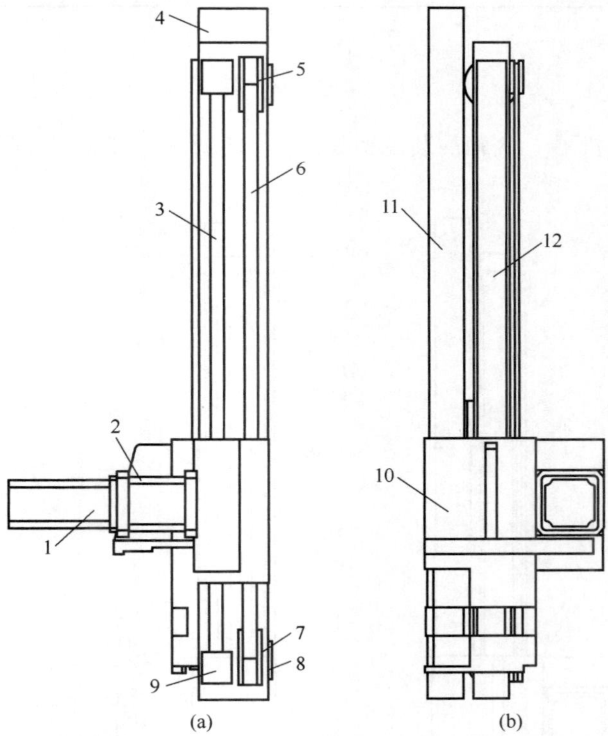

图 3-130　ARA-1000D 桁架机器人 A 轴的装配图

1—伺服电机；2—减速器；3,6—同步带；4,9—压板；5,7—同步带轮；8—传动轴；10—连接板；11—主动臂；12—从动臂

表 3-3　A 轴装配步骤与要求

步骤	装配内容	配合及连接方法	装配要求
1	导轨连接板安装到 U 轴上	螺钉连接	连接牢固
2	导轨连接板与支承座安装	螺钉连接	连接牢固
3	主动臂安装到支承座	螺钉连接	垂直度 0.02mm
4	线性滑轨及滑块安装到主动臂上	螺钉连接	导轨平行度 0.02mm

续表

步骤	装配内容	配合及连接方法	装配要求
5	同步带固定座与主动臂安装	螺钉连接	传动带运动顺利
6	同步带固定座与从动臂安装	螺钉连接	传动带运动顺利
7	从动臂与主动臂安装	螺钉连接	传动带运动顺利
8	防撞块与主动臂安装	螺钉连接	连接牢固
9	减速器与同步带轮安装	孔轴配合，键连接	同轴度 ϕ0.01mm
10	伺服电机与减速器安装	螺钉连接	同轴度 ϕ0.01mm
11	主动臂与减速器安装	螺钉连接	连接牢固
12	张紧轮与主动臂安装	螺钉连接	连接牢固
13	同步带安装	螺钉连接	连接牢固
14	盖板安装	螺钉连接	连接牢固
15	执行机构连接板与主动臂安装	螺钉连接	连接牢固
16	气缸与执行机构连接板安装	螺钉连接	连接牢固
17	气缸与执行机构安装	螺钉连接	连接牢固

3.7.4 B 轴的安装

ARA-1000D 桁架机器人 B 轴的装配图如图 3-131 所示，其装配步骤与要求见表 3-4。

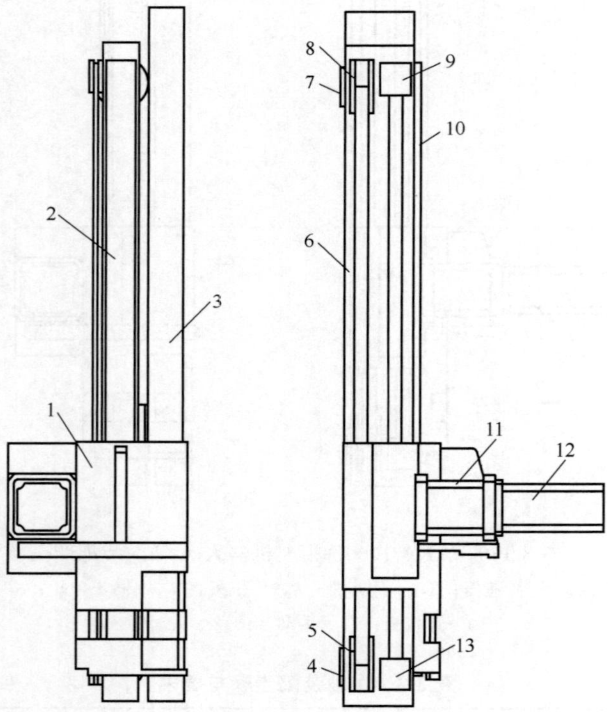

图 3-131　ARA-1000D 桁架机器人 B 轴的装配图

1—连接板；2—从动臂；3—主动臂；4,7—传动轴；5,8—同步带轮；6,10—同步带；9,13—压板；11—减速器；12—伺服电机

表 3-4 B轴的装配步骤与要求

步骤	装配内容	配合及连接方法	装配要求
1	导轨连接板安装到U轴上	螺钉连接	连接牢固
2	导轨连接板与支承座安装	螺钉连接	连接牢固
3	主动臂安装到支承座	螺钉连接	垂直度0.02mm
4	线性滑轨及滑块安装到主动臂	螺钉连接	导轨平行度0.02mm
5	同步带固定座与主动臂安装	螺钉连接	传动带运动顺利
6	同步带固定座与从动臂安装	螺钉连接	传动带运动顺利
7	从动臂与主动臂安装	螺钉连接	传动带运动顺利
8	防撞块与主动臂安装	螺钉连接	连接牢固
9	减速器与同步带轮安装	孔轴配合,键连接	同轴度ϕ0.01mm
10	伺服电机与减速器安装	螺钉连接	同轴度ϕ0.01mm
11	主动臂与减速器安装	螺钉连接	连接牢固
12	张紧轮与主动臂安装	螺钉连接	连接牢固
13	同步带安装	螺钉连接	连接牢固
14	盖板安装	螺钉连接	连接牢固
15	执行机构连接板与主动臂安装	螺钉连接	连接牢固
16	执行机构与执行机构连接板安装	螺钉连接	连接牢固

第4章 工业机器人强电装置的装调

4.1 更换电缆

电缆位置如图 4-1 所示。

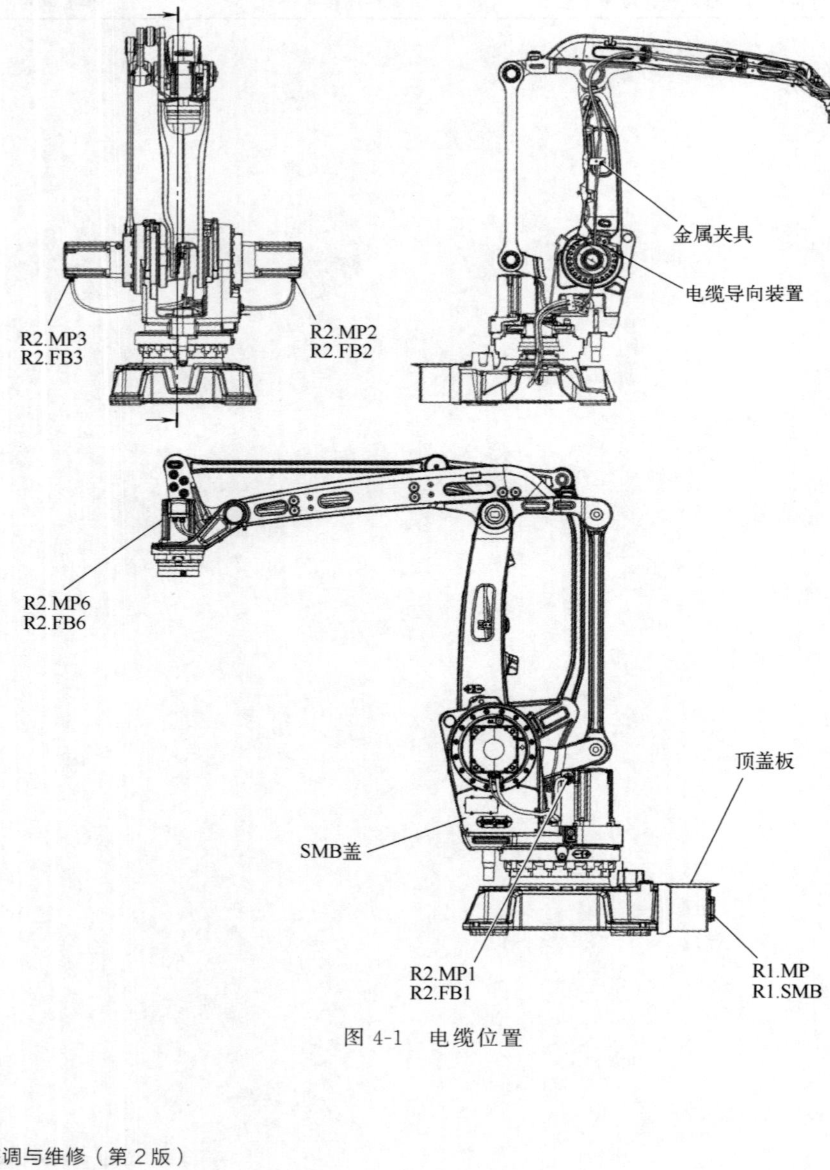

图 4-1　电缆位置

4.1.1 更换下端电缆线束（轴 1～轴 3）

下端电缆线束（轴 1～轴 3）贯穿了机座、机架和下臂，如图 4-2 所示。

（1）拆卸下端电缆线束（轴 1～轴 3）

① 将机器人调至其校准姿态。完成此步骤的目的是帮助更新转数计数器。

② 切断机器人的所有电力、液压和气压供给。

③ 松开顶盖板的螺钉并取下顶盖板，如图 4-3 所示。

④ 断开接地片，如图 4-4 所示。

⑤ 断开连接器 R1. MP 和 R1. SMB。

⑥ 拧松下臂内部的轴 2 电缆导向装置的螺钉并松开电缆导向装置，如图 4-5 所示。

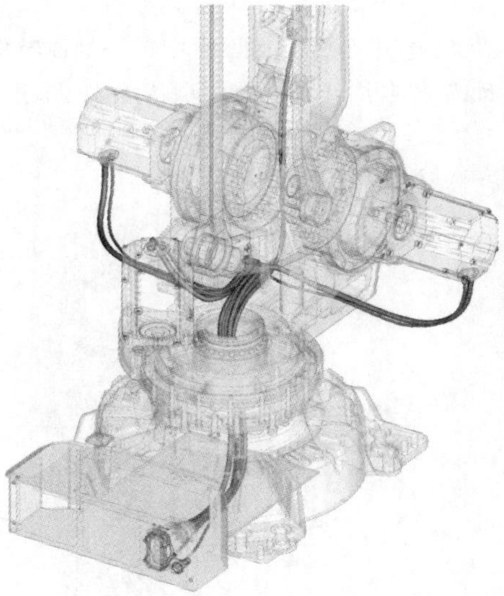

图 4-2 下端电缆线束（轴 1～轴 3）的位置

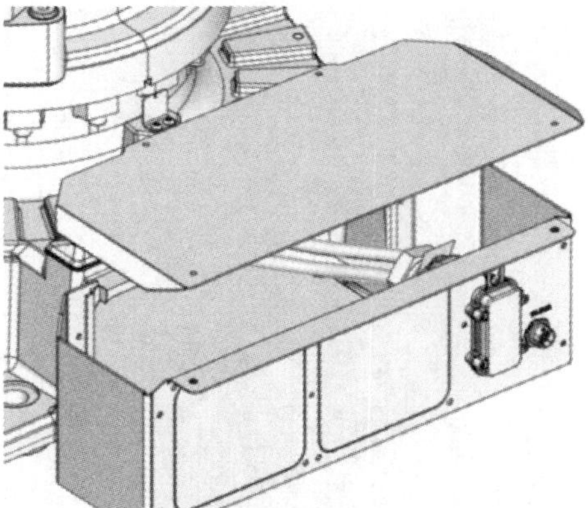

图 4-3 取下顶盖板

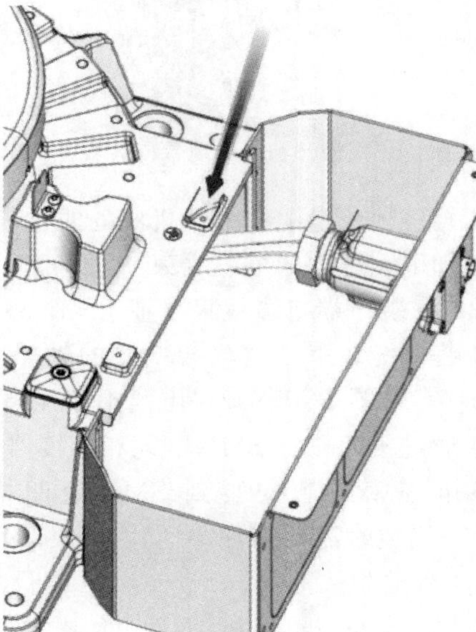

图 4-4 断开接地片

⑦ 松开下臂上固定电缆线束的金属夹具中的螺母。

⑧ 松开轴 1～轴 3 电机盖的螺钉，取出电机盖。完成此步骤的目的在于接触电机连接器。

⑨ 断开轴 1～轴 3 电机处的所有连接器。

⑩ 谨慎地打开 SMB 盖。

⑪ 断开电池和 SMB 单元之间的电池电缆上的 R1. G 连接器。这样可以在重新安装后使转数计数器进行必要更新。

⑫ 将连接器 R2. SMB、R1. SMB1-3、R1. SMB6 从 SMB 单元断开。

⑬ 将 X8、X9 和 X10 从制动闸释放装置断开。

⑭ 卸下 SMB 盖并将其放在安全的位置。

⑮ 松开 SMB 板凹槽中的 SMB 电缆密封套螺钉并取出电缆密封套，如图 4-6 所示。取出时需要多加小心，勿使 SMB 板凹槽中的任何组件受损。

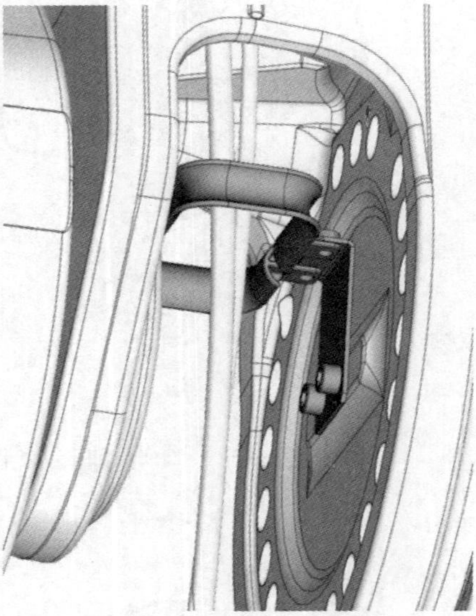

图 4-5 松开轴 2 电缆导向装置

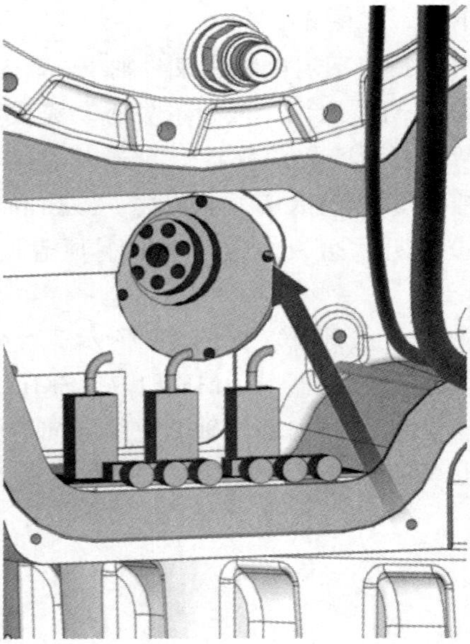

图 4-6 取出电缆密封套

⑯ 轻轻地将电缆线束从机座处通过轴 1 电缆导向套拉出，如图 4-7 所示。

⑰ 卸下上臂中的电缆线束。

(2) 安装下端电缆线束（轴 1～轴 3）

① 将电缆线束通过机架中心的轴 1 电缆导向套向下压（参见图 4-7）。确保电缆不相互缠绕。

② 通过机架拉出 SMB 电缆和连接器，并用连接螺钉将电缆密封套安装到 SMB 板凹槽中（参见图 4-6）。安装时需要多加小心，勿使 SMB 板凹槽中的任何组件受损。

③ 连接机器人机座处的连接器 R1. MP 和 R1. SMB。

④ 连接接地片（参见图 4-4）。

⑤ 用连接螺钉将顶盖板安装到机器人机座上（参见图 4-3）。

⑥ 连接轴 1～轴 3 电机处的所有连接器。

⑦ 连接 SMB 单元的连接器 R2. SMB、R1. SMB1-3、R1. SMB6，将 X8、X9 和 X10 连接到制动闸释放装置，连接 R1. G。

⑧ 用连接螺钉固定 SMB 盖。

⑨ 将电缆线束向上推通过上臂。

⑩ 拧紧上臂处固定电缆线束的金属夹具的螺母。

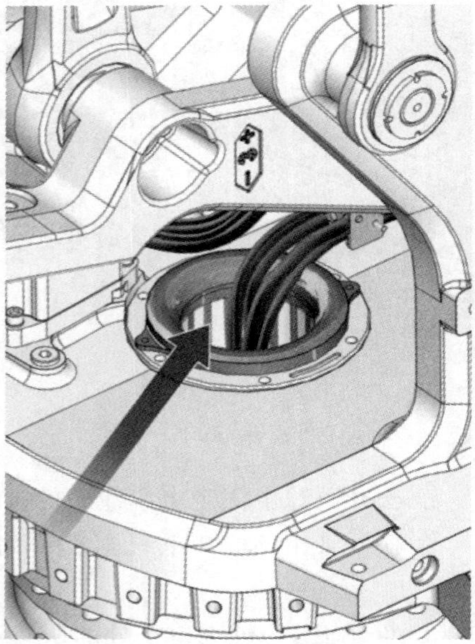

图 4-7 拉出电缆线束

⑪ 安装轴 2 电缆导向装置（参见图 4-5）。

⑫ 安装上臂中的电缆线束。

⑬ 更新转数计数器。

4.1.2 更换上端电缆线束（轴 6）

上端电缆线束（轴 6）的位置如图 4-8 与图 4-9 所示。

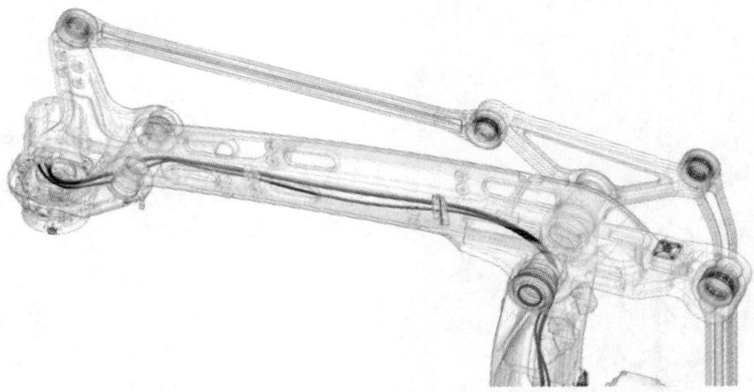

图 4-8　上端电缆线束（轴 6）的位置（一）

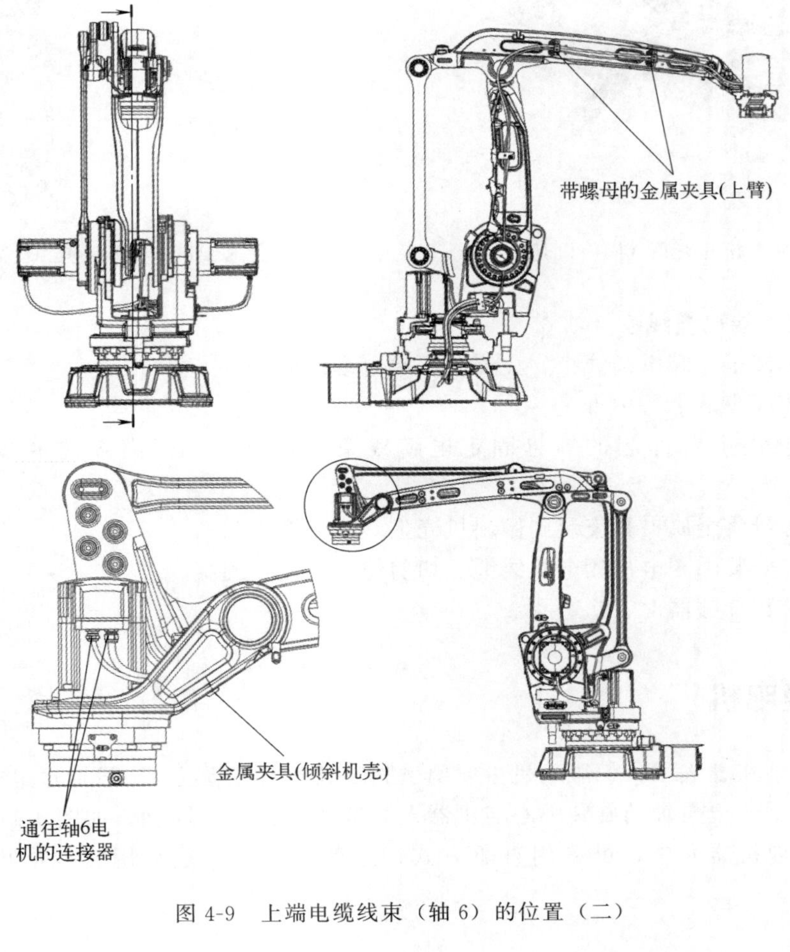

图 4-9　上端电缆线束（轴 6）的位置（二）

(1) 拆卸上端电缆线束（轴 6）

① 将机器人调至其校准姿态。完成此步骤的目的是帮助更新转数计数器。

② 切断机器人的所有电力、液压和气压供给。

③ 如果正在更换所有的电缆线束，从拆卸下端电缆线束开始。

④ 拆下通往轴 6 电机的电机电缆。

⑤ 拧松将电缆固定在倾斜机壳上的金属夹具的螺母，以松开夹具，如图 4-10 所示。

⑥ 拧松将电缆线束固定在上臂内的金属夹具的螺母，松开夹具，如图 4-11 所示。

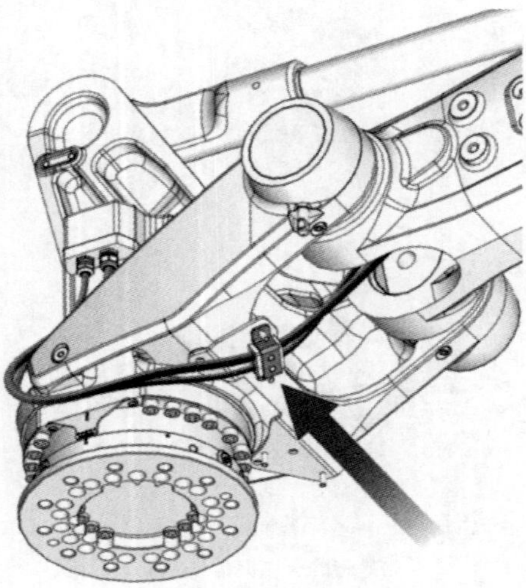

图 4-10　松开夹具（倾斜机壳）

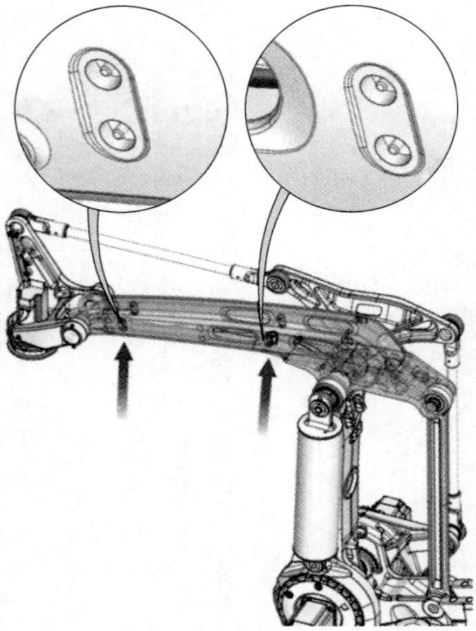

图 4-11　松开夹具（上臂）

(2) 安装上端电缆线束（轴 6）

① 如已拆卸了下端电缆线束，先安装下端电缆线束。

② 将电缆线束从上臂中推过。

③ 通过使用上臂外侧的螺母固定电缆线束，以安装上臂内部的电缆线束（参见图 4-11）。

④ 用其螺母将金属夹具安装到倾斜机壳上（参见图 4-10）。

⑤ 连接并安装轴 6 电机的电机线缆。切勿使电缆相互缠绕。

⑥ 更新转数计数器。

4.2 更换电机

在串联工业机器人中，伺服电机主要用于驱动机器人关节运动，可通过电机轴直接带动减速器工作，此时电机轴的旋转中心与机器人关节的旋转中心同轴，如图 4-12 所示的 J1～J4。在并联工业机器人中，可采用直驱方式，这种情况下一般采用直线电机，如图 4-13 所示。

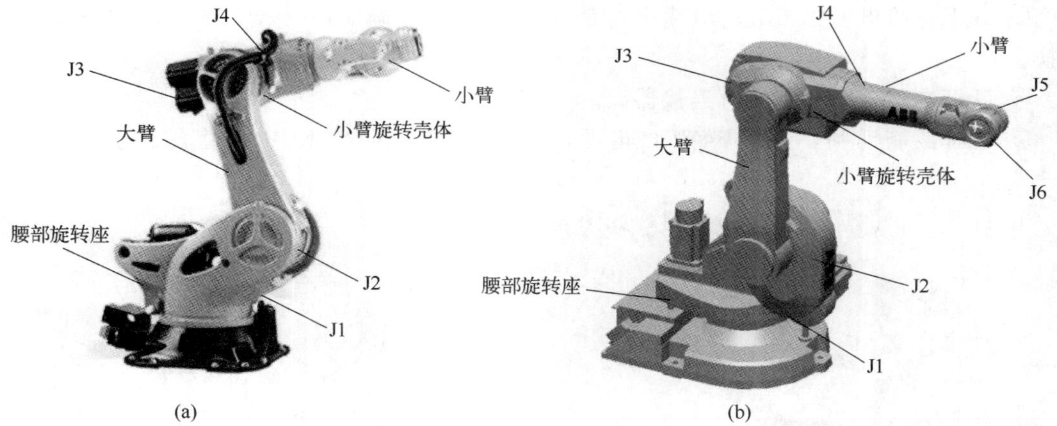

图 4-12　J1～J4 电机轴旋转中心与串联机器人关节旋转中心同轴

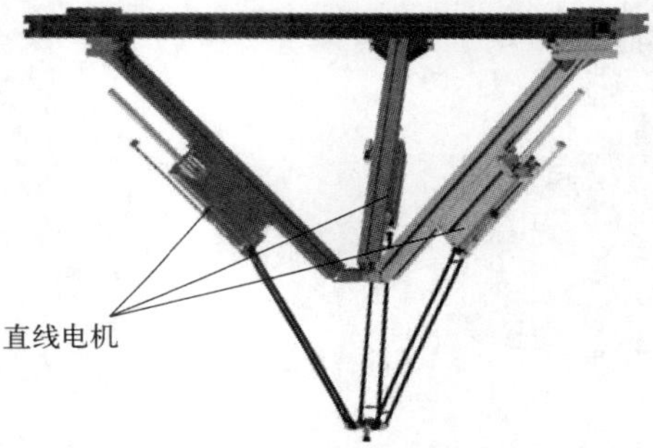

图 4-13　直线电机在并联机器人上的应用

4.2.1　更换轴 1 电机

轴 1 电机位于机器人的左侧，如图 4-14 所示。

(1) 卸下轴 1 电机

① 切断机器人的所有电力、液压和气压供给。

② 卸下电机盖以接触电机顶部的连接器（图 4-15）。

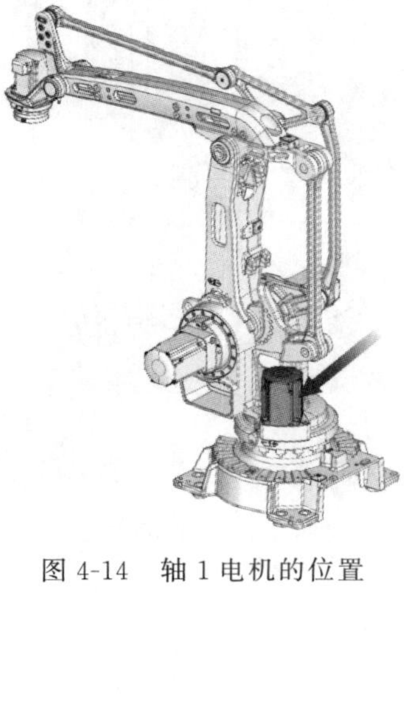

图 4-14　轴 1 电机的位置

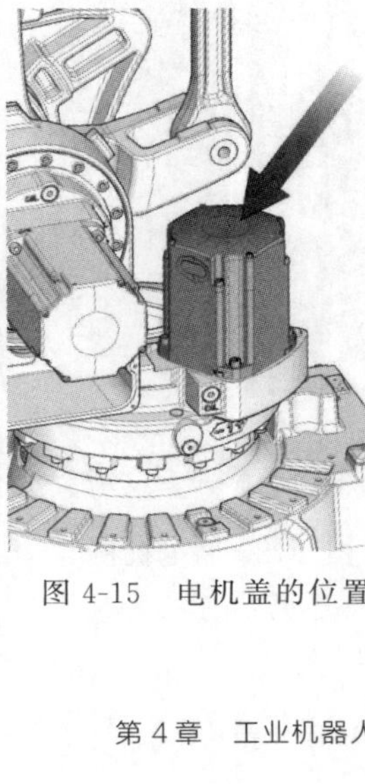

图 4-15　电机盖的位置

③ 卸下电机电缆出口处的电缆密封套盖（图 4-16）。确保垫圈未受损，如有损坏，将其更换。

④ 断开电机盖下方的所有连接器。

⑤ 为释放制动闸，连接 24VDC 电源，连接至连接器 R2. MP1（端子 2 为＋；端子 5 为－）。

⑥ 卸下电机的连接螺钉和垫圈，如图 4-17 所示。

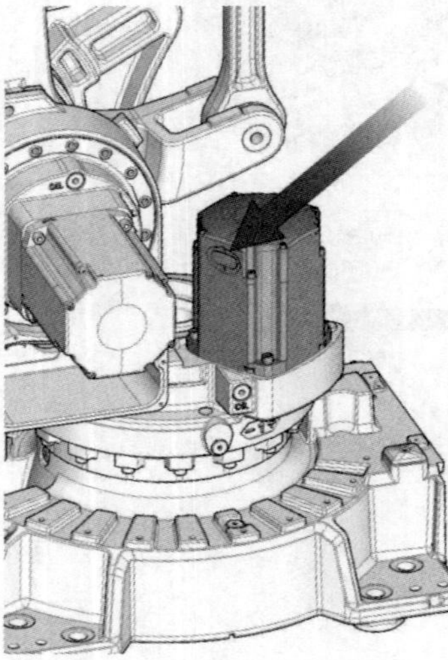

图 4-16　电缆密封套盖的位置

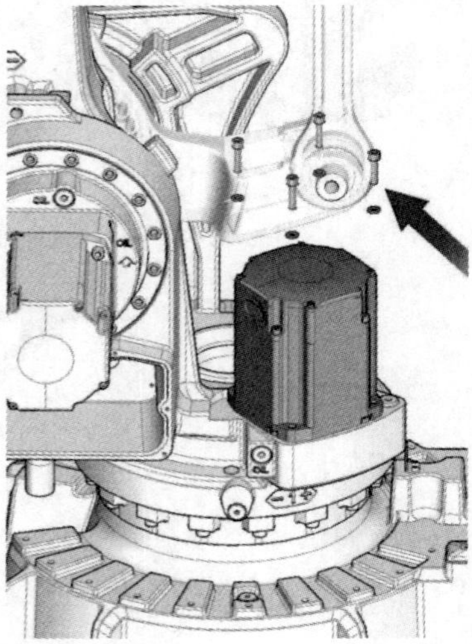

图 4-17　卸下电机的连接螺钉和垫圈

⑦ 如有需要，通过将两个全螺纹螺钉安装在电机上用于顶出电机的螺孔中，将电机顶出，如图 4-18 所示。

⑧ 小心地将电机直接向上吊起，卸下电机，如图 4-19 所示。在此过程中小心不要损坏小齿轮。

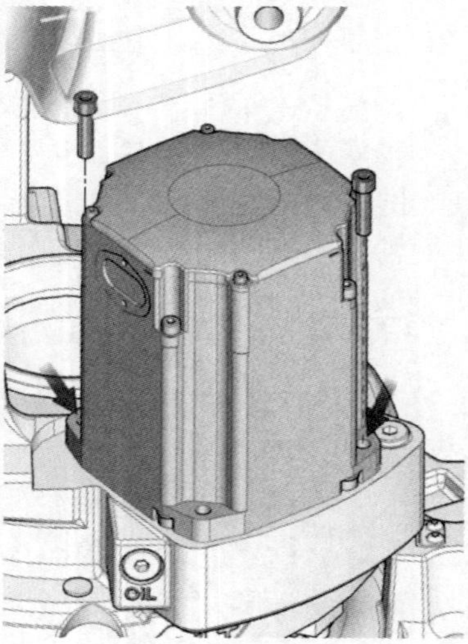

图 4-18　将电机顶出

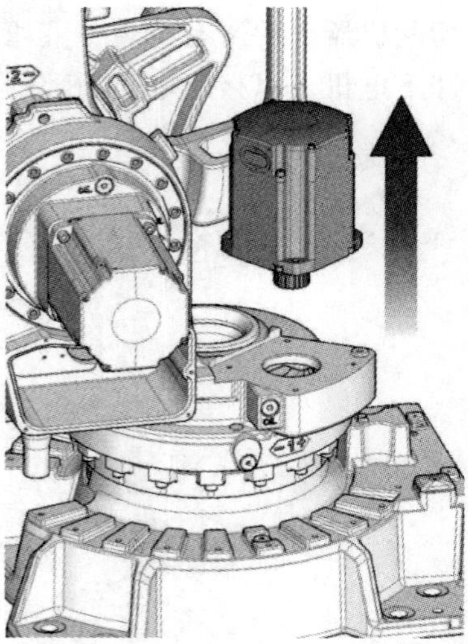

图 4-19　卸下电机

⑨ 切断制动闸释放电压。

⑩ 检查小齿轮。如果存在任何损伤，则必须更换小齿轮。

（2）安装轴 1 电机

① 确保 O 形环正好适应电机座的周长，如图 4-20 所示。用少量润滑脂润滑 O 形环。更换电机时，必须更换 O 形环。

② 起吊电机。

③ 为释放制动闸，连接 24VDC 电源。连接至连接器 R2. MP1（端子 2 为＋；端子 5 为－）。

④ 轻轻将电机降下，确保小齿轮正确啮合，如图 4-21 所示。确保电机安装正确，电机小齿轮未受损。

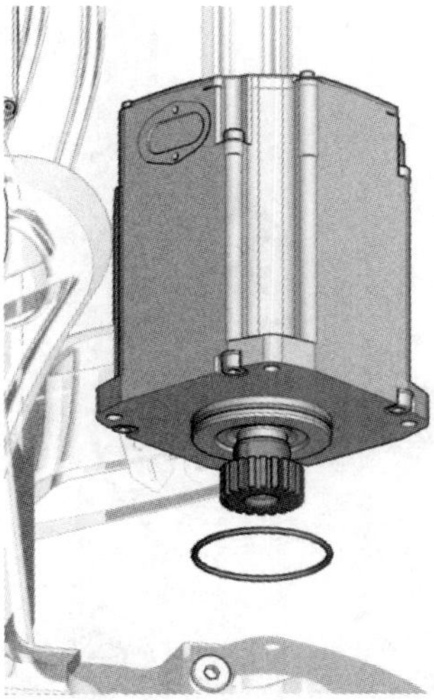

图 4-20　确保 O 形环正好适应电机座的周长

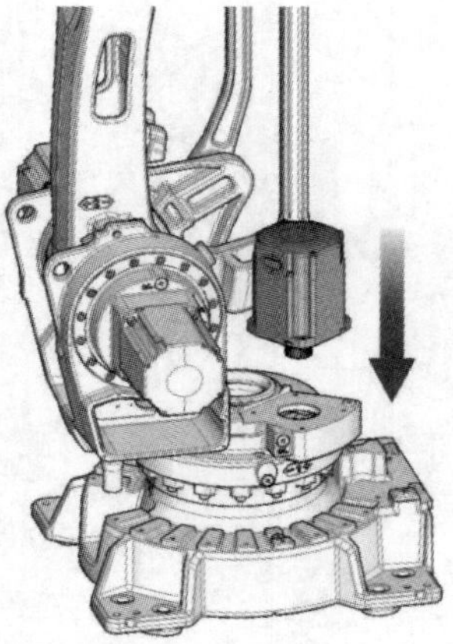

图 4-21　降下电机

⑤ 使用电机的连接螺钉和垫圈固定电机（参见图 4-17）。

⑥ 切断制动闸释放电压。

⑦ 接上电机盖下方的所有连接器。

⑧ 用连接螺钉安装电缆出口处的电缆密封套盖，确保盖已紧紧地密封。

⑨ 用连接螺钉安装电机盖，确保盖已紧紧地密封。

⑩ 重新校准机器人。

4.2.2 更换轴 2 和轴 3 电机

轴 2 和轴 3 电机分别位于机器人的两侧，如图 4-22 所示。

（1）卸下轴 2 和轴 3 电机

卸下轴 2 和轴 3 电机的操作步骤相同。

① 将机器人的姿态调整到非常接近其校准位置，以使螺钉能够插入锁紧螺钉的

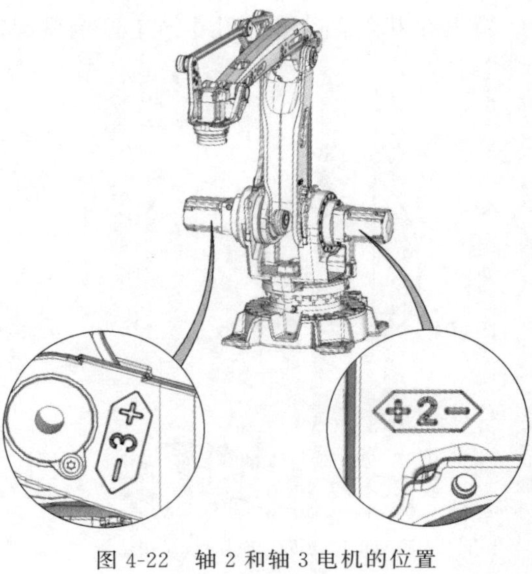

图 4-22　轴 2 和轴 3 电机的位置

螺孔。

② 通过将锁紧螺钉插入机架的螺孔，锁定下臂。避免在拆卸轴 2 齿轮箱时轴 2 掉落。

③ 将轴 3 微动至终端位置。

④ 释放轴 3 的制动闸，使其静止。

⑤ 切断机器人的所有电力、液压和气压供给。

⑥ 排出齿轮箱中的润滑油。

⑦ 卸下电机盖，如图 4-23 所示。

⑧ 卸下电缆出口处的电缆密封套盖，如图 4-24 所示。确保垫圈未受损，如有损坏，将其更换。

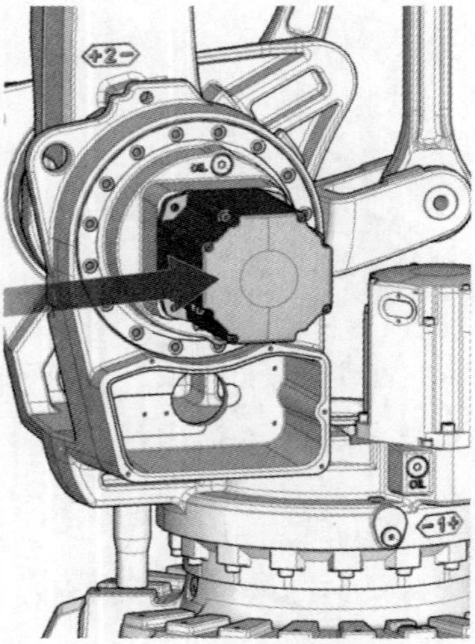

图 4-23　电机盖的位置

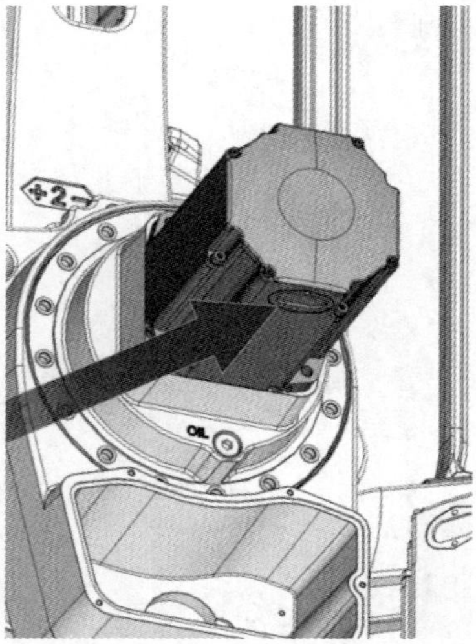

图 4-24　电缆密封套盖的位置

⑨ 断开电机盖下方的所有连接器。

⑩ 为释放制动闸，连接 24VDC 电源。连接至连接器 R2. MP2（端子 2 为+；端子 5 为-）。

⑪ 卸下电机的连接螺钉和垫圈，如图 4-25 所示。

⑫ 在电机的两个连接孔中装上两个导销，如图 4-26 所示。

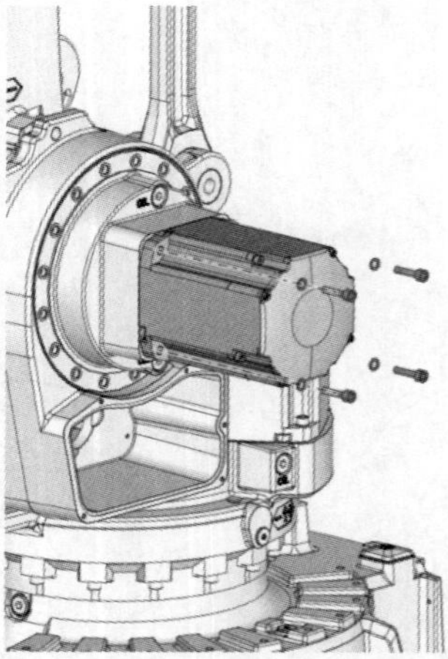

图 4-25　卸下电机的连接螺钉和垫圈

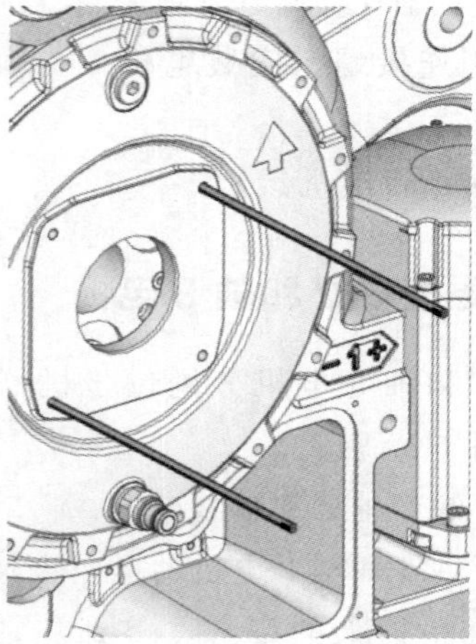

图 4-26　在电机的两个连接孔中装上两个导销

⑬ 如需要，通过在电机呈对角的两个剩余连接孔中安装两个全螺纹螺钉，将电机顶出，如图 4-27 所示。

⑭ 卸下两个螺钉并为电机装上吊具。

⑮ 拉出导销上的电机，如图 4-28 所示，确保小齿轮未受损。

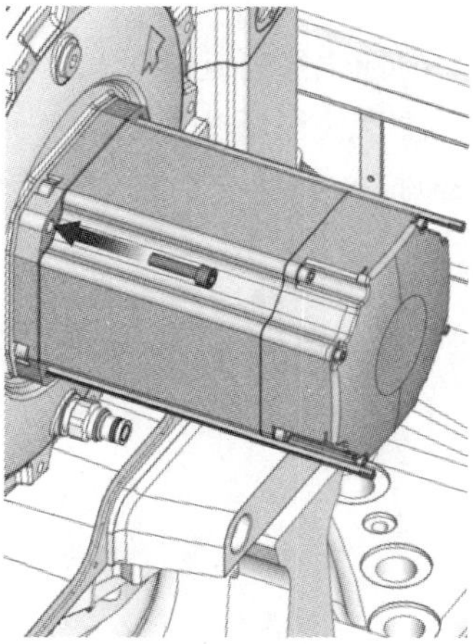

图 4-27　将电机顶出

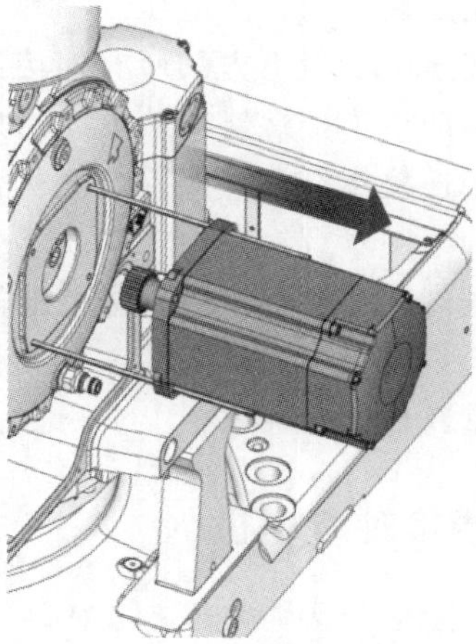

图 4-28　拉出导销上的电机

⑯ 卸下电机，然后将其放置在固定的表面上。

⑰ 切断制动闸释放电压。

⑱ 检查小齿轮。若存在任何损伤，则必须更换电机小齿轮。

（2）安装轴 2 和轴 3 电机

轴 2 和轴 3 电机的安装步骤相同。

① 确保 O 形环正好适应电机座的周长。用少量润滑脂润滑 O 形环，如图 4-29 所示。

② 为释放制动闸，连接 24VDC 电源。连接至连接器 R2. MP1（端子 2 为＋；端子 5 为－）。

③ 为电机装上吊具。

④ 在电机连接孔中安装两个导销（参见图 4-26）。

⑤ 吊起电机并引导其移至导销上，如图 4-30 所示。尽可能接近正确的位置，但不把电机小齿轮推入中。确保电缆接头朝下。

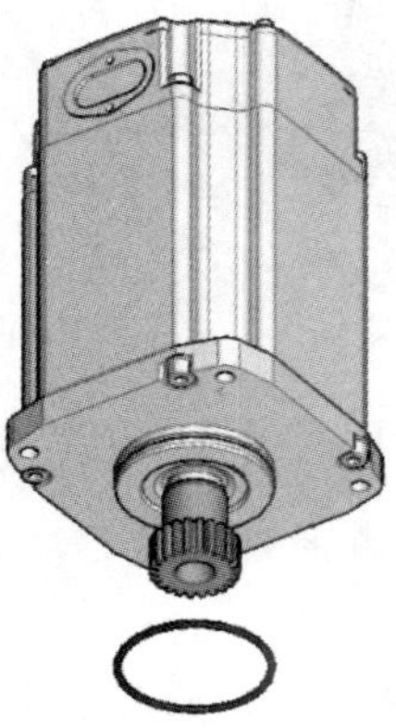

图 4-29　确保 O 形环正好适应电机座的周长

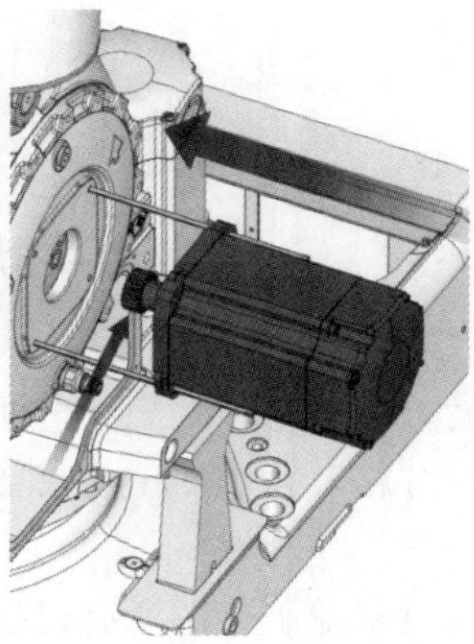

图 4-30　引导电机移至导销上

⑥ 卸下吊具并使电机静止在导销上。

⑦ 安装电机，确保电机小齿轮正确啮合，且未受损。在电机盖下方、电机轴上直接使用旋转工具。

⑧ 卸下导销。

⑨ 使用电机的四个连接螺钉和垫圈固定电机（参见图 4-25）。

⑩ 切断制动闸释放电压。

⑪ 接上电机盖下方的所有连接器。注意根据连接器上的标记进行连接。

⑫ 用两个连接螺钉安装电缆出口处的电缆密封套盖，注意使用新垫圈。

⑬ 用连接螺钉和垫圈安装电机盖，确保盖已紧紧地密封。

⑭ 卸下锁紧螺钉。

⑮ 测试轴 2 和轴 3 齿轮箱的泄漏情况。

⑯ 向齿轮箱中注入润滑油。

⑰ 重新校准机器人。

4.2.3 更换轴 6 电机

轴 6 电机位于倾斜机壳的中心，如图 4-31 所示。

（1）卸下轴 6 电机

① 当轴 6 电机立于机器人前方时，将机器人调整到最容易将轴 6 电机卸下的姿态。轴 6 电机无需排出齿轮油即可更换。

② 切断机器人的所有电力、液压和气压供给。

③ 卸下电机盖，如图 4-32 所示。

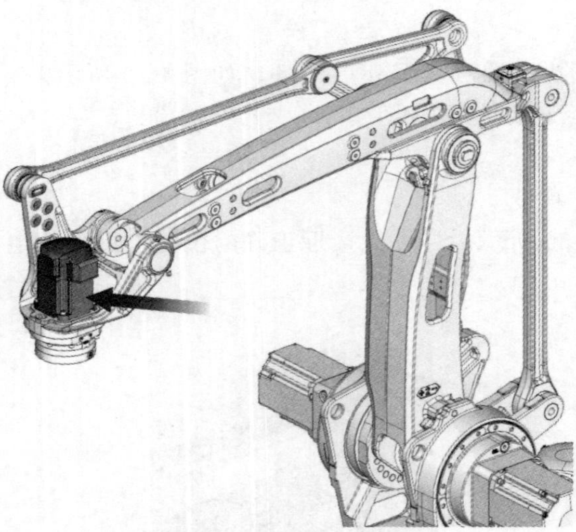

图 4-31 轴 6 电机的位置

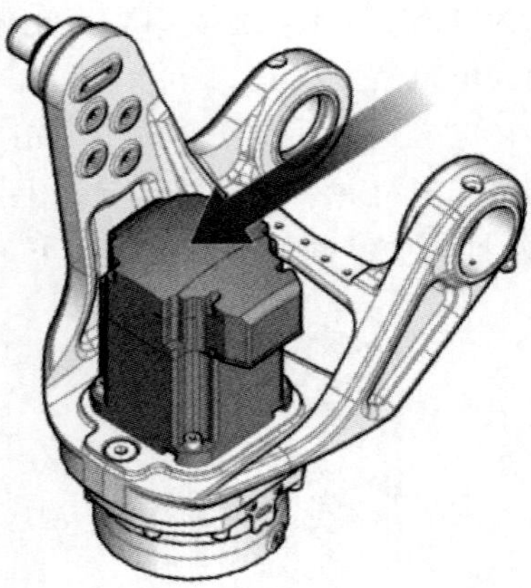

图 4-32 电机盖的位置

④ 通过拧松其内侧的连接螺钉，卸下电缆出口处的电缆密封套盖。注意确保垫圈未受损。

⑤ 断开电机盖下方的所有连接器，如图 4-33 所示。如果机器人配备了 UL 灯（上臂信号灯），也必须断开通向该灯的连接。

⑥ 为释放制动闸，连接 24VDC 电源。连接至连接器 R2. MP6（端子 2 为＋；端子 5 为－）。

⑦ 卸下连接螺钉和垫圈，如图 4-34 所示。

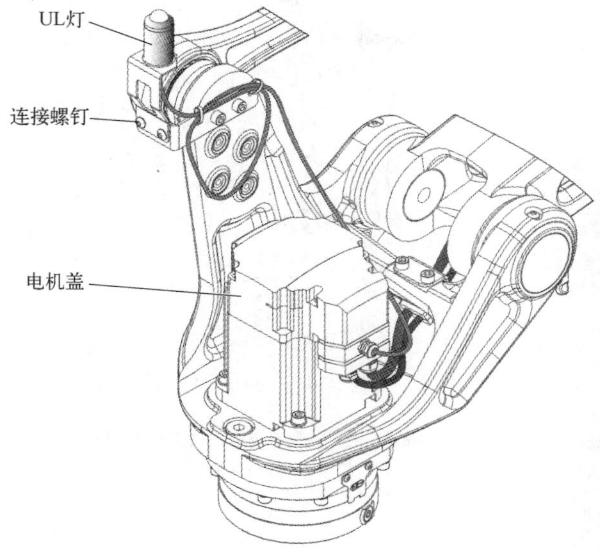

图 4-33 上臂信号灯的位置

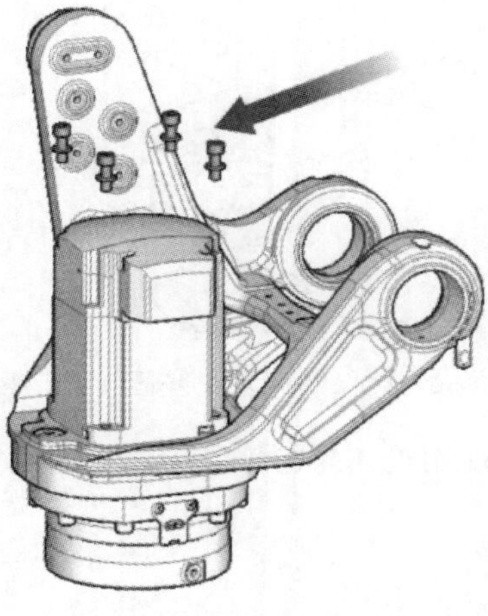

图 4-34 卸下连接螺钉和垫圈

⑧ 如需要，通过在电机呈对角的两个连接螺孔中装上两个螺钉，将电机顶出。务必成对地使用拆卸螺钉。

⑨ 小心地吊升电机，如图 4-35 所示，确保小齿轮未受损。

⑩ 切断制动闸释放电压。

⑪ 卸下电机，将其放置在固定的表面上。

（2）安装轴 6 电机

① 确保 O 形环正好适应电机座的周长，如图 4-36 所示。用少量润滑脂润滑 O 形环。注意更换电机时，必须更换 O 形环。

② 为释放制动闸，连接 24VDC 电源。连接至连接器 R2. MP6（端子 2 为＋；端子 5 为－）。

③ 将电机小心地吊起到适当的位置，如图 4-37 所示。确保轴 6 电机小齿轮的正确啮合。注意确保电机安装正确。

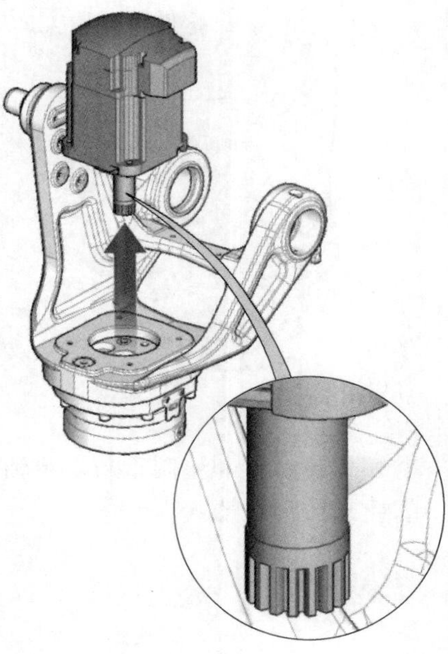

图 4-35 吊升电机

④ 向连接螺钉的孔中注入螺纹紧固剂。

⑤ 使用电机的四个连接螺钉和垫圈固定电机（参见图 4-34）。

⑥ 切断制动闸释放电压。

⑦ 连接轴 6 电机的所有连接器。根据连接器上的标记进行连接。

⑧ 如果机器人配备了 UL 灯，恢复到 UL 灯的连接（参见图 4-33）。

⑨ 检查垫圈，如图 4-38 所示。如有损坏，将其更换。

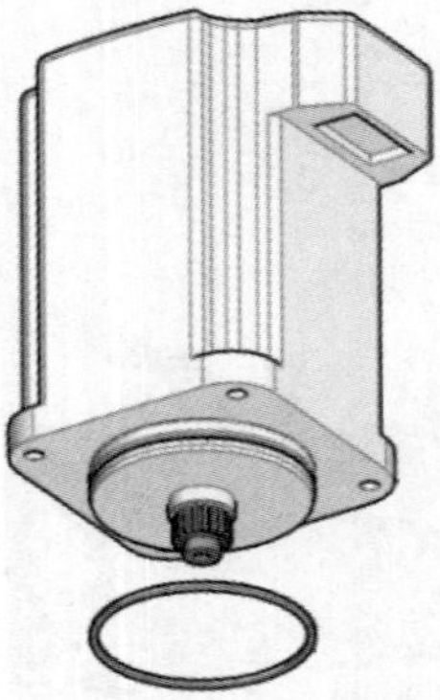

图 4-36　确保 O 形环正好适应电机座的周长

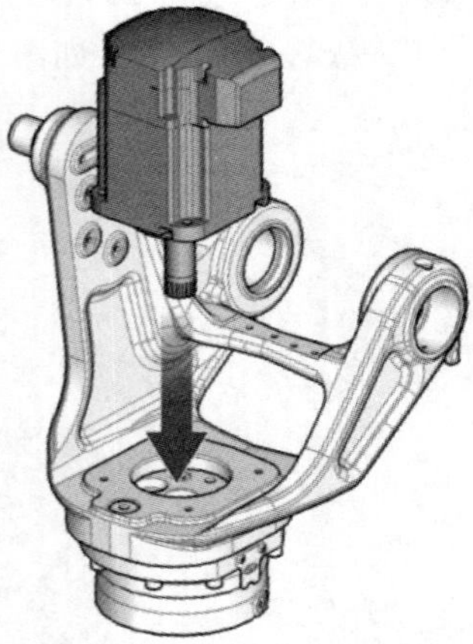

图 4-37　将电机小心地吊起到适当的位置

⑩ 用连接螺钉安装电缆密封套盖，如图 4-39 所示。确保垫圈未受损，如有损坏，将其更换。

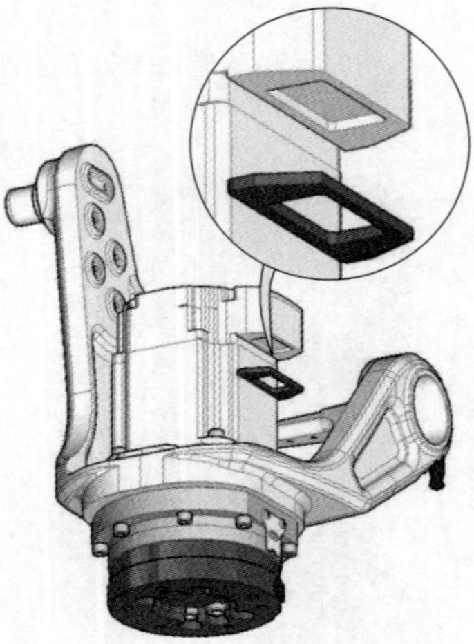

图 4-38　检查垫圈

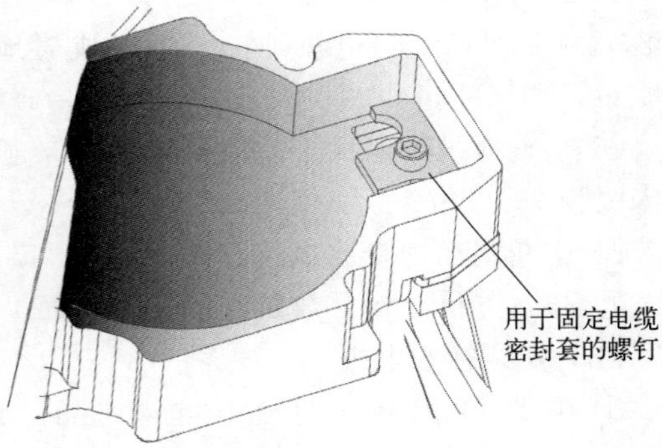

图 4-39　安装电缆密封套盖

⑪ 用连接螺钉和垫圈重新安装轴 6 电机盖（参见图 4-32）。确保盖已紧紧地密封。

⑫ 重新校准机器人。

第5章 工业机器人弱电装置的装调

5.1 IRC5 Compact 控制器的组成与维护

5.1.1 控制器的组成

工业机器人的控制器虽然很多，但其装调与维修却是大同小异的。本章以 ABB 工业机器人的 IRC5Compact 控制器为例进行介绍。IRC5 Compact 控制器由控制器系统部件（图 5-1）、I/O 系统部件（图 5-2）、主计算机部件（图 5-3）及其他部件（图 5-4）组成。

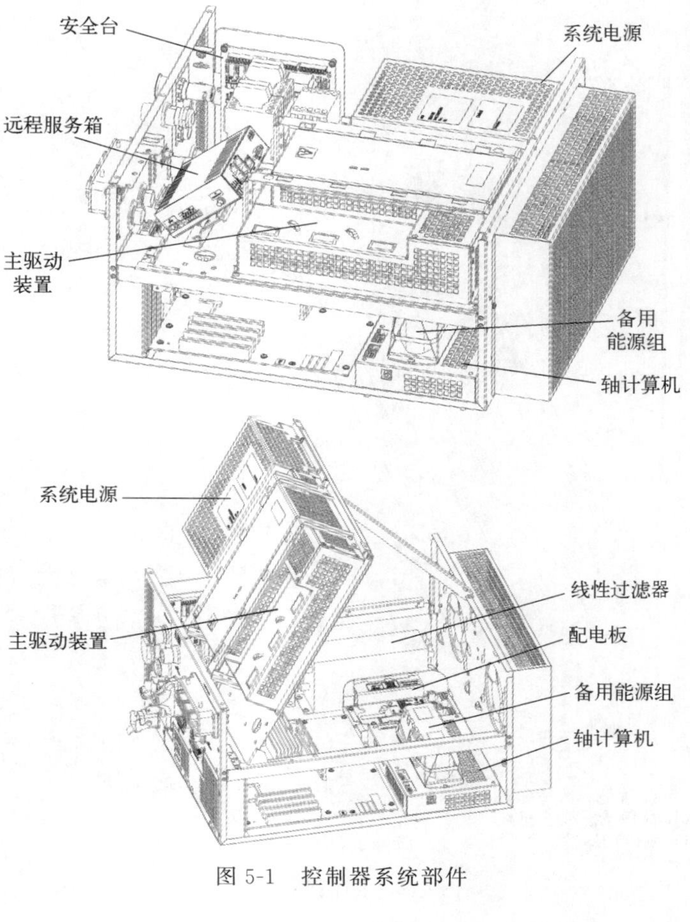

图 5-1 控制器系统部件

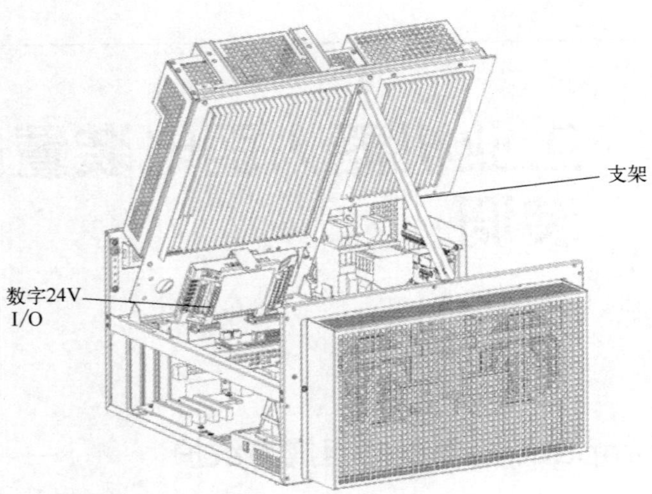

图 5-2　I/O 系统部件

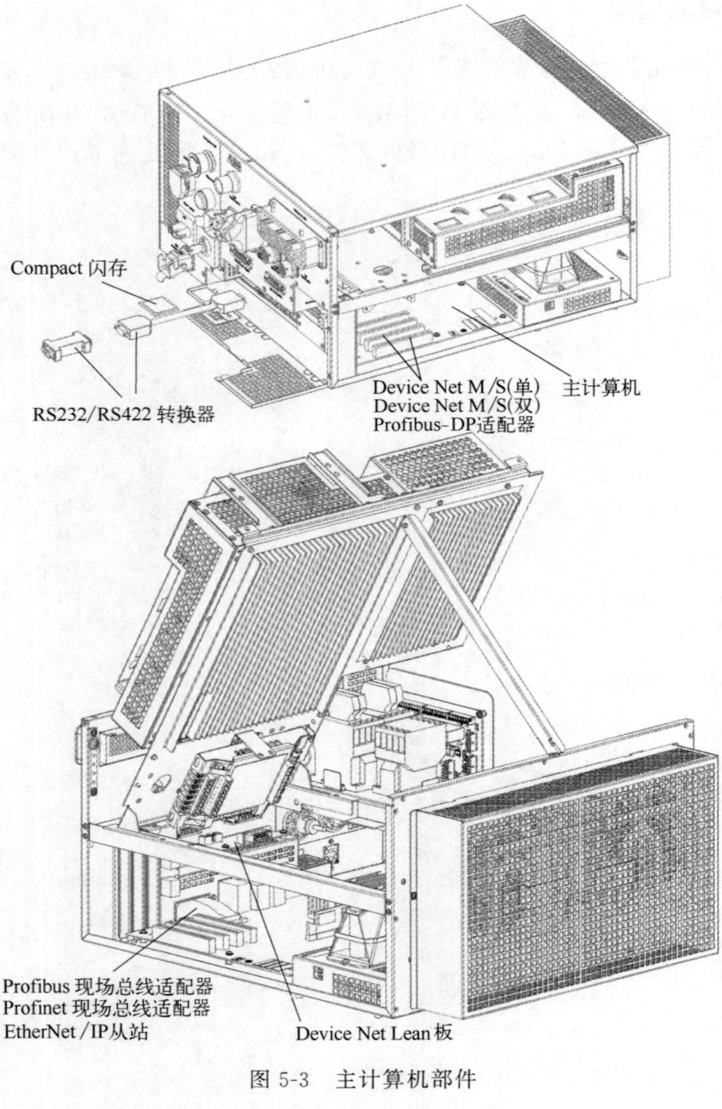

图 5-3　主计算机部件

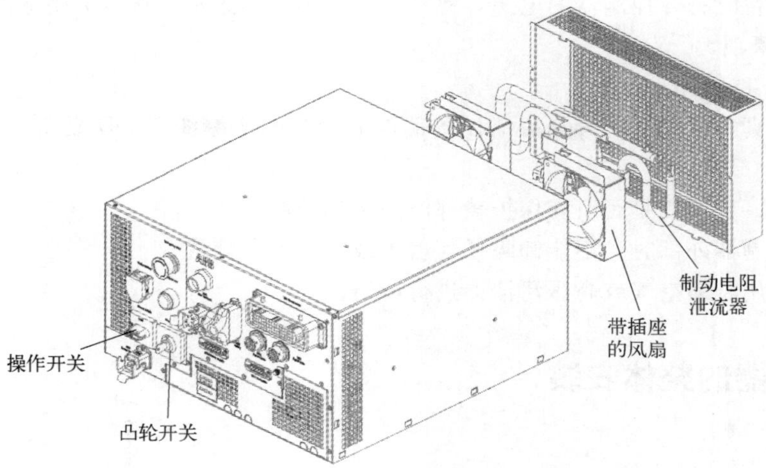

图 5-4　其他部件

5.1.2 控制器的维护

(1) 维护计划

必须对 IRC5Compact 控制器进行定期维护才能确保其功能。维护活动及其相应的间隔见表 5-1。

表 5-1　维护计划

设备	维护活动	时间间隔
完整的控制器	检查	12 个月①
系统风扇	检查	6 个月①

① 时间间隔取决于设备的工作环境，较为清洁的环境可能会延长维护间隔，反之亦然。

(2) 检查

① 检查连接器和布线以确保其得以安全固定，并且布线没有损坏。

② 检查系统风扇和机柜表面的通风孔以确保其干净清洁，如图 5-5 所示。

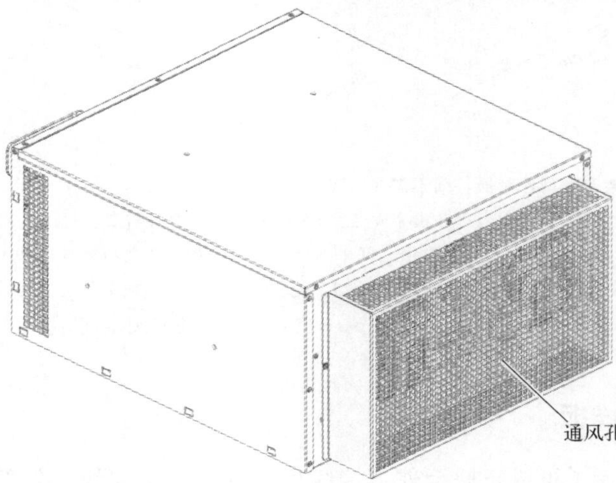

图 5-5　检查通风孔

③ 清洁后暂时打开控制器的电源，检查风扇，确保其正常工作后关闭电源。

(3) 注意事项

① 使用ESD保护

② 应使用真空吸尘器，其他清洁设备都可能会减少所涂油漆、防锈剂、标记或标签的使用寿命。

③ 清洁前，先检查是否所有保护盖都已安装到控制器。

④ 清洁控制器外部时，不能卸除任何盖子或其他保护装置。

⑤ 不可使用压缩空气或高压清洁器进行清洁。

5.2 控制器的整体安装

5.2.1 安装空间

图5-6显示了IRC5 Compact控制器所需的安装空间。在垂直安装时如果控制器以右侧朝上的方式安装，则可直接将控制器放置在工作台上。还需在控制器顶部留出50mm的空间，便于适当散热。如果控制器以左侧朝上的方式安装，则必须用支撑构件将控制器抬升50mm，以保持通风孔与空气相通。

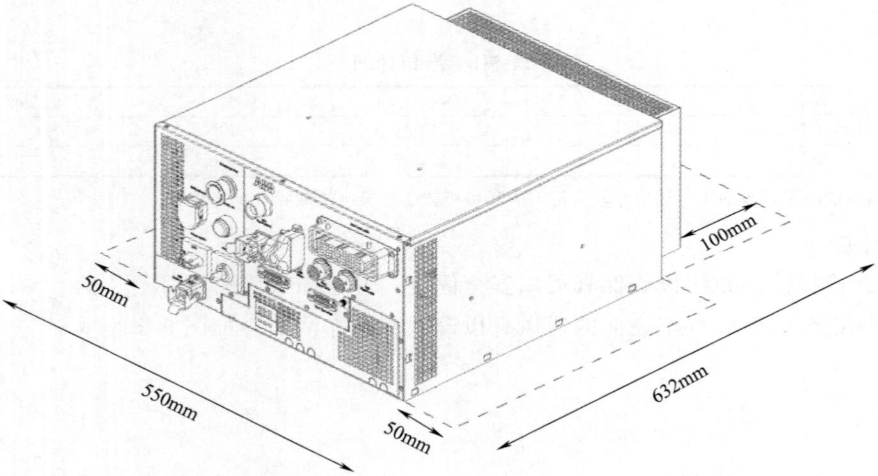

说明

1. 如果是机架安装型控制器，则不需要空间。
2. 如果控制器安装在桌面上（非机架安装型），则其左右两边各需要50mm的自由空间。
3. 控制器的背部需要100mm的自由空间来确保适当的冷却。切勿将其他电缆放置在控制器背部的风扇盖上，这将使检查难以进行并导致冷却不充分。

图5-6　IRC5 Compact控制器所需的安装空间

5.2.2 安装外部接线板

XS7和XS9上的端子可以拓展至外部接线板以进行现场配线。外部接线板可以通过导轨安装在控制器顶部或右侧（图5-7和图5-8）。

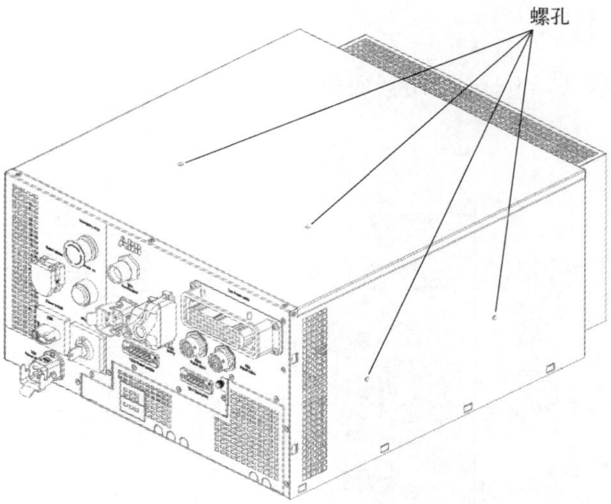

图 5-7　安装导轨的螺孔

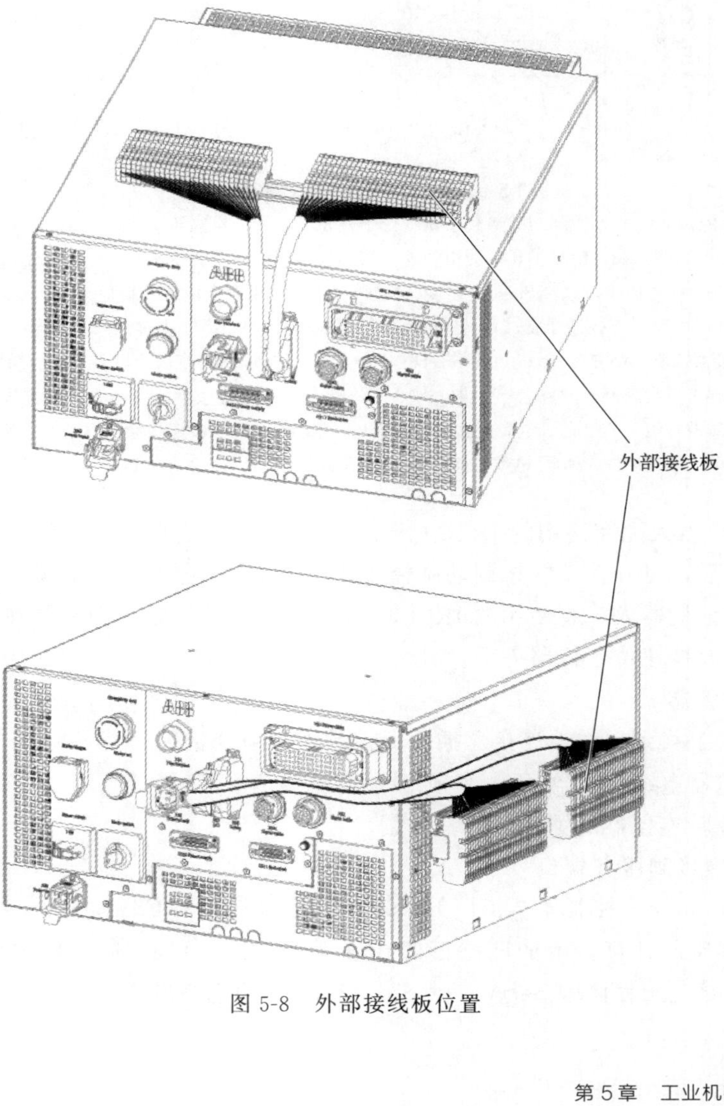

图 5-8　外部接线板位置

5.2.3 接线

图 5-9 所示为 IRC5 Compact 控制器面板。

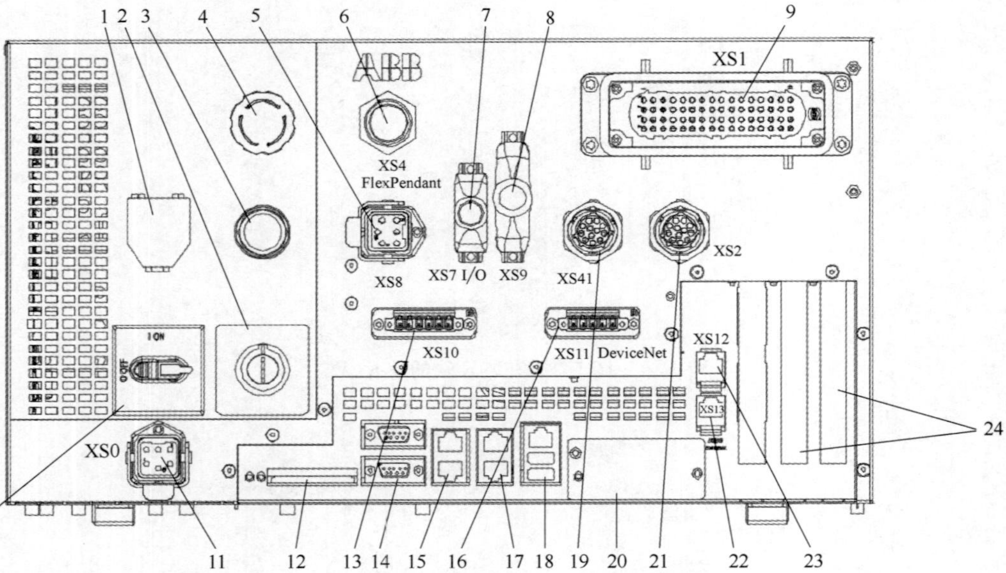

图 5-9　IRC5 Compact 控制器面板

1—用于 IRB120 机器人的制动闸释放按钮（位于盖子下）；2—模式转换开关；3—电机开启按钮；4—紧急停止按钮；5—XS8（附加轴）电源电缆连接器插座（不能用于此版本）；6—XS4 示教器连接器插座；7—XS7 I/O 连接器插座；8—XS9 安全连接器插座；9—XS1 电源电缆连接器插座；10—主电源开关；11—XS0 电源输入连接器插座；12—Compact 闪存插槽；13—XS10 电源连接器插座；14—串行通道连接器插座（COM1）；15—服务端口；16—XS11 DeviceNet 连接器插座；17—局域网端口（连接到工厂局域网）；18—USB 端口；19—XS41 信号电缆连接器插座；20—现场总线适配器插槽；21—XS2 信号电缆连接器插座；22—XS13 轴选择器连接器插座；23—XS12（附加轴），信号电缆连接器插座（不能用于此版本）；24—PCI 卡插槽

与 IRB120 机器人配套使用的 IRC5 Compact 控制器在塑料盖下方配有一个制动闸释放按钮。电源开启后，打开盖子并按制动闸释放按钮可手动更改各轴的位置。释放制动闸时要小心谨慎。与其他机器人配套使用的 IRC5 Compact 控制器无制动闸释放按钮，只有一个堵塞器，制动闸释放按钮位于机器人上。

(1) 连接示教器

① 在控制器上找到示教器连接器插座。控制器必须处于手动模式。

② 插入示教器电缆连接器插头。

③ 顺时针旋转连接器的锁环，将其拧紧。

(2) 将 PC 连接到服务端口

连接 IRC5 Compact 控制器至工厂 LAN；将 PC 连接至 IRC5 Compact 控制器服务端口。

① 确保要连接的计算机上的网络设置正确无误。计算机必须设置为“自动获取 IP 地址”或者按照引导应用程序中 Service PC Information 的说明设置。

② 使用带 RJ45 连接器的 5 类以太网跨接引导电缆。

③ 将引导电缆连接至计算机的网络端口。

④ 卸除翼形螺钉，然后打开控制器面板上的保护盖，如图 5-10 所示。

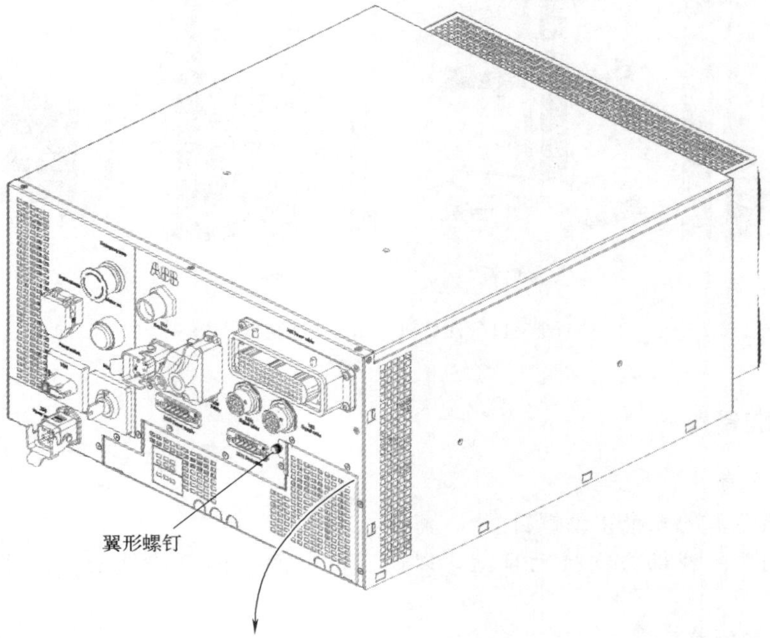

图 5-10　卸除翼形螺钉

⑤ 将引导电缆连接至控制器上的服务端口。

(3) 连接串行通道

控制器具有一个可永久使用的串行通道，可用于与打印机、终端计算机或其他设备进行点对点的通信。为进行生产而永久连接串行端口需要切断保护盖上的活动盖，并在关闭保护盖的情况下通过小孔连接 RS232 连接器。RS422 可实现更可靠的较长距离（从 RS232 的 15m 到 RS422 的 120m）的点到点通信（差分）。

(4) 连接电源

将电源电缆从电源连接到控制器面板上的连接器 XS0。

(5) 将机器人本体连接到控制器

使用此步骤将电源电缆从控制器连接到机器人本体。

① 将电源电缆和信号电缆连接到机器人本体。

② 将电源电缆连接到控制器上的连接器 XS1。

③ 将信号电缆连接到控制器上的连接器 XS2。

5.3 IRC5 Compact 控制器的维修

如图 5-11 所示，IRC5 Compact 控制器有单柜式、双柜式、面板式、紧凑式四种。随着电子技术的发展，工业机器人控制系统出现了故障很难做到元件级、片级维修，主要是以更换为主。下面以紧凑式控制器为例进行介绍。

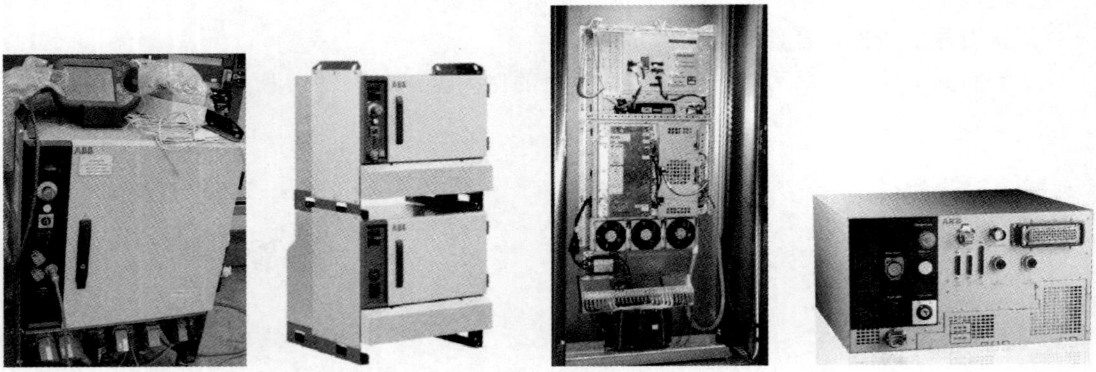

(a) 单柜式　(b) 双柜式　(c) 面板式　(d) 紧凑式

图 5-11　IRC5 Compact 控制器实物

5.3.1　维修准备

(1) 卸除顶盖

① 卸除顶盖上的 6 个止动螺钉。

② 向控制器的背部方向推动顶盖，以便它从前面板的弯曲处松开，然后向上拉将其卸除。

(2) 卸除左侧盖

① 卸除左侧盖上的 4 个止动螺钉。

② 向控制器的背部方向推动左侧盖，以便它从前面板的弯曲处松开，然后向上拉将其卸除。

(3) 卸除右侧盖

① 卸除右侧盖上的 4 个止动螺钉。

② 向控制器的背部方向推动右侧盖，以便它从前面板的弯曲处松开，然后向上拉将其卸除。

(4) 提升中间层

在提升中间层以使用 IRC5 Compact 机柜底层中的部件时，使用此步骤。

① 卸除机柜顶盖。

② 卸除机柜左侧盖。

③ 卸除机柜后端盖上的两个止动螺钉，如图 5-12 所示。

④ 卸除中间层上的 5 个止动螺钉。

⑤ 断开泄流器连接器与系统电源上所有连接器的连接。

⑥ 用一只手提升中间层，同时从中间层下方翻转支架以便支撑机柜后端盖上的凹槽，如图 5-12 所示。

⑦ 将支架的一个止动螺钉安装到凹槽附近的螺孔中，然后拧紧。

5.3.2　更换安全台

安全台的位置图 5-13 所示。

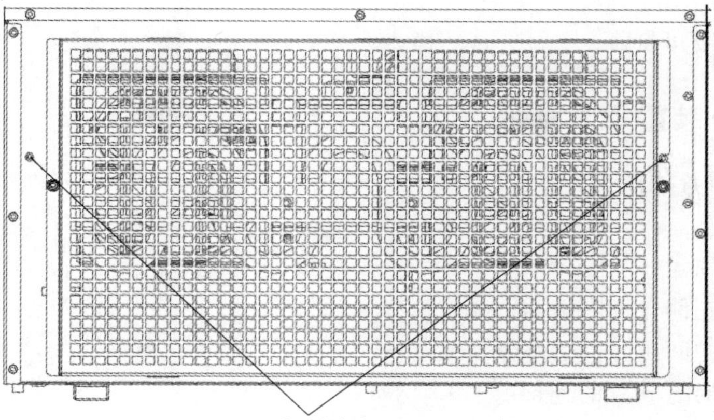

图 5-12　卸除螺钉

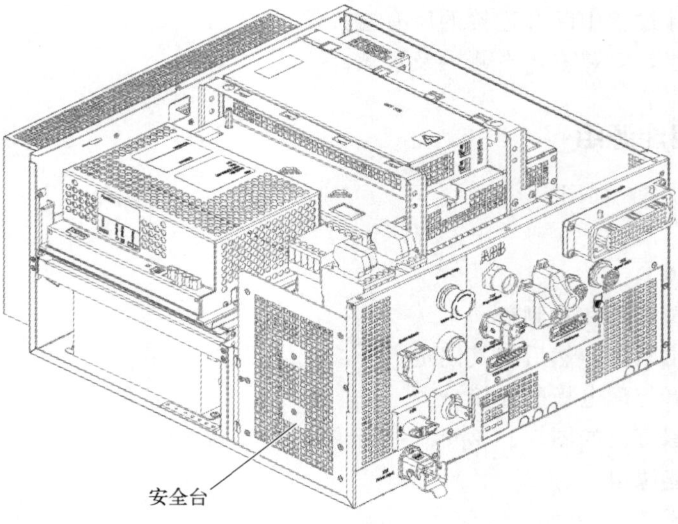

图 5-13　安全台的位置

(1) 卸除

① 卸除机柜顶盖。

② 卸除机柜左侧盖。

③ 卸除 2 个止动螺钉。然后将安全台装置拉出一些。

④ 断开所有连接器的连接，对所有连接都进行记录。

⑤ 卸除 8 个止动螺钉。

⑥ 轻轻提出安全台并放入 ESD 安全袋。

(2) 安装

① 轻轻将安全台从 ESD 安全袋中提出，并将其安装到安全台板上的正确位置。要始终抓紧板的边缘，以避免损坏板或其组件。

② 用 8 个止动螺钉固定安全台。

③ 连接所有连接器。

④ 安装 2 个止动螺钉。

⑤ 安装左侧盖和顶盖。

5.3.3 更换 I/O 装置

I/O 装置的位置如图 5-2 所示。

(1) 卸除

① 卸除机柜顶盖。

② 卸除机柜左侧盖和右侧盖。

③ 提升机柜中间层，然后将其固定。

④ 断开连接器与装置的连接。

⑤ 倾斜该装置使其远离安装导轨，然后将其卸除。

(2) 安装

① 将该装置放回安装导轨并轻轻将其卡到位。

② 连接在卸除过程中断开连接的所有连接器。

③ 恢复中间层，安装左、右侧盖及顶盖。

5.3.4 更换备用能源组

备用能源组的位置如图 5-1 所示。

(1) 卸除

① 卸除机柜顶盖。

② 卸除机柜左侧盖和右侧盖。

③ 提升机柜中间层，然后将其固定。

④ 断开连接器与配电板的连接。

⑤ 卸除止动螺钉，如图 5-14 所示。

⑥ 拉出备用能源组。

(2) 安装

① 安装新备用能源组。

② 安装止动螺钉，然后将其拧紧。

③ 将连接器连接到配电板。

④ 恢复中间层，安装左、右侧盖及顶盖。

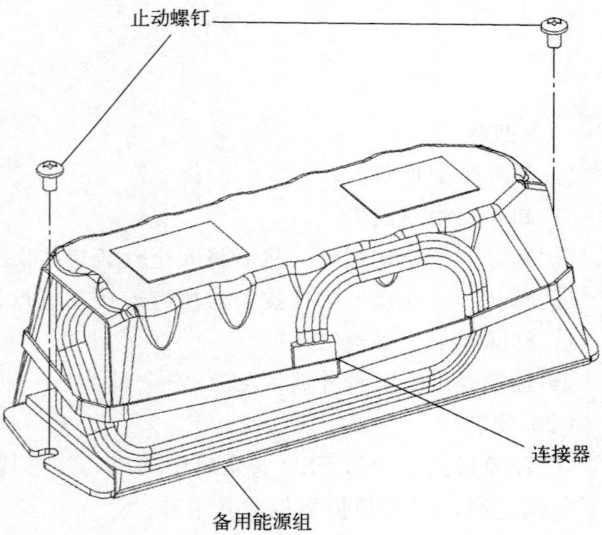

图 5-14　止动螺钉

5.3.5 更换主板

主板的位置如图 5-3 所示。

(1) 卸除

① 卸除机柜顶盖。

② 卸除机柜左侧盖和右侧盖。

③ 卸除 Compact 闪存。

④ 卸除 PCI 板。

⑤ 卸下安全台装置的 2 个止动螺钉，并轻轻将其拉出少许。

⑥ 卸除接触器装置的止动螺钉，并将装置向左移动少许。

⑦ 分离机柜内部的模式切换连接器。

⑧ 使用螺钉旋具卸除中间层上方的 1 个主板止动螺钉，如图 5-15 所示。

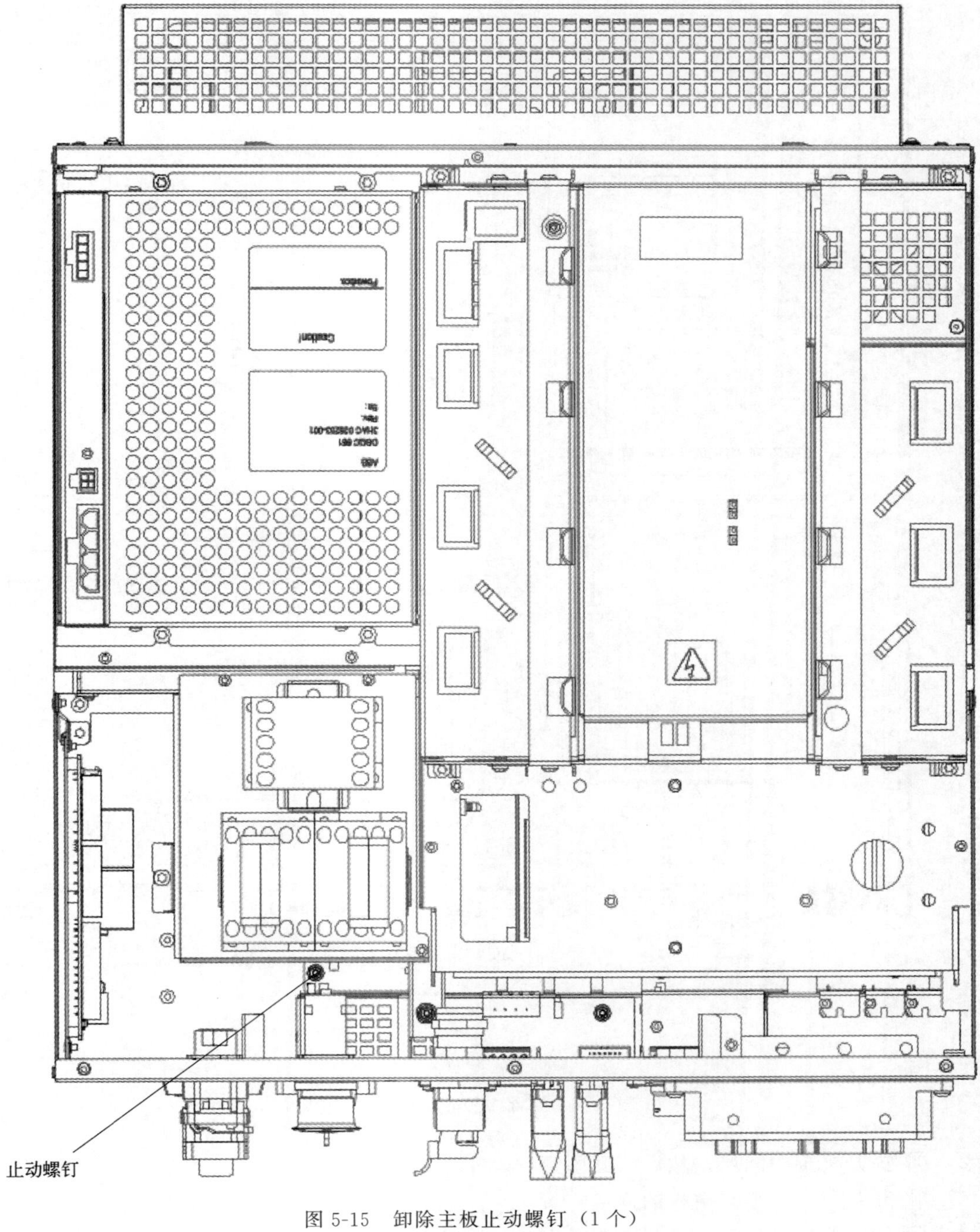

图 5-15　卸除主板止动螺钉（1 个）

⑨ 使用螺钉旋具卸除中间层上方的 3 个主板止动螺钉，如图 5-16 所示。

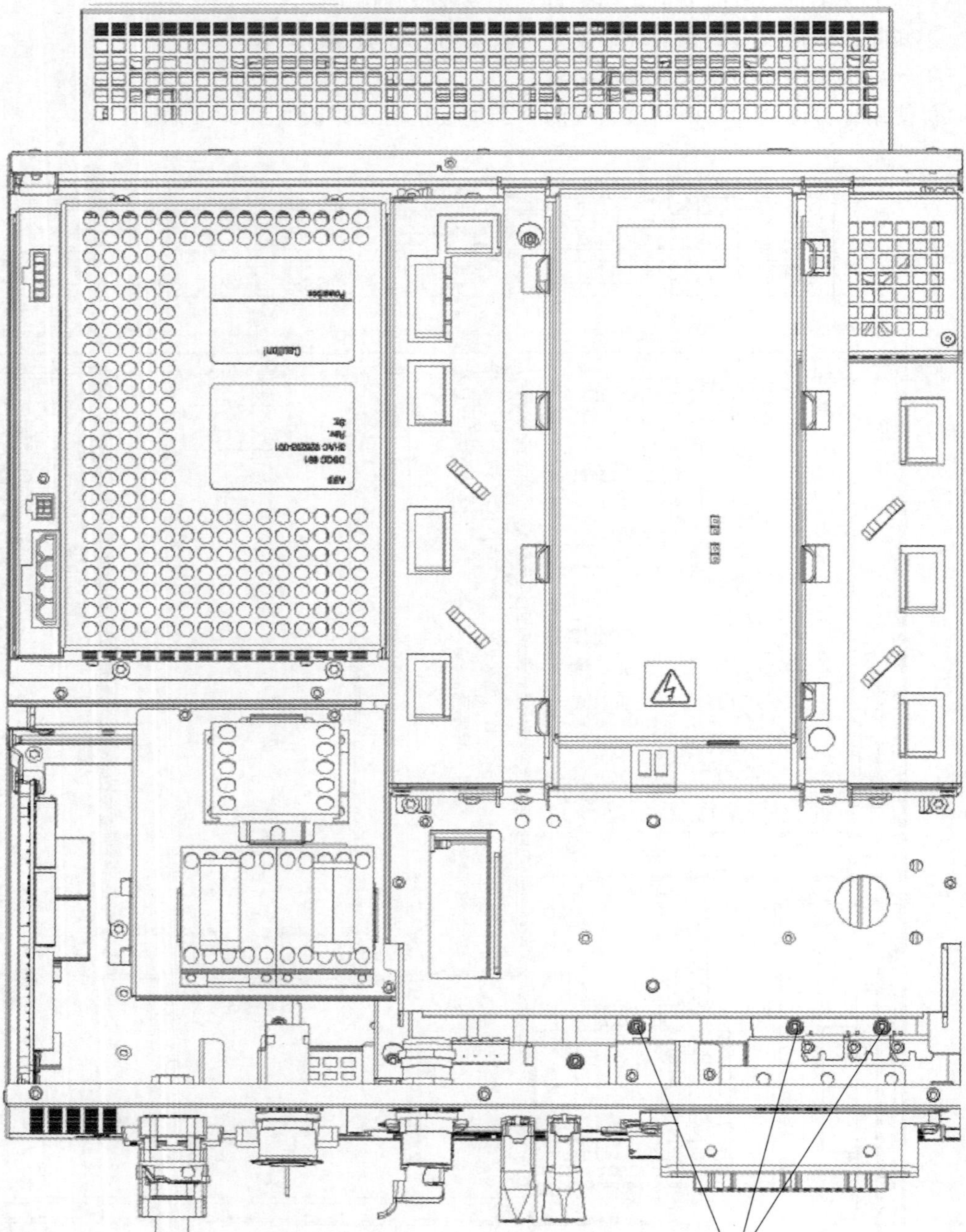

图 5-16　卸除主板止动螺钉（3 个）

⑩ 提升机柜中间层，然后将其固定。

⑪ 断开所有电缆与主板的连接。

⑫ 卸除最后 6 个主板止动螺钉，如图 5-17 所示。

⑬ 轻轻将主板垂直提升少许，然后将其从右侧支架下方取出并放入 ESD 安全袋，如图 5-18 所示。要始终抓紧板的边缘，以避免损坏板或其组件。

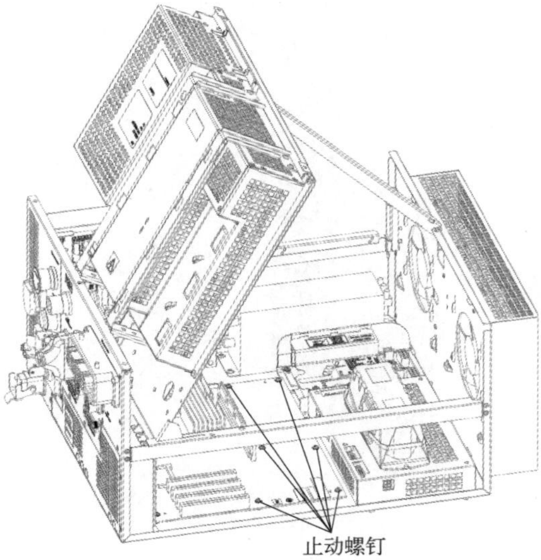

图 5-17 卸除主板止动螺钉（6 个）

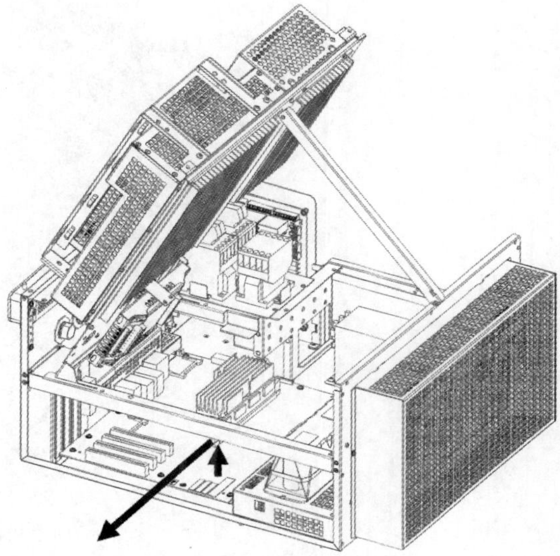

图 5-18 将主板垂直提升

（2）安装

① 轻轻将主板从 ESD 安全袋中提出，并将其安装到机柜的正确位置。要始终抓紧板的边缘，以避免损坏板或其组件。

② 用 6 个止动螺钉固定主板。

③ 恢复机柜中间层。

④ 使用螺钉旋具固定主板的其他止动螺钉。

⑤ 在机柜中安装模式切换连接器。

⑥ 安装接触器装置并固定其止动螺钉。

⑦ 安装安全台并固定其止动螺钉。

⑧ 安装 PCI 板。

⑨ 安装 Compact 闪存。

⑩ 将所有电缆连接到主板。

⑪ 安装左、右侧盖及顶盖。

5.3.6 更换 DDR SDRAM 内存

图 5-19 显示了 DDR SDRAM 内存的位置。

（1）卸除

① 卸除机柜顶盖。

② 卸除机柜左侧盖和右侧盖。

③ 提升机柜中间层，然后将其固定。

④ 轻轻地垂直提升 DDR SDRAM 内存并将其放入 ESD 安全袋，如图 5-20 所示。要始终抓紧内存的边缘，以避免损坏内存或其组件。

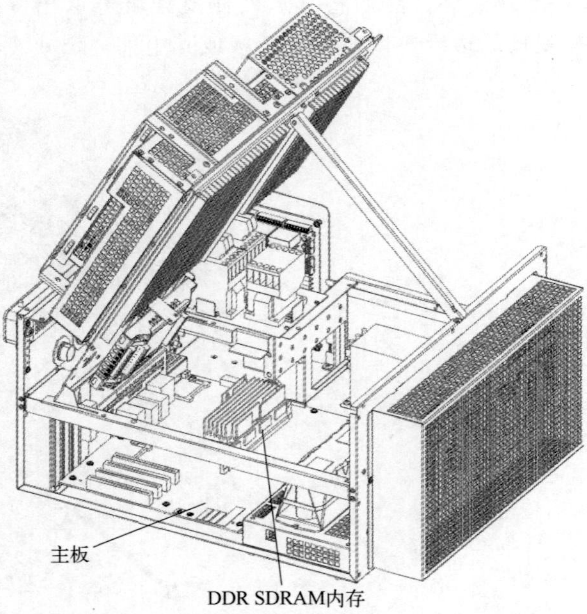

图 5-19　DDR SDRAM 内存的位置

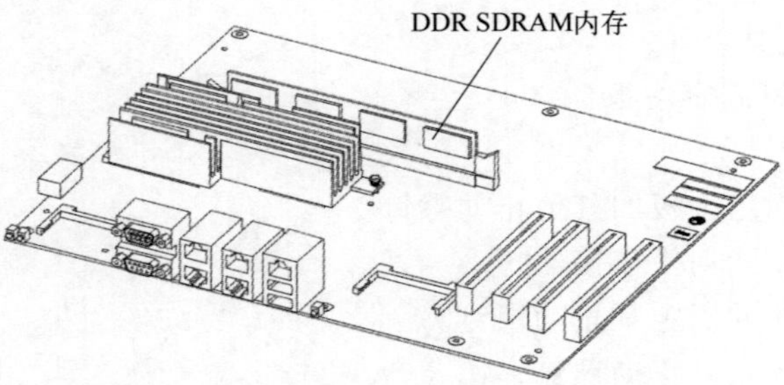

图 5-20　DDR SDRAM 内存

(2) 安装

① 轻轻将 DDR SDRAM 内存从 ESD 安全袋中提出，并将其安装到主板的正确位置。要始终抓紧内存的边缘，以避免损坏内存或其组件。

② 恢复中间层，安装左、右侧盖及顶盖。

5.3.7 更换 DeviceNet Lean 板

图 5-21 显示了 DeviceNet Lean 板的位置。

(1) 卸除

① 卸除机柜顶盖。

② 卸除机柜左侧盖和右侧盖。

③ 卸除 DeviceNet Lean 板的 2 个止动螺钉。

④ 提升机柜中间层，然后将其固定。

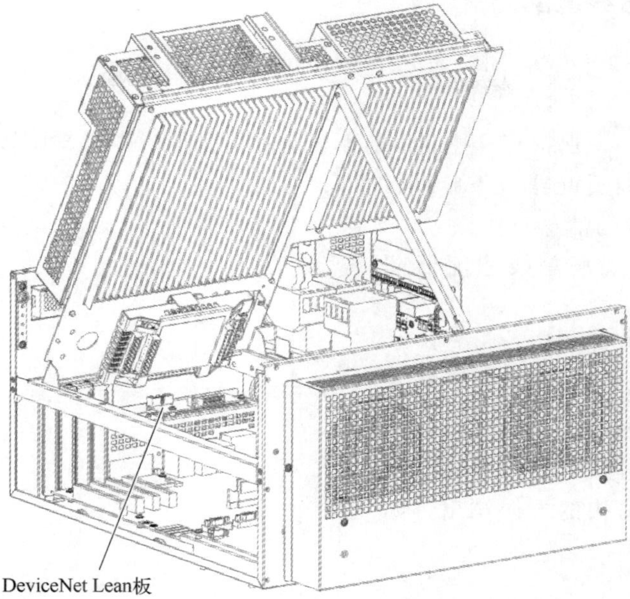

图 5-21　DeviceNet Lean 板的位置

⑤ 断开连接器与装置的连接。

⑥ 轻轻地垂直提升 DeviceNet Lean 板并放入 ESD 安全袋。

(2) 安装

① 轻轻将 DeviceNet Lean 板提出 ESD 安全袋，并将其安装到机柜的正确位置。

② 恢复中间层，安装左、右侧盖及顶盖。

5.3.8 更换 PCI 板

PCI 卡的位置如图 5-9 所示。

(1) 卸除

① 卸除翼形螺钉，然后打开控制器前面板上的保护盖，如图 5-10 所示。

② 标识要更换的卡（条形码标签包含有关型号名称的信息）。

③ 断开所有电缆与 PCI 板的连接，要记录断开了哪些电缆的连接。

④ 提升机柜中间层，然后将其固定。

⑤ 卸除卡支架顶端的止动螺钉。要始终抓紧卡的边缘，以避免损坏卡或其组件。

⑥ 轻轻地垂直提升卡并将其放入 ESD 安全袋。

(2) 安装

① 将卡从 ESD 安全袋中取出，将其推入主板上的插口并安装到位。用止动螺钉将卡固定在卡支架的顶端。要始终抓紧卡的边缘，以避免损坏卡或其组件。

② 将所有电缆连接到 PCI 板。

③ 恢复机柜中间层，关闭保护盖，拧紧翼形螺钉。

注意：确保对机器人系统进行了配置，以反映安装了 PCI 卡。

5.3.9 更换现场总线适配器

现场总线适配器的位置，如图 5-9 所示。

（1）卸除

① 卸除翼形螺钉，保护打开控制器前面板上的保护盖，如图 5-10 所示。

② 标识现场总线适配器（条形码标签包含有关型号名称的信息）。

③ 断开电缆与现场总线适配器的连接。

④ 拧松（勿将其卸除）现场总线适配器前端的止动螺钉（2 个）以释放紧固装置，如图 5-22 所示。

⑤ 抓住拧松的止动螺钉，并轻轻将现场总线适配器按箭头的方向拉出，如图 5-23 所示。

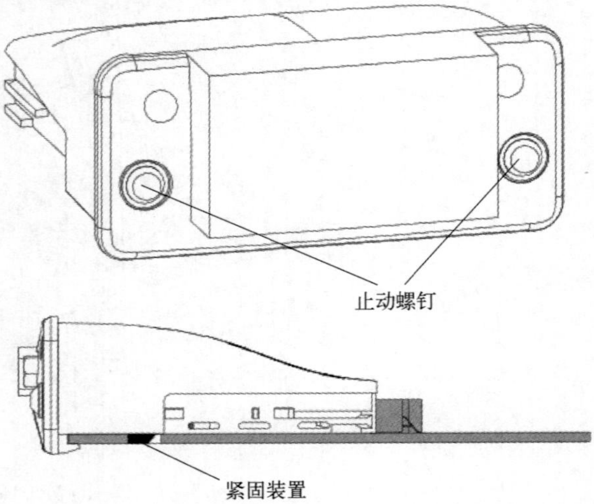

图 5-22　拧松止动螺钉

（2）安装

① 通过沿着主板上的导轨推动现场总线适配器将其安装到位，如图 5-24 所示。应小心推动，不损坏任何插针。确保将适配器垂直推送到导轨上。要始终抓紧现场总线适配器的边缘，以避免损坏适配器或其组件。

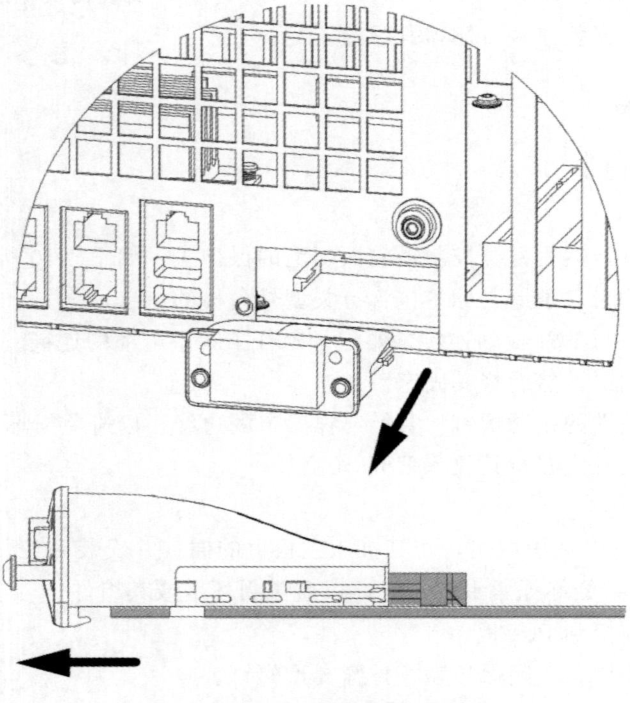

图 5-23　拉出现场总线适配器

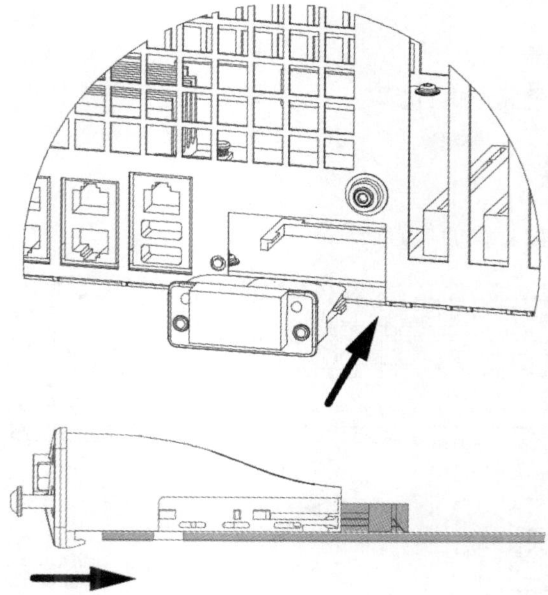

图 5-24　将现场总线适配器安装到位

② 用止动螺钉（2 个）将现场总线适配器固定。

③ 重新将电缆连接到现场总线适配器。

④ 关闭保护盖，拧紧翼形螺钉。

注意：确保对机器人系统进行了配置，以反映安装了现场总线适配器。

5.3.10 更换 Compact 闪存

Compact 闪存的位置如图 5-9 所示。

(1) 卸除

① 卸除翼形螺钉，然后打开控制器前面板上的保护盖，如图 5-10 所示。

② 按箭头方向轻轻拉出 Compact 闪存，如图 5-25 所示。

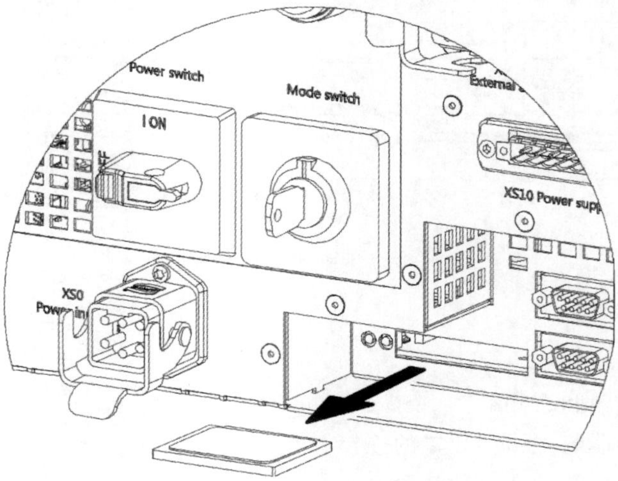

图 5-25　拉出 Compact 闪存

(2) 安装

① 安装 Compact 闪存。

② 关闭保护盖，拧紧翼形螺钉。

5.3.11 更换驱动装置

图 5-26 显示了主驱动装置的位置。

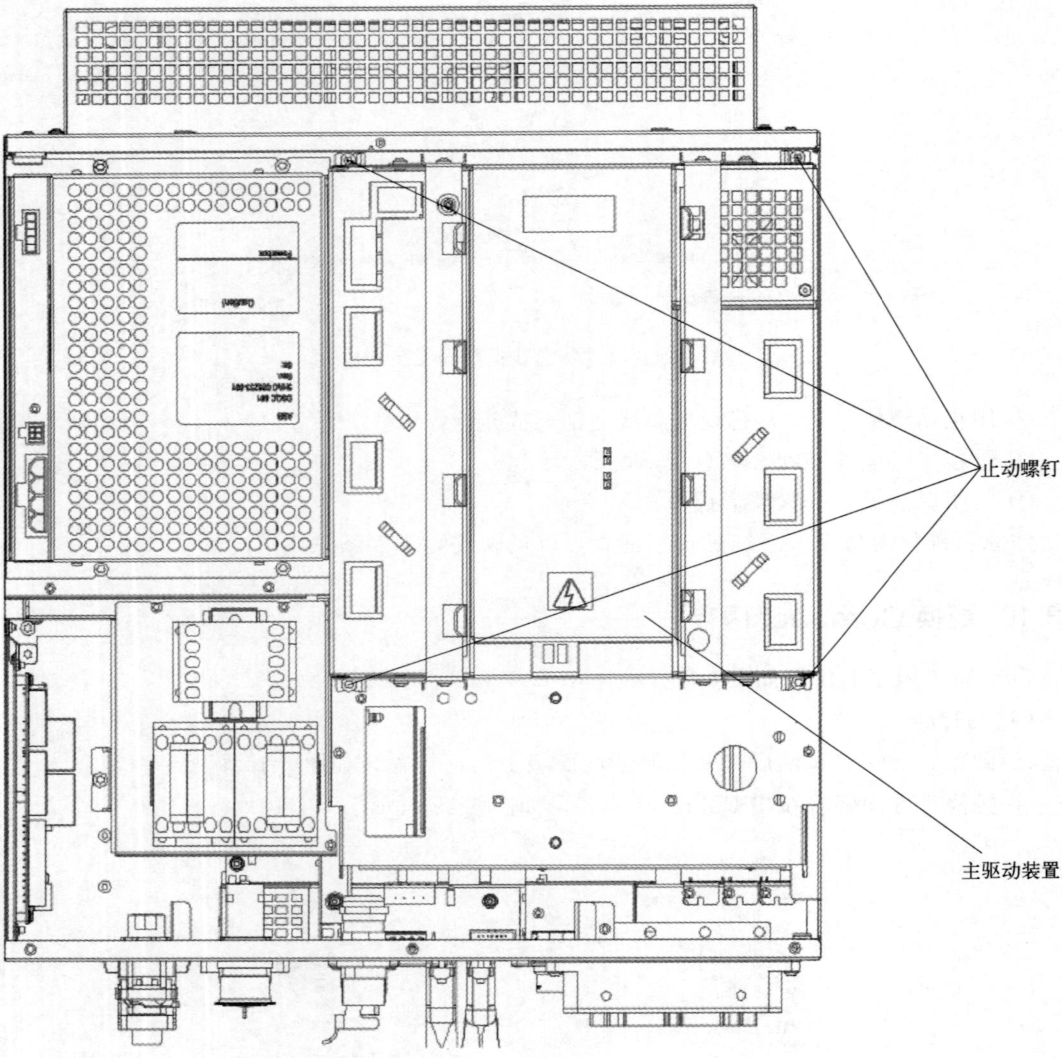

图 5-26 主驱动装置的位置

(1) 卸除

① 卸除机柜顶盖。

② 卸除机柜左侧盖和右侧盖。

③ 断开所有连接器与主驱动装置的连接。

④ 拧下止动螺钉后卸除主驱动装置。

（2）安装

① 将主驱动装置安装到其预定位置，用止动螺钉将其固定。

② 重新连接在卸除过程中断开连接的所有连接器。

③ 安装左、右侧盖及顶盖。

5.3.12 更换轴计算机

轴计算机的位置如图 5-1 所示。

（1）卸除

① 卸除机柜顶盖。

② 卸除机柜左侧盖和右侧盖。

③ 提升机柜中间层，然后将其固定。

④ 断开所有连接器与电容器组和轴计算机的连接，并对所有连接进行记录。

⑤ 卸除 4 个止动螺钉，如图 5-27 所示。

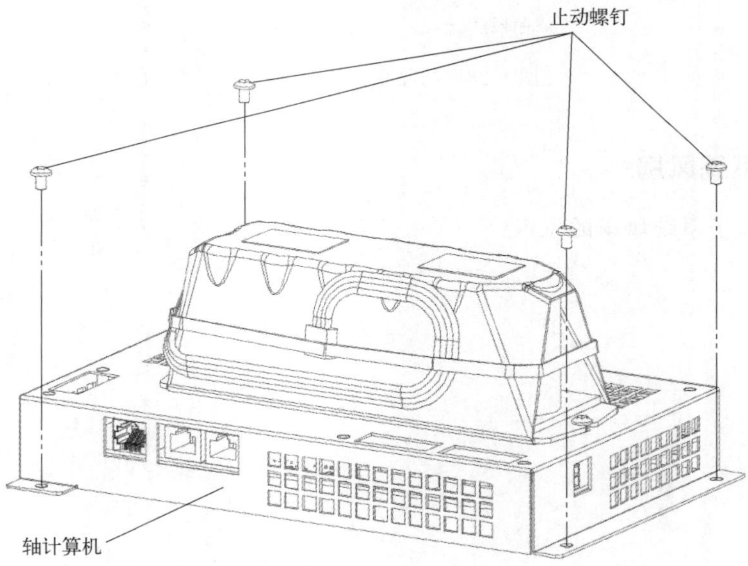

图 5-27　卸除止动螺钉（4 个）

⑥ 轻轻地垂直提升轴计算机。

⑦ 拆除 7 个止动螺钉并轻轻地垂直提升轴计算机台，如图 5-28 所示。

（2）安装

① 将轴计算机台轻轻地安装进盖中。

② 安装 7 个止动螺钉。

③ 轻轻地将轴计算机放到正确位置。

④ 重新安装 4 个止动螺钉。

⑤ 重新连接所有连接器。

⑥ 恢复中间层安装左、右侧盖及顶盖。

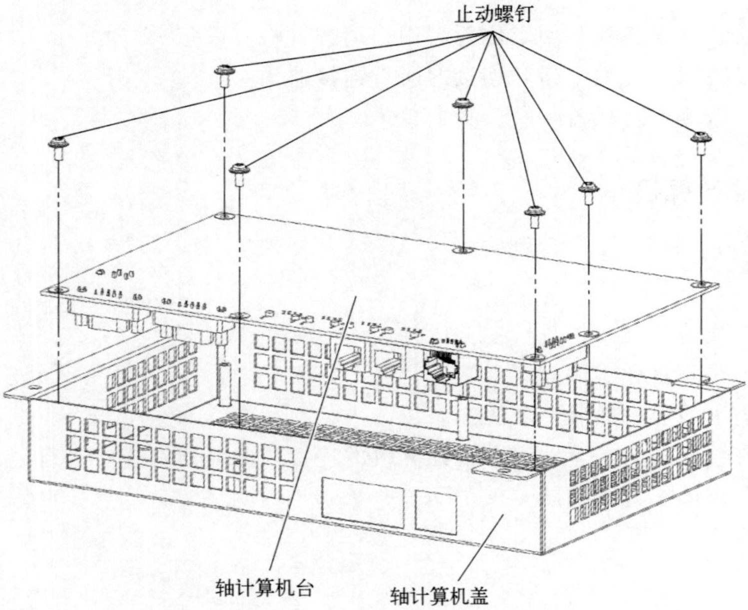

图 5-28　卸除止动螺钉（7 个）

5.3.13 更换系统风扇

图 5-29 显示了系统风扇的位置。

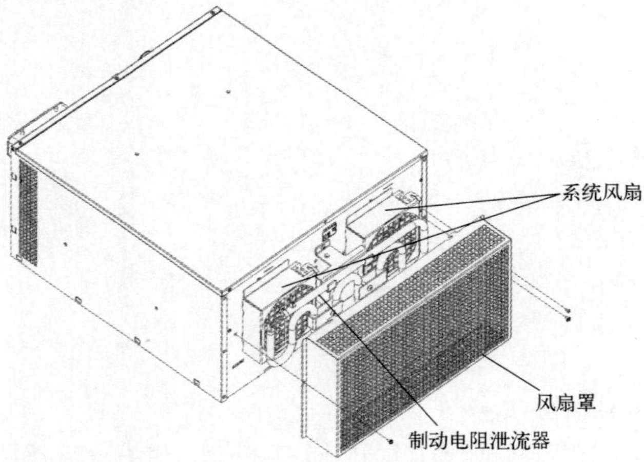

图 5-29　系统风扇的位置

（1）卸除

注意：泄流器顶部的表面热，有灼伤危险，卸除装置时应小心谨慎。

① 卸除风扇罩上的 3 个止动螺钉。

② 向右推风扇罩，然后将其卸除。

③ 断开连接器与风扇的连接。

④ 拧松风扇插座上的止动螺钉。

⑤ 向上推风扇，然后将其卸除。

（2）安装

① 将风扇放置到位，然后向下推。

② 固定风扇插座上的止动螺钉。

③ 将连接器连接到风扇。

④ 将风扇罩放置到位，然后向左推。

⑤ 固定风扇罩上的 3 个止动螺钉。

5.3.14 更换制动电阻泄流器

图 5-29 显示制动电阻泄流器的位置。

（1）卸除

注意：泄流器顶部表面热，有灼伤危险，卸除装置时应小心谨慎。

① 移除风扇罩。

② 卸除机柜顶盖。

③ 断开泄流器连接器与驱动装置的连接，然后通过孔将泄流器电缆拉出机柜后盖。

④ 松开泄流器支架上 2 个位于下部的止动螺钉，如图 5-30 所示。

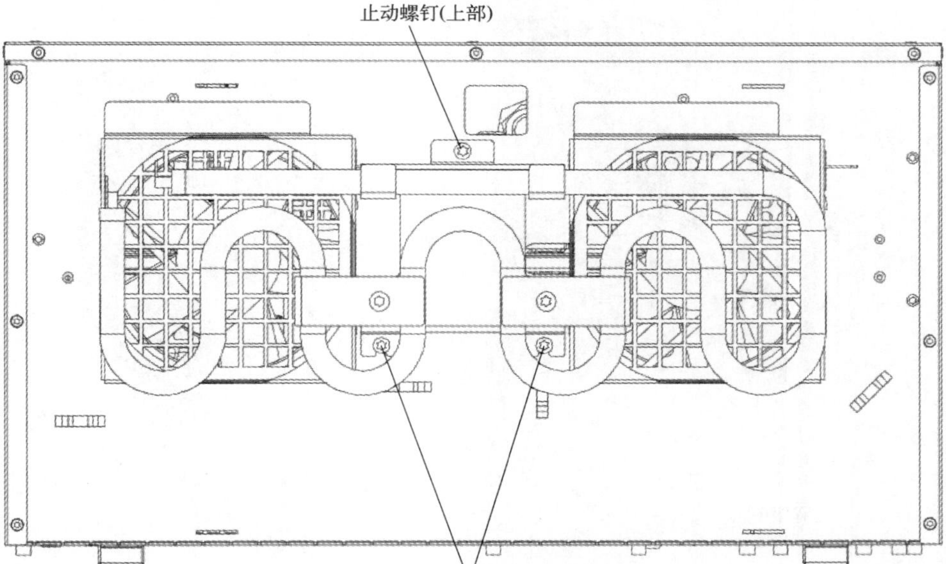

图 5-30 止动螺钉

⑤ 卸除上部的止动螺钉。

⑥ 向上拉制动电阻泄流器，然后向外拉，将其从上部螺钉头下释放出来，然后将其卸除。

（2）安装

① 将下部止动螺钉头下方滑入凹进处，然后依次向里推和向下推制动电阻泄流器。

② 安装上部的止动螺钉。

③ 拧紧泄流器的所有止动螺钉。

④ 通过机柜后盖上的孔拉出泄流器电缆。

⑤ 安装风扇罩，然后将其向左推到凹槽内。

⑥ 安装风扇罩上的止动螺钉，然后将其拧紧。

⑦ 将泄流器电缆重新连接到驱动装置上。

⑧ 安装顶盖。

5.3.15 更换远程服务箱

图 5-31 显示远程服务箱的位置。

(1) 卸除

① 卸除机柜顶盖。

② 卸除机柜的左侧盖和右侧盖。

③ 断开所有连接器与远程服务箱的连接。

④ 倾斜该装置使其远离安装导轨，然后将其卸除（图 5-31）。

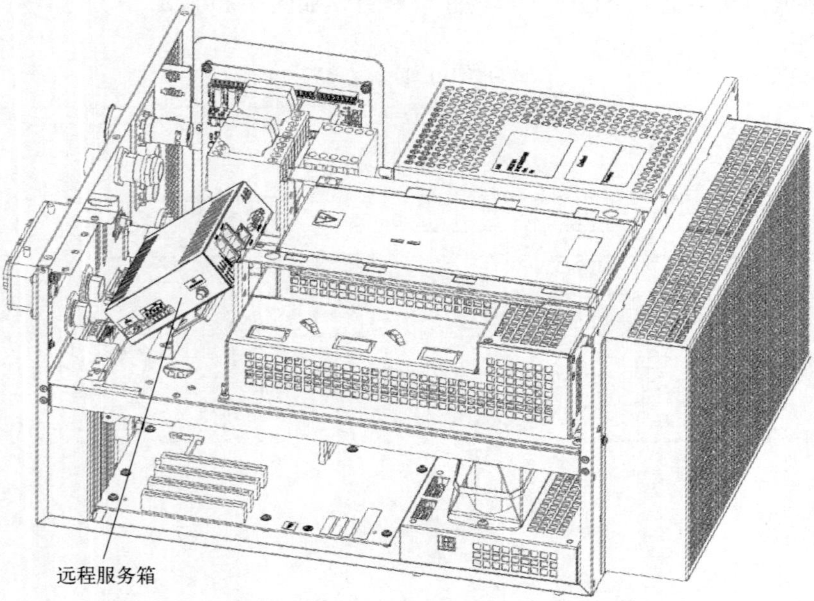

图 5-31 卸除远程服务箱

(2) 安装

① 将远程服务箱安装到位。

② 将所有连接器重新连接到远程服务箱。

③ 安装左、右侧盖及顶盖。

5.3.16 更换配电板

图 5-1 显示了配电板的位置。

(1) 卸除

注意：配电板装置顶部表面是热的，有灼伤危险，卸除装置时应小心谨慎。

① 卸除机柜顶盖。

② 卸除机柜左侧盖和右侧盖。

③ 提升机柜中间层，然后将其固定。

④ 断开所有连接器与配电板的连接。

⑤ 卸除止动螺钉，如图 5-32 所示。

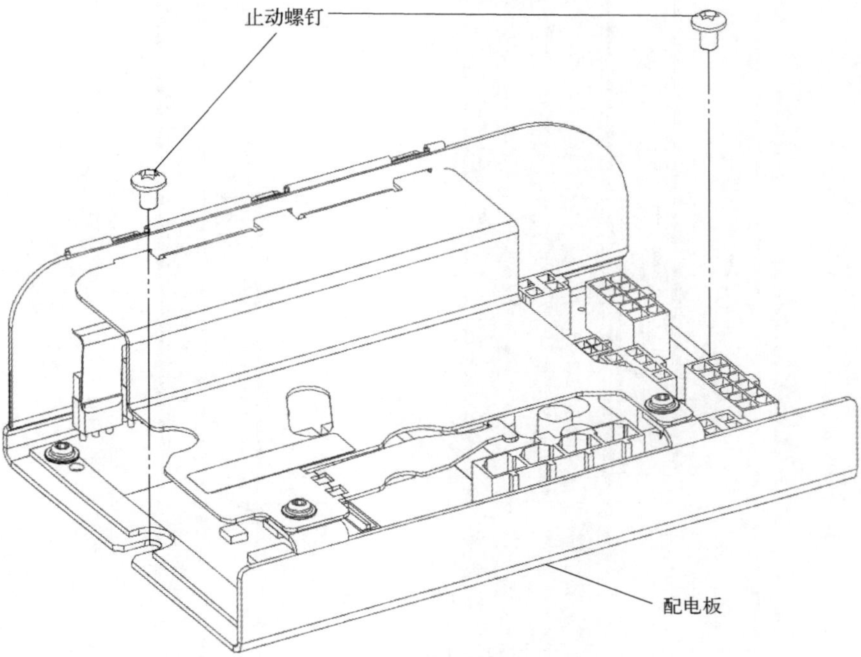

图 5-32　止动螺钉

⑥ 垂直提升配电板。

(2) 安装

① 将配电板放置到位，安装止动螺钉。

② 重新连接各连接器，因配电板装置顶部表面是热的，故勿在配电板顶部输送或放置电缆。

③ 恢复中间层安装左、右侧盖及顶盖。

5.3.17 更换系统电源

图 5-1 显示了系统电源的位置。

(1) 卸除

① 卸除机柜的顶盖和左侧盖。

② 断开所有连接器与装置的连接。

③ 拧松 2 个上部的止动螺钉，如图 5-33 所示。

④ 卸除 2 个下部的止动螺钉。

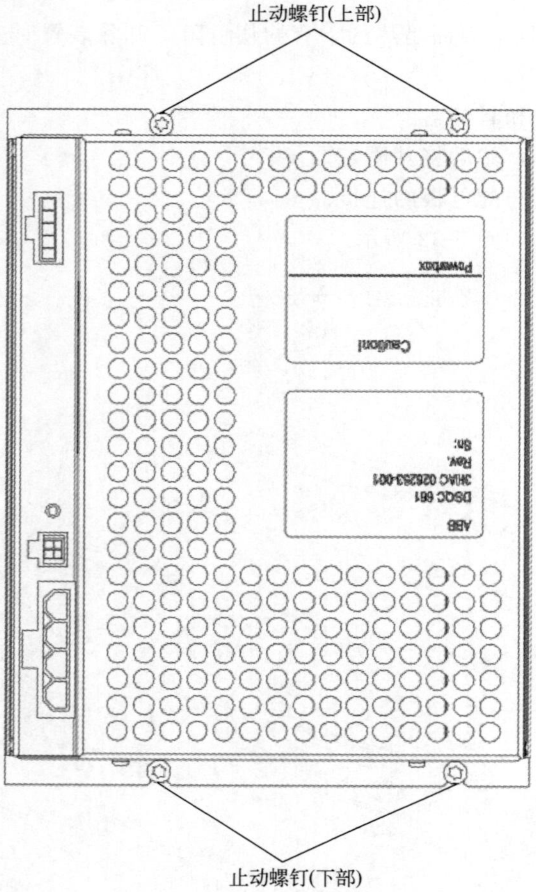

图 5-33　止动螺钉的位置

⑤ 将电源装置向外拉出，然后向下将其从上部释放并卸除。

(2) 安装

① 将上部螺钉头下方滑入凹进处，然后依次向里推和向上推电源装置。

② 安装 2 个下部的止动螺钉。

③ 拧紧所有止动螺钉。

④ 将所有连接器重新连接到装置。

⑤ 安装左侧盖和顶盖。

5.3.18 更换线性过滤器

图 5-1 显示了线性过滤器的位置。

(1) 卸除

① 卸除机柜顶盖。

② 卸除机柜左侧盖和右侧盖。

③ 提升机柜中间层，然后将其固定。

④ 断开 2 个过滤器接地电缆与接地端子的连接。

⑤ 卸除线性过滤器的 4 个止动螺钉，如图 5-34 所示。

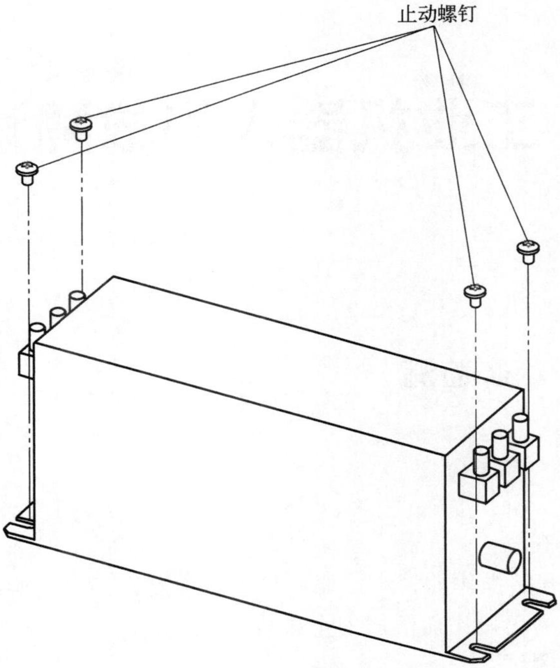

图 5-34　止动螺钉

⑥ 拉出线性过滤器。

（2）安装

① 将线性过滤器安装到位，然后拧紧 4 个止动螺钉。

② 连接在卸除过程中断开连接的所有连接器。

③ 恢复中间层，安装左、右侧盖及顶盖。

第6章 工业机器人的故障诊断与维修

6.1 工业机器人状态监测

6.1.1 功能检测

（1）示教器功能检查

如图 6-1 所示，在开始操作前，一定要先检查示教器，确保其所有功能正常，触摸对象无漂移，否则可能会因为误操作而造成安全事故。

（2）紧急停止功能测试

一般在紧急情况下，第一时间按下急停按钮。如图 6-1 和图 6-2 所示，ABB 工业机器人的急停按钮标配有两个，分别位于控制柜及示教器上。可在手动与自动状态下对急停按钮进行测试并复位，确认其功能正常。

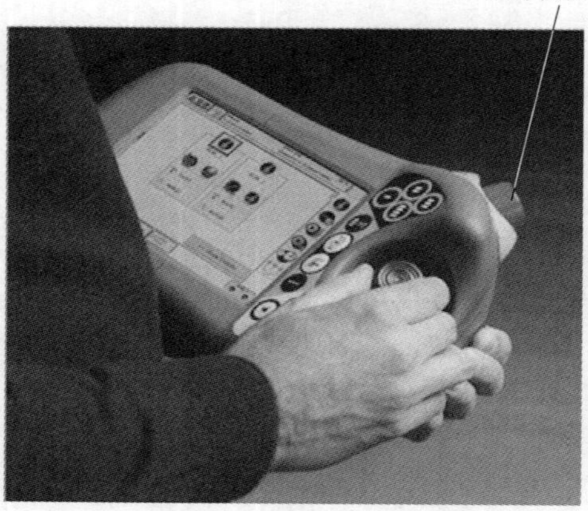

图 6-1　示教器上的急停按钮

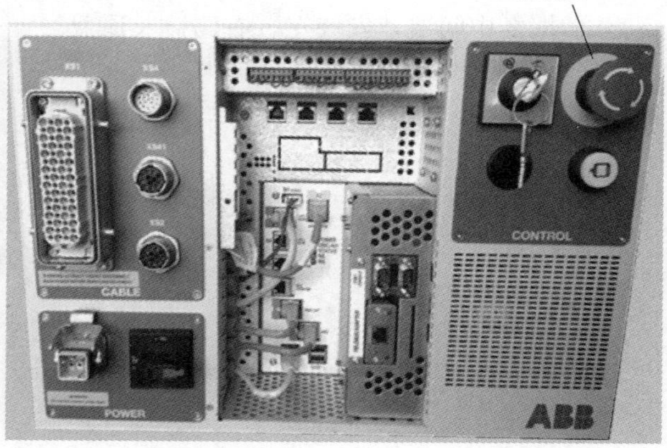

图 6-2　控制柜上的急停按钮

（3）电机接触器检查

在开始检查作业前，需打开机器人的主电源。电机接触器检查步骤如图 6-3 所示。

（4）制动接触器检查

在开始检查作业前，需打开机器人的主电源。制动接触器检查步骤如图 6-4 所示。

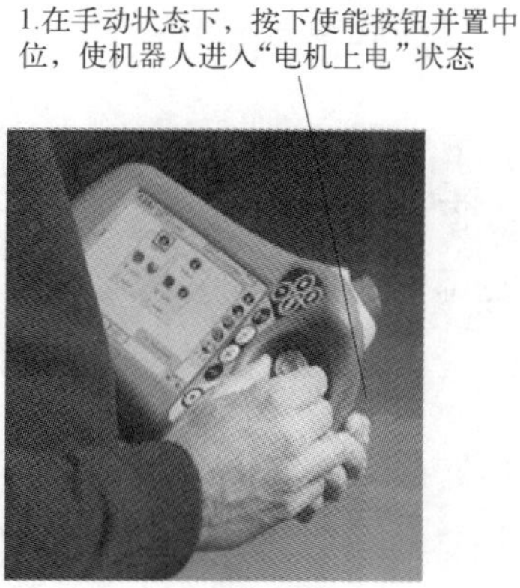

(a) 步骤1

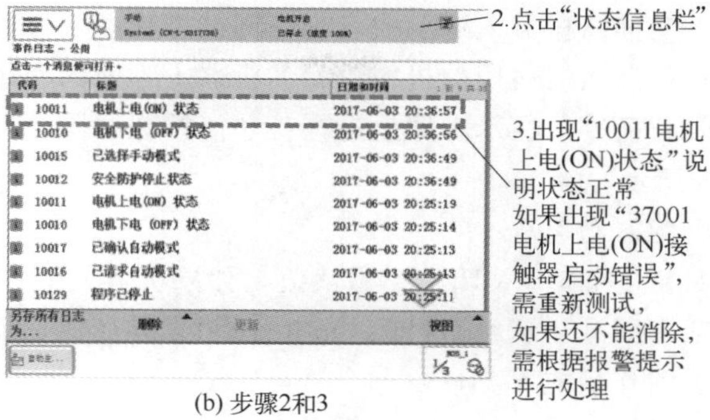

(b) 步骤2和3

(c) 步骤4

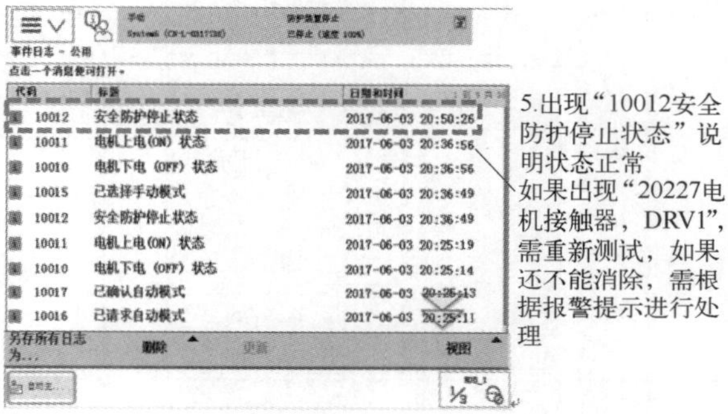

(d) 步骤5

图 6-3 电机接触器检查

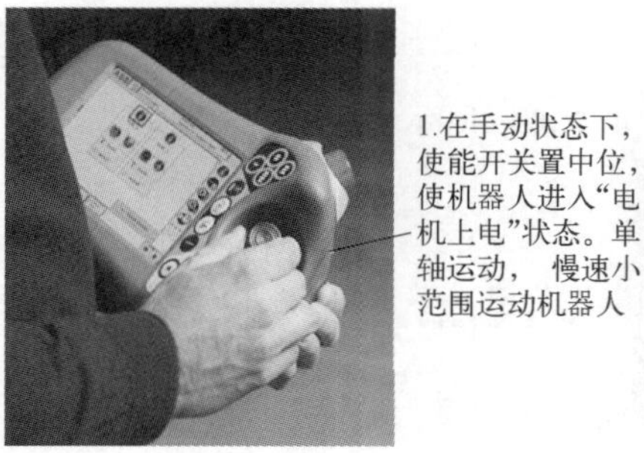

(a) 步骤1

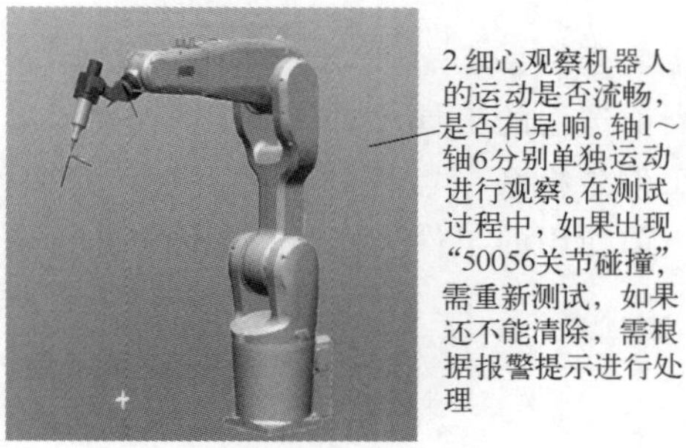

(b) 步骤2

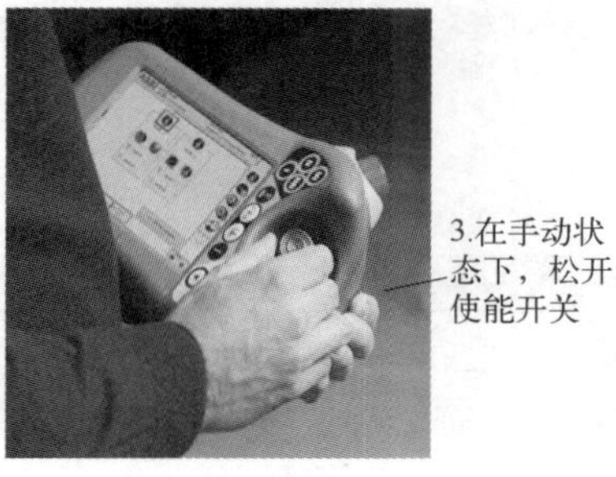

(c) 步骤3

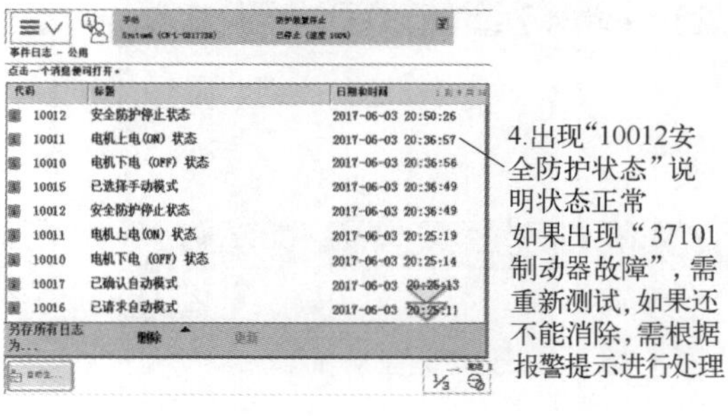

(d) 步骤4

图 6-4 制动接触器检查步骤

6.1.2 运行参数检测

在手动操纵机器人运动或者程序调试过程中，可以在手动操纵界面查看当前机器人的运行参数，包括当前使用的机械单元、机器人当前的动作模式、使用的工具坐标系和工件坐标系、有效载荷等。在示教器上选择各功能按钮（除去灰色部分）后可进入对应的设置界面，如图 6-5 所示。

（1）绝对精度

绝对精度 Off（关闭）为默认值，如果机器人配置并选择了 Absolute Accuracy（绝对精度）选项，则会显示绝对精度 On（开启），如图 6-5 所示。

（2）动作模式

工业机器人当前的动作模式，有单轴、线性、重定位几种选项，如图 6-6 所示。

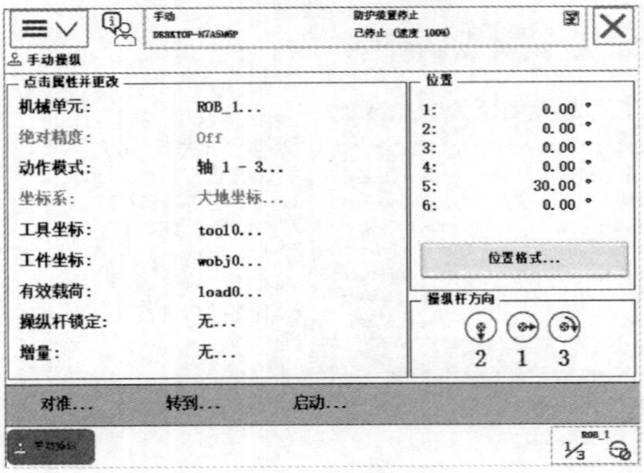

图 6-5　手动操纵界面

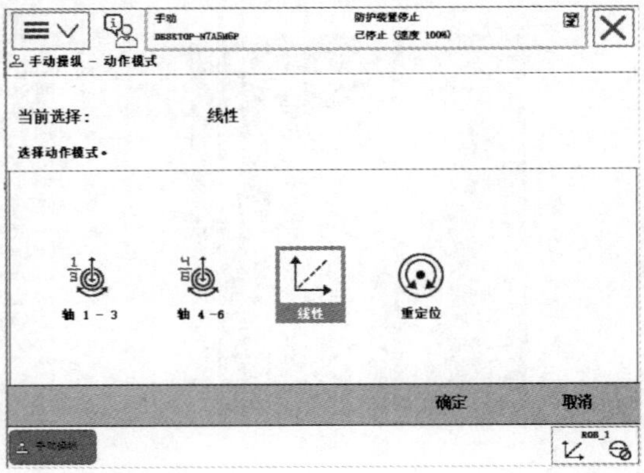

图 6-6　动作模式

（3）工具坐标系

显示当前选用的工具及对应的工具坐标系，如图 6-7 所示。

（4）工件坐标系

显示当前使用的工件坐标系，如图 6-8 所示。

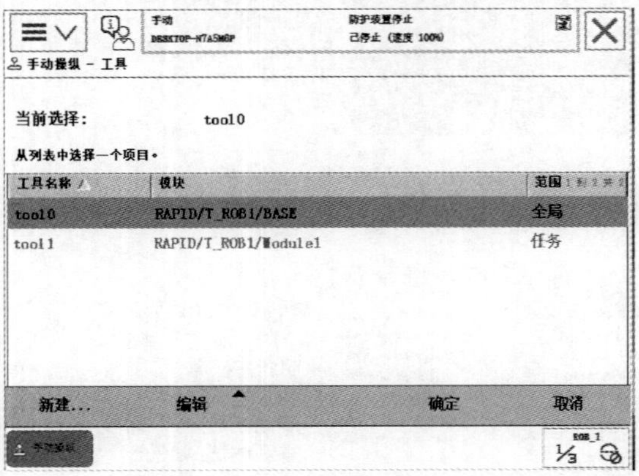

图 6-7　工具坐标系

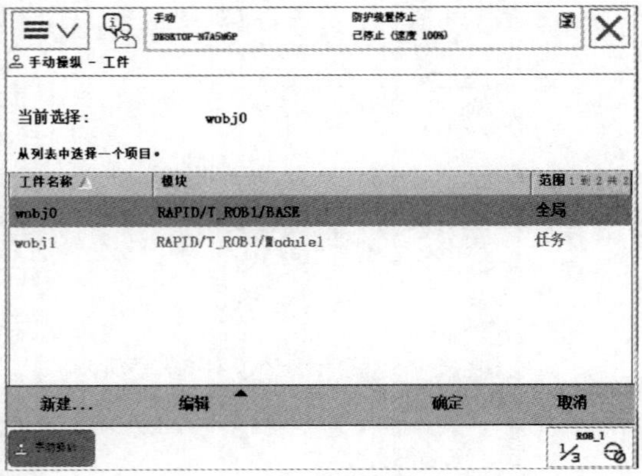

图 6-8　工件坐标系

（5）有效载荷

显示当前使用的有效载荷，如图 6-9 所示。

（6）操纵杆锁定

显示当前锁定的操纵杆方向，如图 6-10 所示。

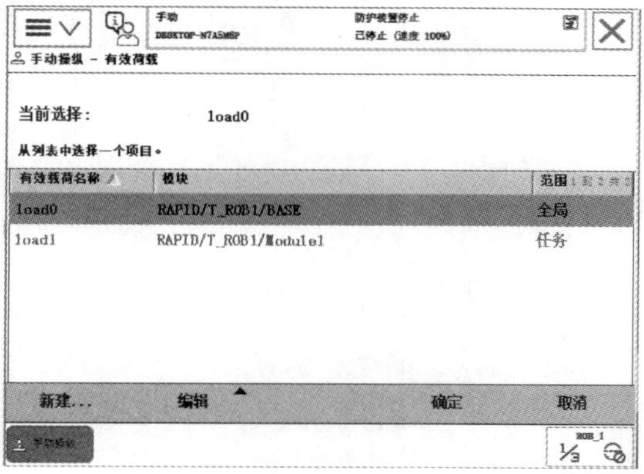

图 6-9　有效载荷

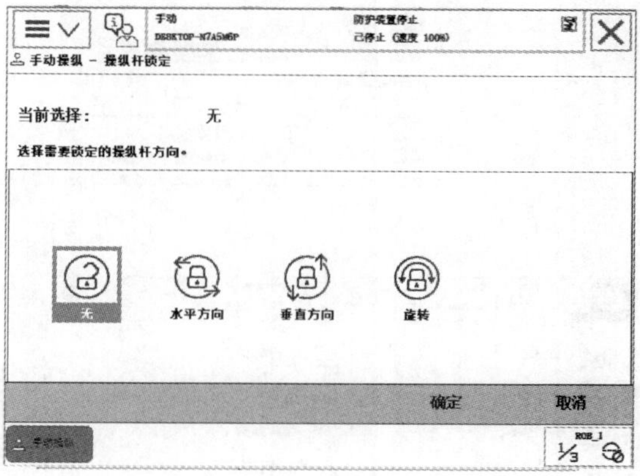

图 6-10　操纵杆锁定

（7）增量

选择增量模式时，增量的幅度如图 6-11 所示。

（8）位置

显示当前工业机器人相对于所选参照坐标系的精确位置。可根据需要，点击“位置格式”按钮，进入设置界面，自行选择显示方式和参考坐标系，如图 6-12 所示。

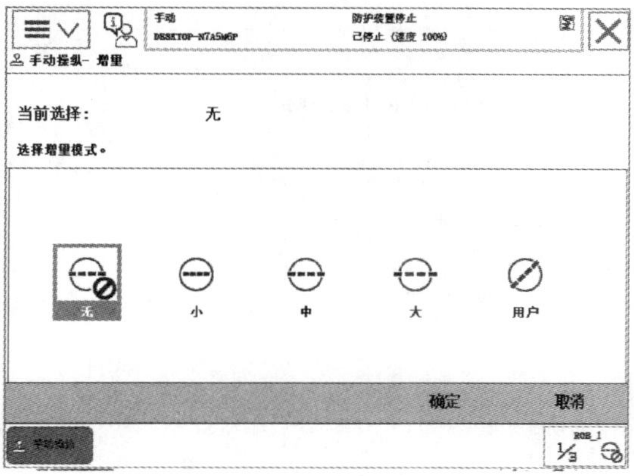

图 6-11　增量

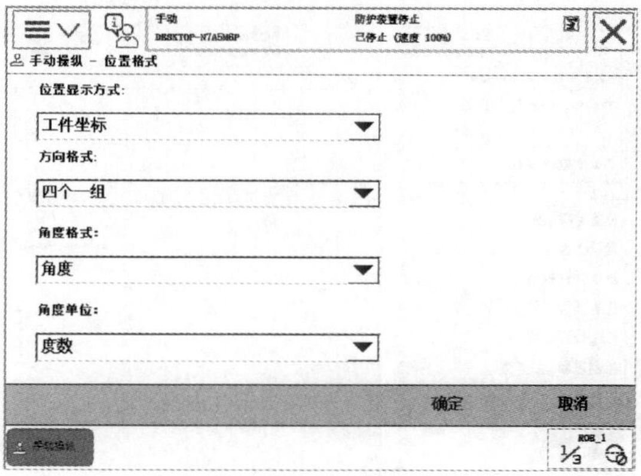

图 6-12　选择显示方式

（9）操纵杆方向

显示当前操纵杆方向，取决于动作模式的设置。

6.1.3 运行状态检测

（1）操作模式检测

在状态栏可以监测到当前机器人的操作模式，有全速自动、手动和自动三种模式，如图 6-13 所示。

（2）系统名称检测

控制器和系统名称的显示选项可以通过图 6-14～图 4-17 的步骤修改。

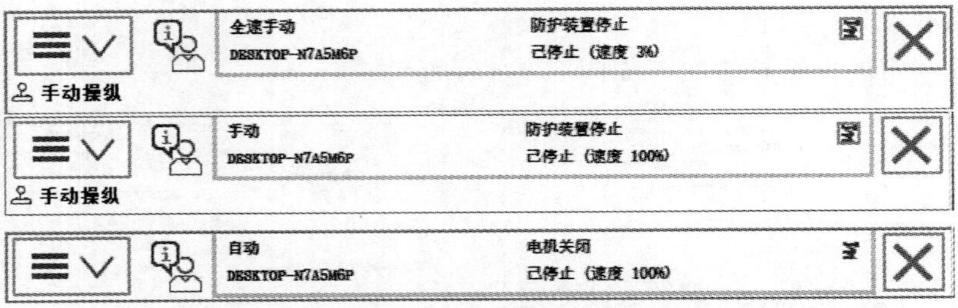

图 6-13　操作模式检测

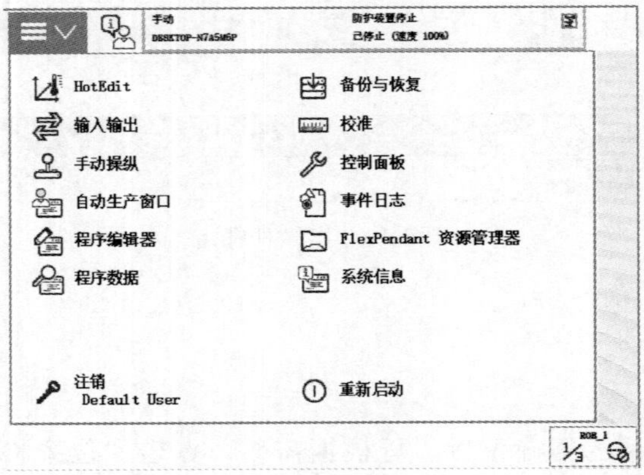

图 6-14　步骤一

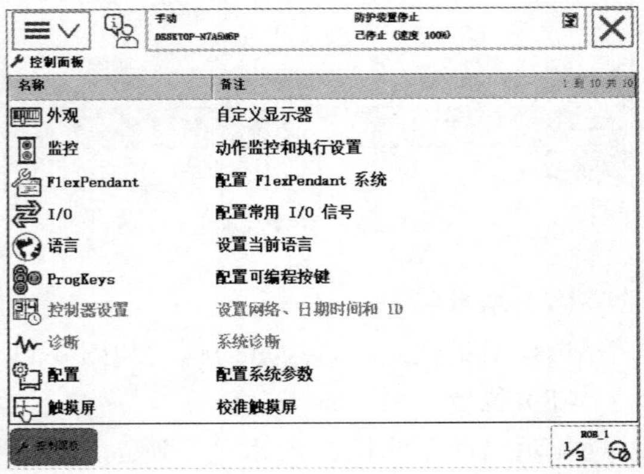

图 6-15　步骤二

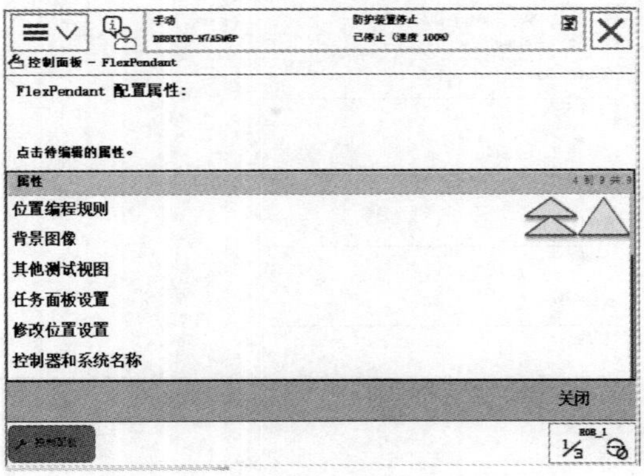

图 6-16　步骤三

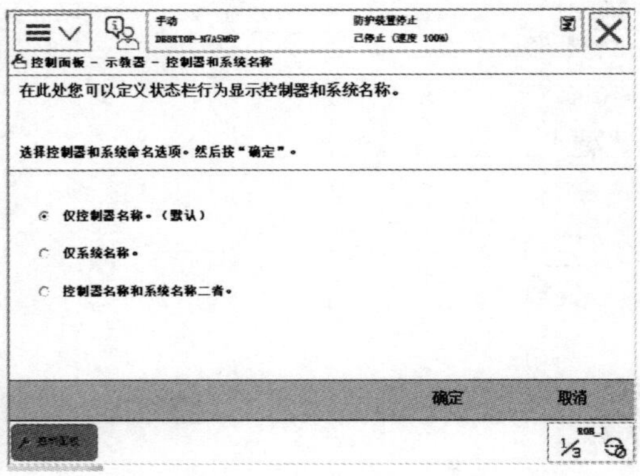

图 6-17　步骤四

（3）控制柜状态检测

显示电机状态，按下使能键至第一挡会显示电机开启，松开或按下至第二挡会显示防护装置停止，如图 6-18 所示。

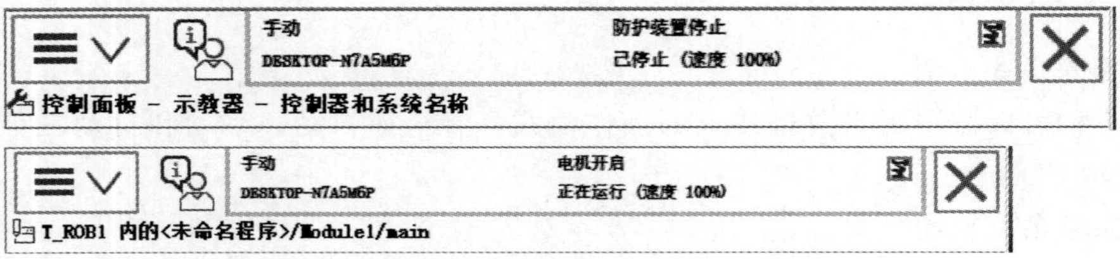

图 6-18　控制柜状态检测

(4) **程序状态检测**

显示程序的运行或停止状态，如图 6-18 所示。

(5) **运行速度检测**

显示当前机器人的运行速度，如图 6-18 所示。

(6) **机械单元检测**

显示当前选择手动控制的机械单元，如图 6-19 所示。

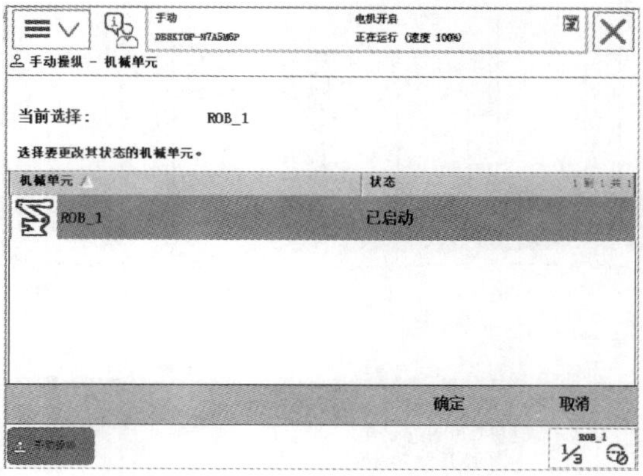

图 6-19　机械单元检测

6.2 故障诊断前期操作

6.2.1 关于故障排除期间的安全性

所有正常的安装、维护和检修工作通常在切断全部电气、气压和液压动力的情况下执行。通常使用机械挡块等防止机器人运动。

(1) **故障排除期间的注意事项**

① 所有电气部件必须视为是带电的。

② 机器人必须一直能够进行任何运动。

③ 安全电路可以断开或者锁住以启用正常禁止的功能，因此必须能够执行相应操作。

(2) **故障排除期间的安全保障**

① 没有轴制动闸的机器人可能产生致命危险。

机器人手臂系统非常沉重，特别是大型机器人。如果没有连接制动闸、连接错误、制动闸损坏或任何故障导致制动闸无法使用，都会产生危险。

a. 如果怀疑制动闸不能正常使用，应在作业前使用其他的方法确保机器人手臂系统的安全性。

b. 如果打算通过连接外部电源禁用制动闸，当禁用制动闸时，切勿站在机器人的工作范围内（除非使用了其他方法支撑手臂系统）。

② 驱动模块内带电危险。

即使在主开关关闭的情况下，驱动模块也带电，可直接从后盖后面及前盖内部接触，如图 6-20 所示，要求如下。

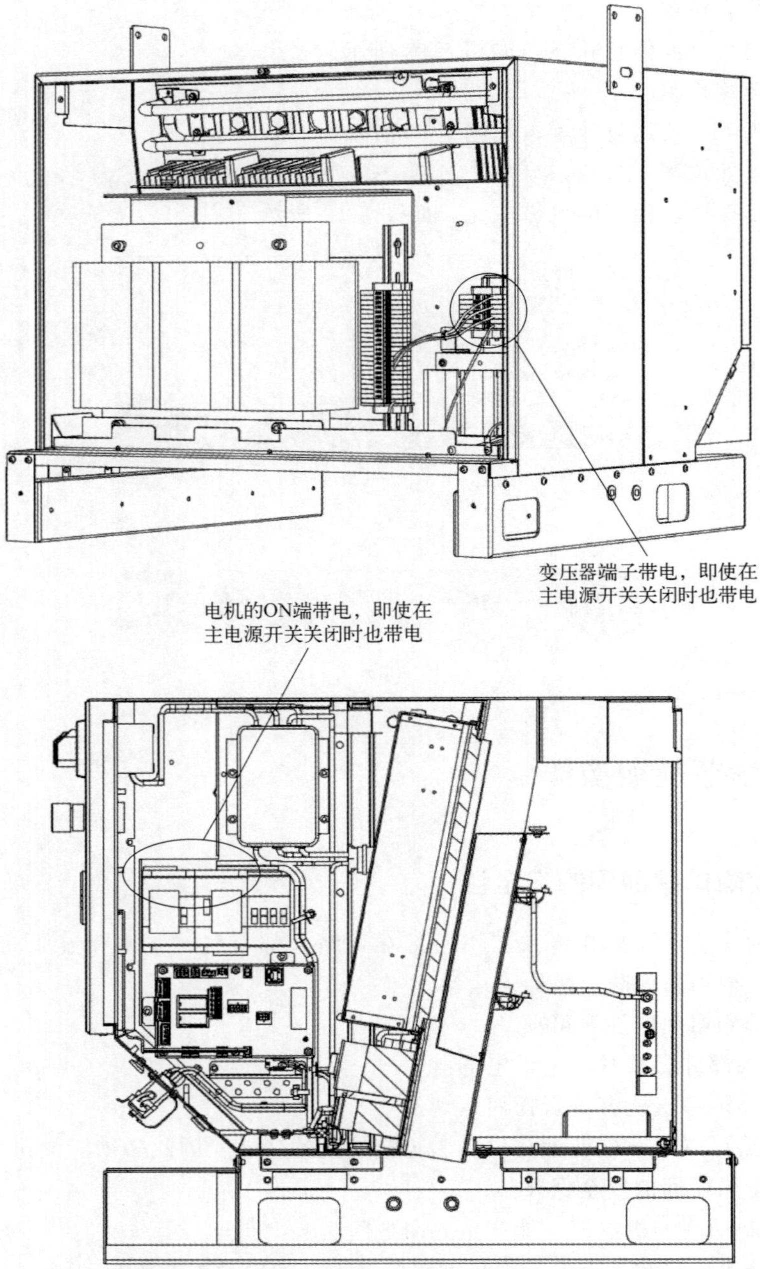

图 6-20　驱动模块内带电

① 确保已经切断输入主电源。

② 使用电压表检验，确保任何终端之间没有电压。

（3）静电排除方式

① 使用手腕带，手腕带必须经常检查以确保没有损坏并且要正确使用。在不使用时，手腕带必须始终连接手腕带按钮。

② 使用 ESD 保护地垫。地垫必须通过限流电阻接地。

③ 使用防静电桌垫。此垫应能控制静电放电且必须接地。

（4）避免热部件灼伤

在正常工作期间，许多机器人部件会变热，尤其是驱动电机和齿轮，触摸它们可能会造成严重灼伤。

① 在触摸前，务必用手在一定距离感受可能会变热的部件是否有热辐射。

② 如果要拆卸可能会发热的部件，需等到其冷却，或者采用其他方式处理。

6.2.2 关于错误报告

如果需要 ABB 支持人员协助对系统进行故障排除，可以提交一个正式的错误报告。为了使 ABB 支持人员更好地解决问题，可根据要求附上系统生成的专门诊断文件。

（1）诊断文件内容

① 事件日志：所有系统事件的列表。

② 备份：为诊断而进行的系统备份。

③ 系统信息：供 ABB 支持人员使用的内部系统信息。

注意：若非支持人员明确要求，则不必创建或者向错误报告附加任何其他文件。

（2）创建诊断文件

① 点击 ABB，然后点击控制面板，再点击诊断，显示图 6-21 所示界面。

② 指定诊断文件的名称及其保存文件夹，然后点击确定，默认的保存文件夹是 C：/Temp，但可选择任何文件夹，例如外部连接的 USB 存储器。在显示“正在创建文件。请等待！”时，可能需要几分钟的时间。

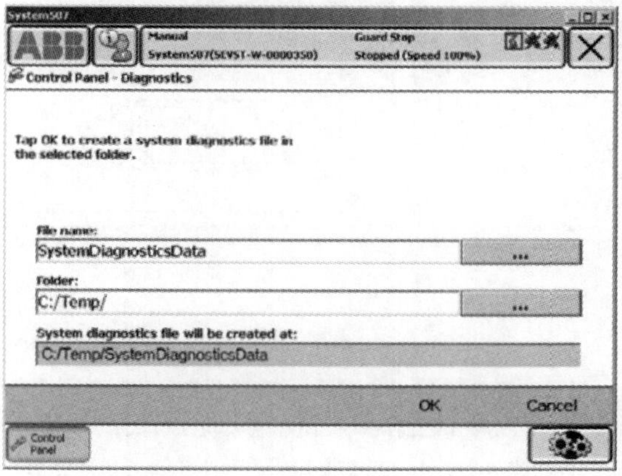

图 6-21 创建诊断文件界面

（3）发送错误报告

① 要缩短文件传输时间，可以将数据压缩进一个 zip 文件中。

② 写一封普通的电子邮件给当地的 ABB 支持人员，确保包括下面的信息。

a. 机器人序列号。

b. RobotWare 版本。

c. 书面故障描述。越详细就越便于 ABB 支持人员提供帮助。

d. 如有许可证密钥，也需随附。

e. 附加诊断文件。

6.2.3 关于 USB 存储器

当插入 USB 存储器时，正常情况下，系统会在几秒之内检测到设备并准备使用。系统启动时可以自动检测到插入的 USB 存储器。

系统运行中，可以插入和拔除 USB 存储器。为了避免出现问题，操作时应注意以下事项。

① 切勿插入 USB 存储器后立刻拔除，应等待几秒直至系统检测到此设备。

② 切勿在文件操作（例如保存或复制文件）时拔除 USB 存储器。许多 USB 存储器通过闪烁的 LED 指示设备正在操作。

③ 切勿在系统关闭过程中拔除 USB 存储器，应等待关闭过程完成。

注意以下 USB 存储器的使用限制。

① 不保证支持所有的 USB 存储器。

② 有些 USB 存储器有写保护开关。由于写保护引起的文件操作失败，系统不可检测。

6.2.4 关于驱动模块连接器

在接通电源时，驱动模块上的某些连接器如果断开，会因大功率电流而被损坏，如图 6-22 所示。

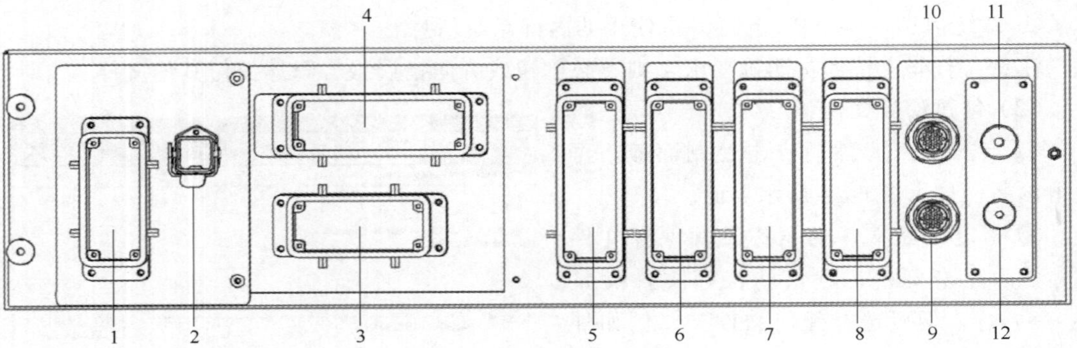

图 6-22　驱动模块连接器

1—连接器 XP0（输入主电源），在断开之前确保关闭驱动模块主开关；2—连接器 XS25（从驱动模块到控制模块的主电源），在断开之前确保关闭控制模块主开关；3—连接器 XS1（到机器人的电机电流），在断开之前确保关闭驱动模块主开关；4—连接器 XS7［到外部轴（如果使用）的电机电流］，在断开之前确保关闭驱动模块主开关；5～8—用户使用的额外连接器，如果用作电机电流连接器，在断开之前确保附近的电机没有运行；9，10—串行测量信号连接器；11，12—固定螺钉

6.2.5 关于串行测量电路板

串行测量电路板（SMB 板）是测量系统的一部分（图 6-23），在用于额外的外部轴时，其位置可能不同。

以下数据存储于 SMB 存储器中：校准数据；机械单元序列号；SIS（维护信息系统）数据。

SMB 单元的数据处理：可将 SMB 存储器中机器人参数加载到控制器存储器中；如果将该机器人更换为同类型的另一机器人，可将控制器存储器中的参数读入 SMB 存储器中；SMB 存储器可删除；可删除控制器存储器中特定于控制器的参数；如果 SMB 存储器中的数据与控制器存储器中的不同，可以选择所需的数据；按 SIS 数据中的指定，可以更新和读取机器人历史记录。

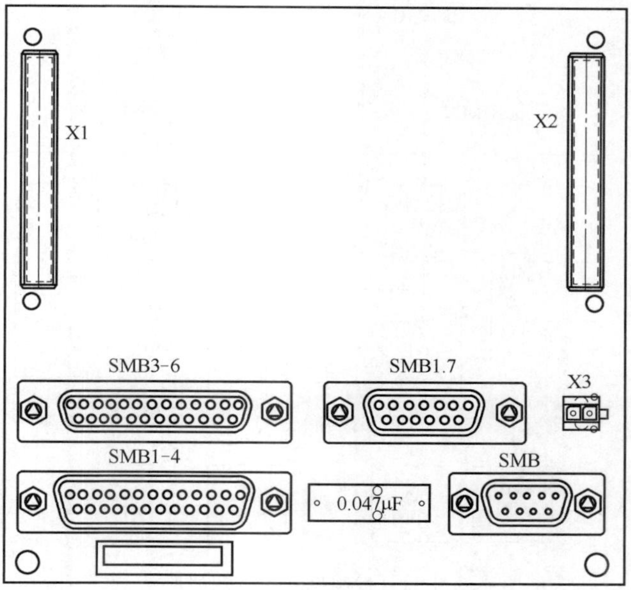

图 6-23　SMB 板

SMB1-4—轴 1～轴 4 的编码器连接；SMB3-6—轴 3～轴 6 的编码器连接；SMB1. 7—轴 1 和轴 7 的编码器连接；
SMB—驱动模块的 24VDC 电源以及与轴计算机的通信；X1—连接器 1 至 SMS-01 控制器板；
X2—连接器 2 至 SMS-01 控制器板；X3—连接器至电池组（SMB 存储器的电源）

6.2.6 关于限位开关

限位开关是可移动的机电开关，安装在机器人轴的工作范围末端。这样，出现安全或其他问题，可将开关用于将机器人的部件限定在可能的工作范围内。通常，机器人程序包含了在机器人工作范围内设置的软件限制，以便在正常操作期间不会拨动机电限位开关。如果拨动限位开关，是因为某些故障而导致，Motors ON 被取消激活且机器人停止工作。保持覆盖开关闭合，可按下示教器上的 Motors ON 按钮使用操纵杆手动运行机器人。

6.2.7 关于信号 ENABLE1 和 ENABLE2

信号 ENABLE1 和 ENABLE2 用于控制器在启动之前对自身进行检查。任一计算机检测到错误，会影响 ENABLE1 和 ENABLE2 中的一个信号。

ENABLE1 信号由主机监控，并通过检查其状态的单元来运行：面板单元；驱动模块。所有单元正常时，电路可能闭合，以激活 Motors ON 接触器。

ENABLE2 信号由轴计算机监控，并通过检查其状态的单元来运行：面板单元；轴计算机；驱动系统整流器；接触器接口电路板。所有单元正常时，电路可能闭合，以激活 Motors ON 接触器。

6.2.8 关于控制模块电源

图 6-24 所示为控制模块主电源线路。

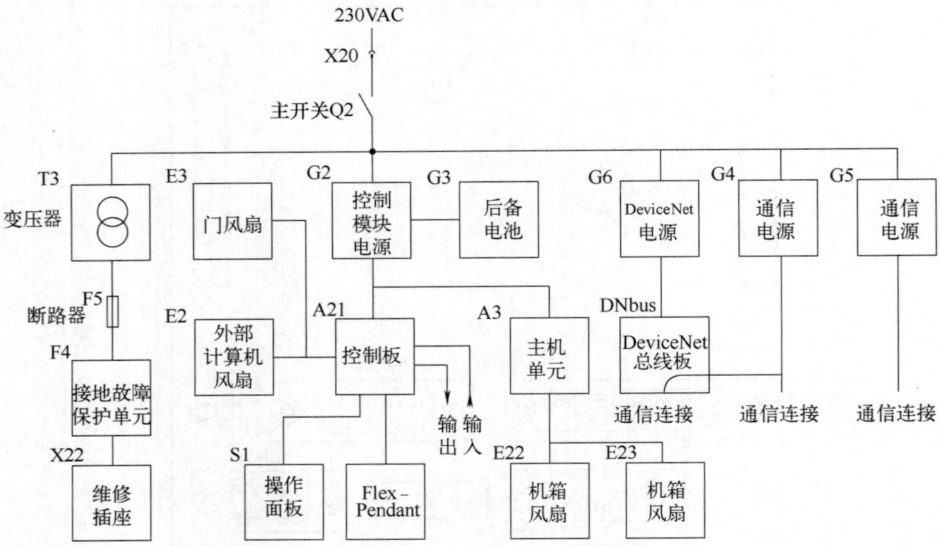

图 6-24　控制模块主电源线路

① 控制板（A21）：使用 G2 单元提供的±24VDC 电源。

② 主机单元（A3）：使用 G2 单元提供的±24VDC 电源。该单元还有一个内部的 DC/DC 变频器，用于对逻辑电路供电。

③ 外部计算机风扇（E2）：冷却风扇安装在模块的后面，通过控制板采用 G2 单元提供的 24V COOL 电源。

④ 门风扇（E3）（备选件）：冷却风扇安装在模块门的内侧，通过控制板采用 G2 单元提供的 24V COOL 电源。

⑤ 机箱风扇（E22 和 E23）：冷却风扇安装在计算机单元的内部，由计算机主机电路板上的 G31 电源单元供电。

⑥ 接地故障保护开关（F4）（备选件）：对维修插座进行接地故障保护，以免 115VAC/230VAC 维修插座受到潜在接地电流的损坏。

⑦ 断路器（F5）（备选件）：保护维修插座免受过流损坏。

⑧ 控制模块电源（G2）：是主 AC/DC 变频器，将许多单元的 230VAC 电源转换为±24VDC 电源。

⑨ 后备电池（G3）：它是一个电容器，用于向主机单元供电。在发生电源故障的情况下，该单元确保在故障发生之前对内存内容进行完整的备份。G3 单元由 G2 单元供电。

⑩ 通信电源（G4，G5）：是可选的电源单元，用于为通信连接供电。

⑪ DeviceNet 电源（G6）（备选件）：是为 DeviceNet 单元供电的备选电源。

⑫ DNbus（备选件）：DeviceNet 总线板，由 G6 单元供电。

⑬ 主开关（Q2）：控制模块电源前面的主开关。

⑭ 操作面板（S1）：由 G2 单元供电。

⑮ 变压器（T3）（备选件）：为维修插座供电的变压器。

⑯ X20：从驱动模块中的主变压器将 230VAC 电源连接至控制模块的连接器。

⑰ 维修插座（X22）（备选件）：为外部维修设备供电的维修插座。

图 6-25 显示了控制模块电源的物理位置。

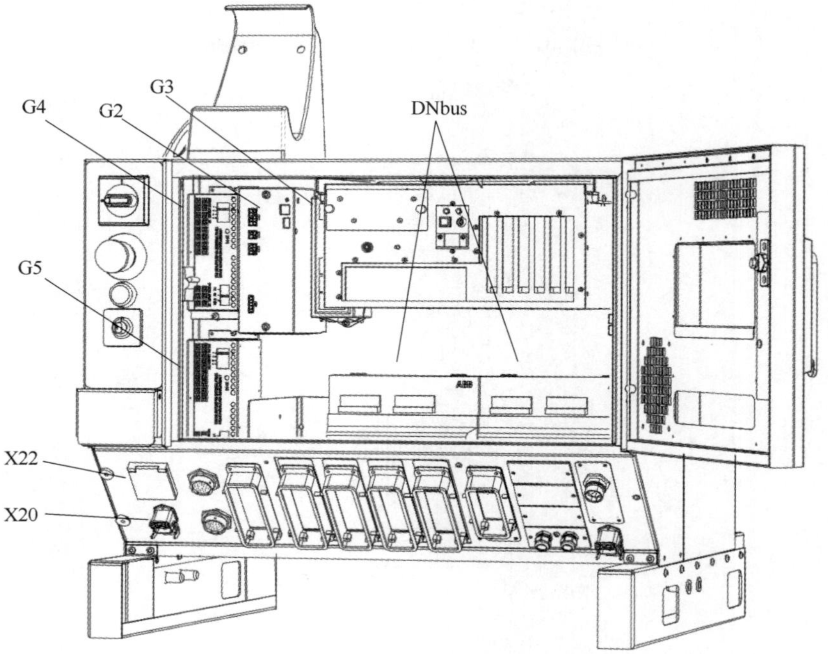

图 6-25 控制模块电源的物理位置

6.2.9 关于驱动模块电源

图 6-26 所示为驱动模块主电源线路。

① 主伺服驱动单元（A41.1）：向机器人的电机提供电源的驱动单元。它也为风扇单元供电。驱动单元中的低压电子装置由驱动模块电源供电。

② 整流器（A41.2）：向主伺服驱动单元提供直流电压的驱动设备整流器。

③ 轴计算机单元（A42）：有一个内部的 DC/DC 变频器，用于对逻辑电路供电。

④ 接触器接口电路板（A43）：控制系统中的许多接触器，如两个 RUN 接触器。

⑤ 风扇单元（E1）：驱动模块后面的冷却风扇，它由主伺服驱动单元供电。

⑥ 断路器（F1）：保护驱动设备（25A）。

⑦ 断路器（F2）：保护电子元件电源（10A）。

⑧ 驱动模块电源（G1）：将 230VAC 转换为 24VDC。

⑨ 接触器（K41）：由控制模块控制板控制的接触器，为电子装置供电。

⑩ RUN 接触器（K42）：由接触器接口电路板控制的 RUN 接触器，为驱动设备供电。

⑪ RUN 接触器（K43）：由接触器接口电路板控制的第二个 RUN 接触器，为驱动设备供电。

⑫ 主开关（Q1）：驱动模块前面的主开关。

⑬ 变压器（T1，T2）：T1 为主变压器，将主电源（200～600VAC）转换为 3×262

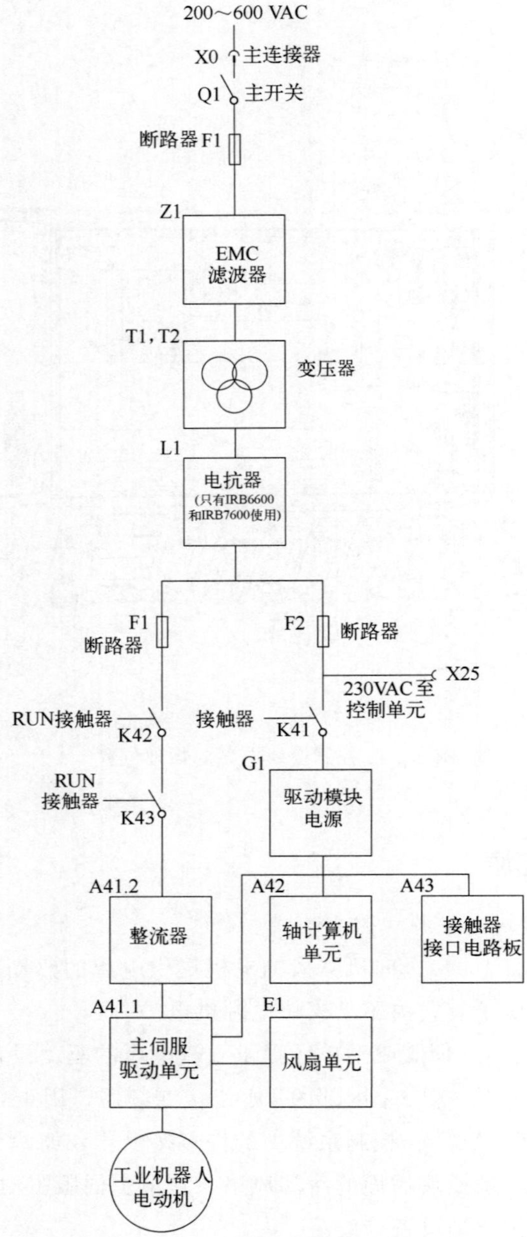

图 6-26　驱动模块主电源线路

VAC（小型机器人）、3×400VAC（IRB6600）或 3×480VAC（IRB 7600）；T2 由直流电源机器人如 IRB6600（400～480V）和 IRB7600（480V）用于向各种类型的电源单元提供 230VAC 电源。

⑭ 主连接器（X0）：驱动模块连接器面板上的主连接器，位于盖后面。

⑮ X25：向控制模块提供两相电源的连接器，位于盖后面。

⑯ EMC 滤波器（Z1）：备选件。

图 6-27 显示了驱动模块电源的物理位置。

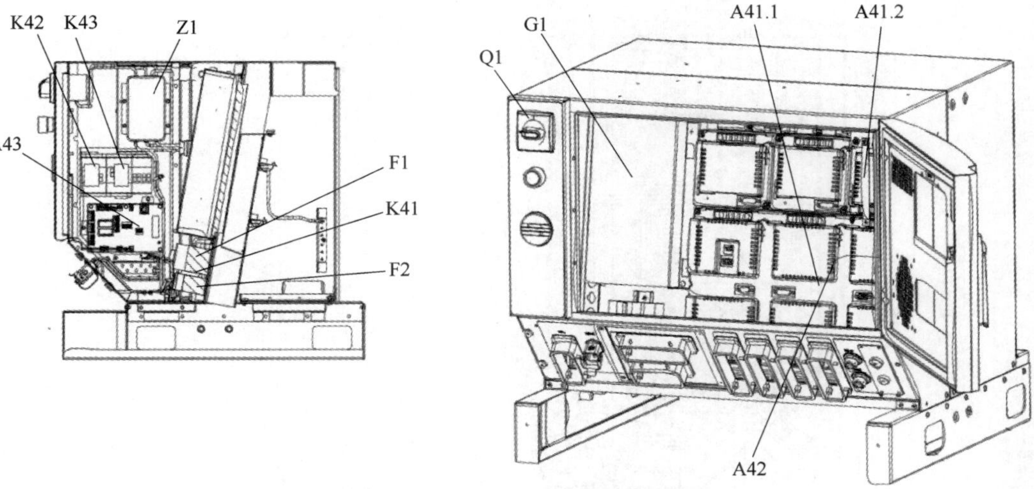

图 6-27　驱动模块电源的物理位置

6.2.10 关于电气保护装置

控制模块电气保护装置位置如图 6-28 所示，驱动模块电气保护装置位置如图 6-29 所示。

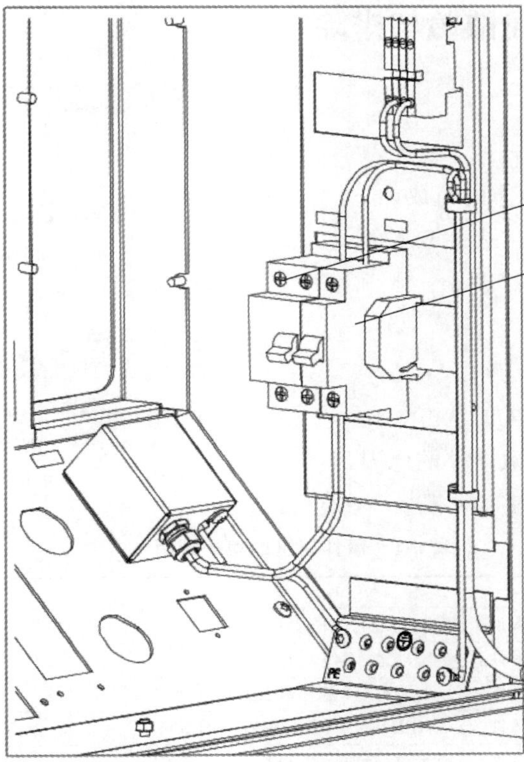

图 6-28　电气保护装置位置（控制模块）

F4—接地故障保护单元；F5—断路器

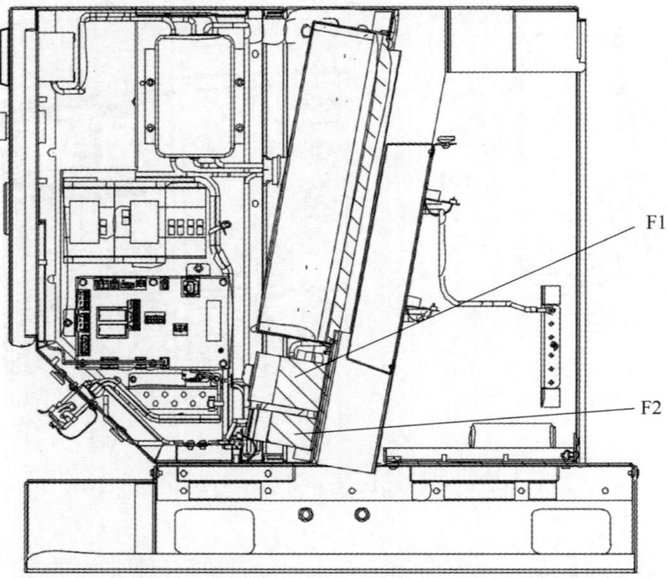

图 6-29　电气保护装置位置（驱动模块）

F1，F2—断路器

6.3 工业机器人常见故障与排除

6.3.1 事件日志

如图 6-30 所示，事件日志的组成如下。

编号：事件消息的编号（表 6-1）。

符号：事件消息的类型（表 6-2）。

名称：事件消息的名称。

说明：导致事件发生的动作。

结果：事件发生后机器人的状态。

可能性原因：有可能导致事件的原因。

动作：消除事件影响所需的步骤。

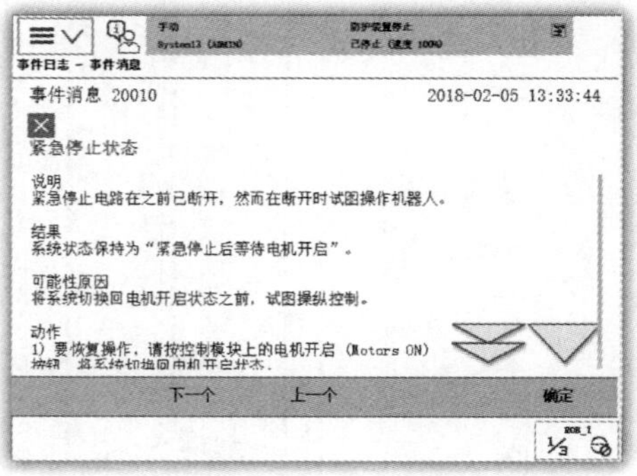

图 6-30　事件日志的组成

表 6-1　事件消息的编号说明

编号序列	事件类型
1×××	操作事件：与系统处理有关的事件
2×××	系统事件：与系统功能、系统状态等有关的事件
3×××	硬件事件：与系统硬件、机械臂以及控制器硬件有关的事件
4×××	程序事件：与 RAPID 指令、数据等有关的事件
5×××	动作事件：与控制机械臂的移动和定位有关的事件
7×××	I/O 事件：与输入和输出、数据总线等有关的事件
8×××	用户事件：用户定义的事件

续表

编号序列	事件类型
9××××	功能安全事件:与功能安全相关的事件
11××××	工艺事件:特定应用事件,包括弧焊、点焊等
12××××	配置事件:与系统配置有关的事件
13××××	油漆
15××××	RAPID
17××××	Connected Service Embedded(嵌入式连接服务)事件日志在启动、注册、取消注册、失去连接等事件中生成

表 6-2　事件消息的类型

类型	描述
信息	这些消息用于将信息记录到事件日志中,但是并不要求用户进行任何特别操作。信息类消息不会在控制器的显示设备上占据焦点
警告	这些消息用于提醒用户系统上发生了某些无需纠正的事件,操作会继续。这些消息会保存在事件日志中,但不会在显示设备上占据焦点
错误	这些消息表示系统出现了严重错误,操作已经停止。这些消息在需要用户立即采取行动时使用

6.3.2 机器人指示

工业机器人上有众多的指示,不同的指示表示工业机器人的不同状态,或者大体上指示其故障位置与处理方式。

(1)主板 LED 指示

DSQC512 板 LED 指示如图 6-31～图 6-33 所示,LED 含义见表 6-3。

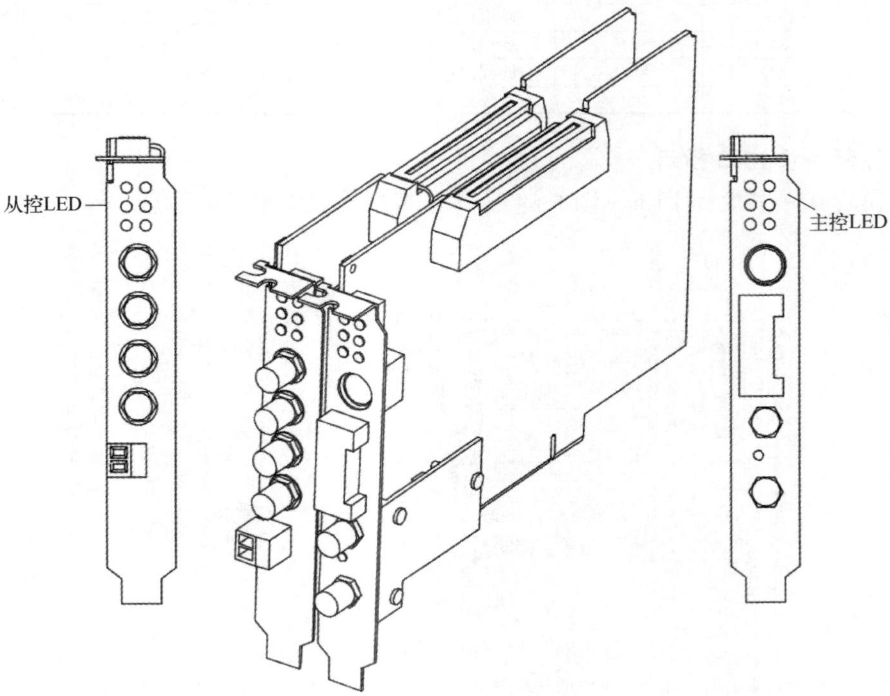

图 6-31　DSQC512 板 LED 指示

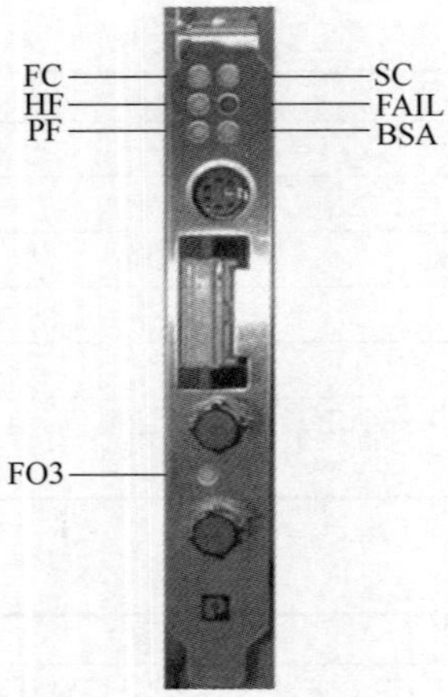

图 6-32　主控 LED 指示

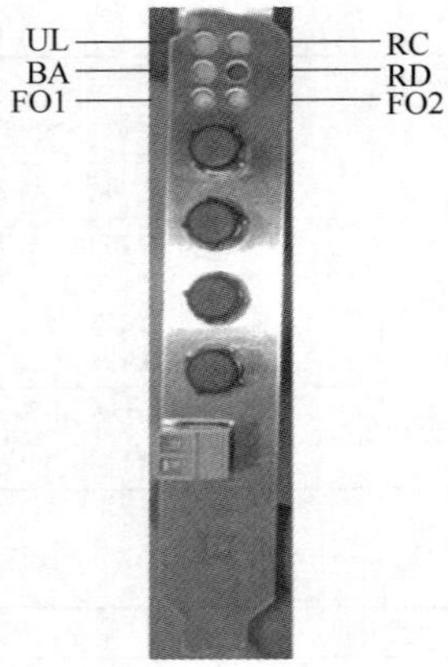

图 6-33　从控 LED 指示

表 6-3　主板 LED 含义

名称		颜色	含义
主控LED	PF	黄色	外围设备故障，连接该总线的一个或多个外围设备有故障
	HF	黄色	主机故障，该单元与主机断开连接
	FC	绿色	保留，不可用
	BSA	黄色	总线段中止，一个或多个总线段被断开（禁用）
	FAIL	红色	总线失败，Interbus 系统中发生错误
	SC	绿色闪烁	状态控制器，单元活动，但没有配置
	SC	绿色	状态控制器，单元活动，并且已经配置
	FO3	黄色	通道 3 的光纤正常。在主控电路板初始化或者通信失败期间亮起
从控LED	UL	绿色	电源，单元使用外部 24VDC 电源供电
	BA	绿色闪烁	总线活动，单元活动，但没有配置
	BA	绿色	总线活动，单元活动，并且已经配置
	FO1	黄色	通道 1 的光纤正常。在从控电路板初始化或者通信失败期间亮起
	RC	绿色	远程总线检查，单元外的总线段处于活动状态
	RD	红色	远程总线禁用，单元外的总线段被禁用
	FO2	黄色	通道 2 的光纤正常。在从控电路板初始化或者通信失败期间亮起

(2) 控制模块 LED 指示

控制模块有许多指示 LED（图 6-34），为故障排除提供重要的信息。

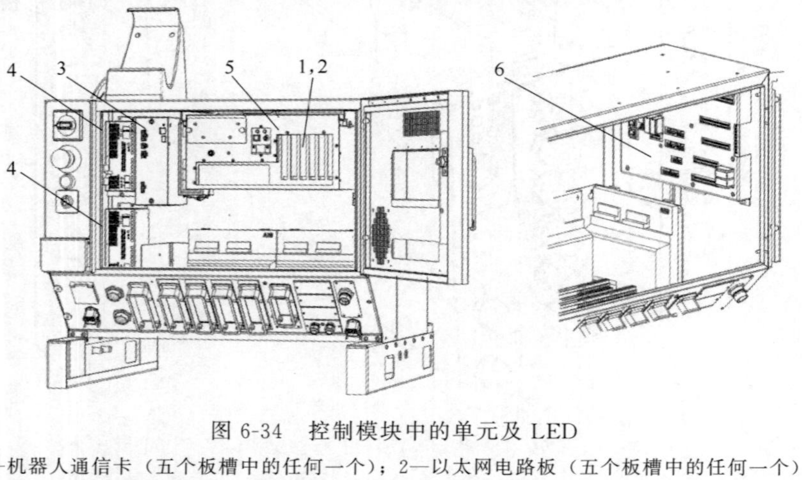

图 6-34　控制模块中的单元及 LED

1—机器人通信卡（五个板槽中的任何一个）；2—以太网电路板（五个板槽中的任何一个）；
3—控制模块电源；4—客户电源（多达三个单元）；5—计算机单元；6—控制板

① 机器人通信卡 LED 指示　图 6-35 显示了机器人控制卡上的 LED，含义见表 6-4。

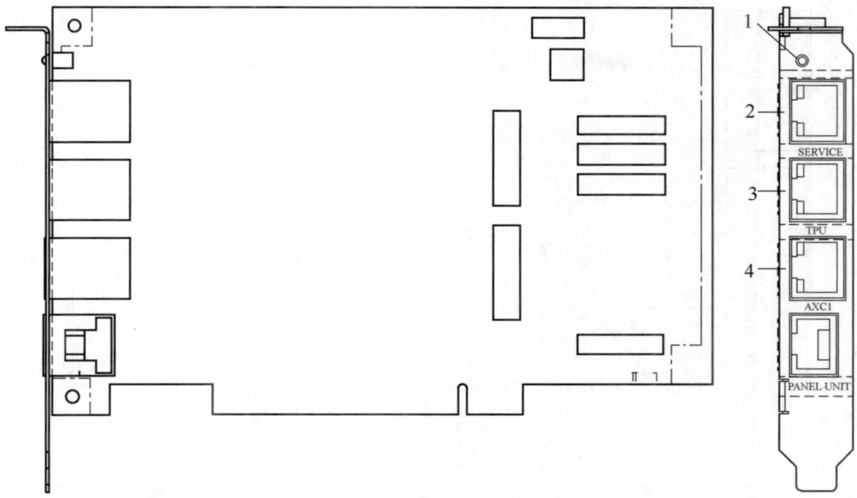

图 6-35　机器人控制卡 LED 指示

1—主机状态 LED；2—服务连接器 LED；3—TPU 连接器 LED；4—AXC1 连接器 LED

表 6-4　机器人通信卡 LED 含义

名称	含义
主机状态 LED (在启动期间)	以下按正常启动期间亮起的顺序说明 ①红灯持续：主机引导序列正在运行。在正常引导序列期间，LED 在几秒之后进入闪烁状态。如果持续亮红灯，引导计算机的磁盘可能出现故障并且必须更换 ②红灯闪烁：正在加载主机操作系统 ③绿灯闪烁：系统正在启动 ④绿灯持续：系统完成启动
服务连接器 LED	显示服务连接器通信。此 LED 仅在系统已经启动(即主机状态 LED 为持续绿灯)并且服务端口已经初始化之后亮起 ①绿灯熄灭：选择了 10Mbps 数据率 ②绿灯亮起：选择了 100Mbps 数据率 ③黄灯闪烁：两个单元正在以太网通道上通信 ④黄灯持续：LAN 链路已建立 ⑤黄灯熄灭：LAN 链路未建立
TPU 连接器 LED	显示示教器和机器人通信卡之间的以太网通信状态
AXC1 连接器 LED	显示轴计算机 1 和机器人通信卡之间的以太网通信状态

② 以太网电路板 LED 指示　图 6-36 显示了以太网电路板上的 LED，其含义见表 6-5。

③ 控制模块电源 LED 指示　控制模块电源上的 LED 为 DCOK 指示灯，其状态与含义如下。

a. 绿灯亮起：在所有 DC 输出都超过指定的最低水平时。

b. 绿灯熄灭：在一个或多个 DC 输出低于指定的最低水平时。

④ 客户电源 LED 指示　客户电源上也有 DCOK 指示灯，其状态和含义与控制模块电源上的 LED 相同。

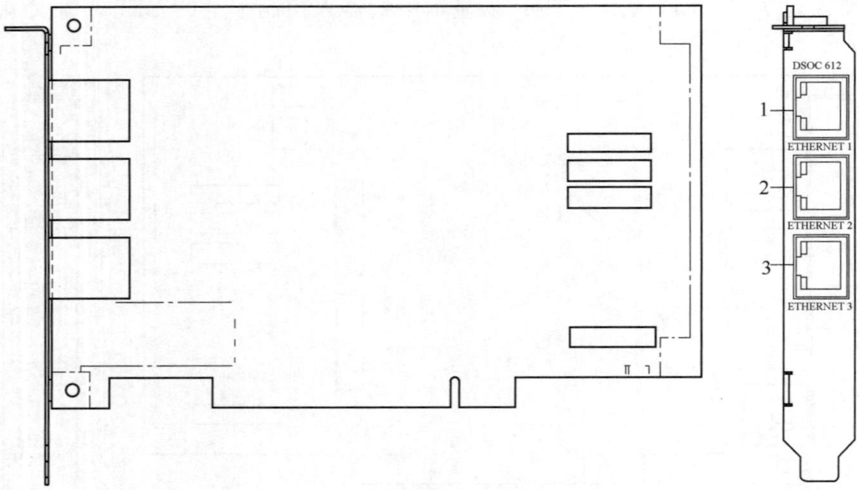

图 6-36 以太网电路板 LED 指示

1—AXC2 连接器 LED；2—AXC3 连接器 LED；3—AXC4 连接器 LED

表 6-5 以太网电路板 LED 含义

名称	含义
AXC2 连接器 LED	显示轴计算机 2 和以太网电路板之间的以太网通信状态 ①绿灯熄灭：选择了 10Mbps 数据率 ②绿灯亮起：选择了 100Mbps 数据率 ③黄灯闪烁：两个单元正在以太网通道上通信 ④黄灯持续：LAN 链路已建立 ⑤黄灯熄灭：LAN 链路未建立
AXC3 连接器 LED	显示轴计算机 3 和以太网电路板之间的以太网通信状态，具体内容同上
AXC4 连接器 LED	显示轴计算机 4 和以太网电路板之间的以太网通信状态，具体内容同上

⑤ 计算机单元 LED 指示　图 6-37 显示了计算机单元上的 LED，其含义见表 6-6。

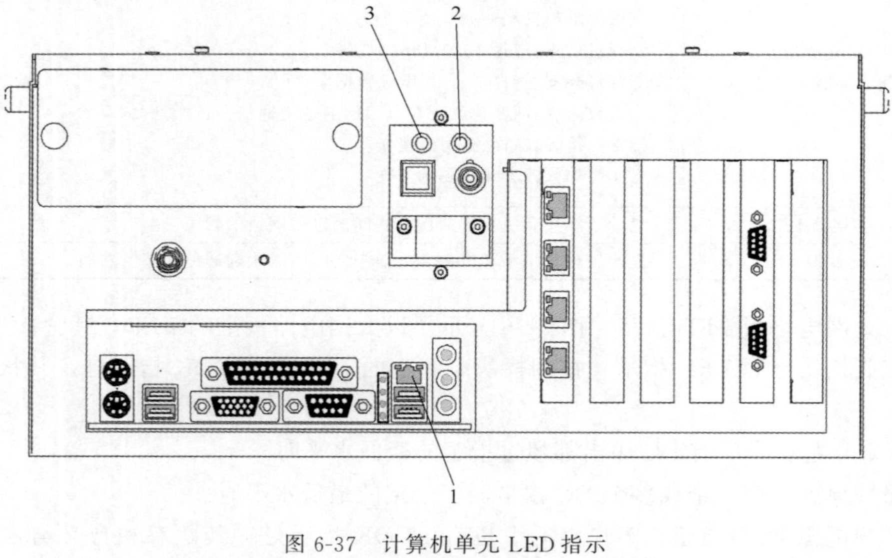

图 6-37 计算机单元 LED 指示

1—以太网 LED；2—海量存储器指示 LED；3—电源开启 LED

表 6-6　计算机单元 LED 含义

名称	含义
以太网 LED	显示主机以太网通道上的通信状态 ①绿灯熄灭:选择了 10Mbps 数据率 ②绿灯亮起:选择了 100Mbps 数据率 ③黄灯闪烁:两个单元正在以太网通道上通信 ④黄灯持续:LAN 链路已建立 ⑤黄灯熄灭:LAN 链路未建立
海量存储器指示 LED	黄灯闪烁:硬盘和处理器之间通信
电源开启 LED	①绿灯持续:计算机单元有通电并且工作正常 ②绿灯熄灭:计算机单元未通电

⑥ 控制板 LED 指示　控制板 LED 含义见表 6-7。

表 6-7　控制板 LED 含义

名称	含义
状态 LED	①绿灯闪烁:串行通信错误 ②绿灯持续:找不到错误,且系统正在运行 ③红灯闪烁:系统正在加电/自检模式中 ④红灯持续:出现串行通信错误以外的错误
指示 LED,ES1	黄灯亮起:紧急停止链 1 关闭
指示 LED,ES2	黄灯亮起:紧急停止链 2 关闭
指示 LED,GS1	黄灯亮起:常规停止开关链 1 关闭
指示 LED,GS2	黄灯亮起:常规停止开关链 2 关闭
指示 LED,AS1	黄灯亮起:自动停止开关链 1 关闭
指示 LED,AS2	黄灯亮起:自动停止开关链 2 关闭
指示 LED,SS1	黄灯亮起:上级停止开关链 1 关闭
指示 LED,SS2	黄灯亮起:上级停止开关链 2 关闭
指示 LED,EN1	黄灯亮起:ENABLE1=1 且 RS 通信正常

(3) 驱动模块 LED 指示

驱动模块有许多指示 LED（图 6-38），为故障排除提供重要的信息。

① 轴计算机 LED 指示　图 6-39 显示了轴计算机上的 LED，其含义见表 6-8。

② 伺服驱动器与整流器单元 LED 指示　驱动模块主伺服驱动器、单伺服驱动器和整流器单元上的指示 LED 的含义如下。

a. 绿灯闪烁：内部功能正常，但与单元的接口中出现故障。不需要更换单元。

b. 绿灯持续：程序加载成功，单元功能正常并且与这些单元的所有接口功能正常。

c. 红灯持续：检测到永久性内部故障。如果启动时内部自检有故障或者检测到运行的系统中有内部故障，LED 会有此种模式。很可能需要更换单元。

③ 驱动模块电源 LED 指示　驱动模块电源上的 LED 也有 DCOK 指示灯，其状态和含义与控制模块电源上的 LED 相同。

④ 接触器接口电路板 LED 指示　图 6-40 显示了接触器接口电路板上的 LED，其含义如下。

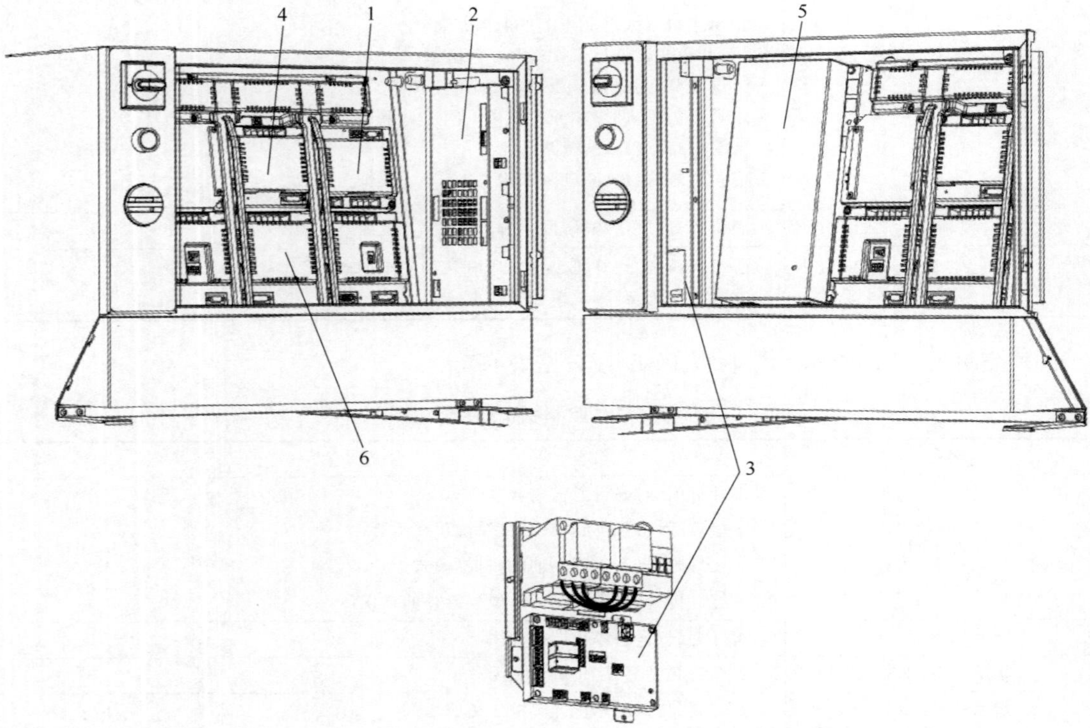

图 6-38　驱动模块中的单元及 LED

1—整流器；2—轴计算机；3—接触器接口电路板；4—单伺服驱动器；
5—驱动模块电源；6—主伺服驱动器

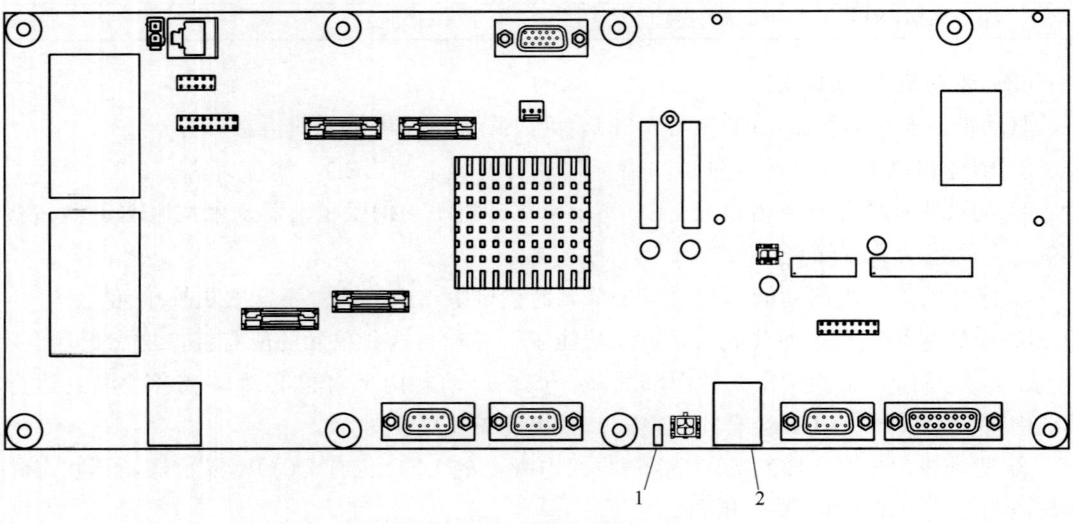

图 6-39　轴计算机 LED 指示

1—状态 LED；2—以太网 LED

表 6-8　轴计算机 LED 含义

名称	含义
状态 LED	以下按正常启动期间亮起的顺序说明 ①红灯持续：电源开启，轴计算机正在初始化基本的硬件和软件 ②红灯闪烁：正在连接主机，尝试下载 IP 地址和图像文件至轴计算机 ③绿灯持续：启动序列就绪，VxWorks 正在运行 ④红灯闪烁：出现初始化错误，如有可能，轴计算机会通知主机
以太网 LED	显示其他轴计算机（2、3 或 4）和以太网电路板之间的以太网通信状态 ①绿灯熄灭：选择了 10Mbps 数据率 ②绿灯亮起：选择了 100Mbps 数据率 ③黄灯闪烁：两个单元正在以太网通道上通信 ④黄灯持续：LAN 链路已建立 ⑤黄灯熄灭：LAN 链路未建立

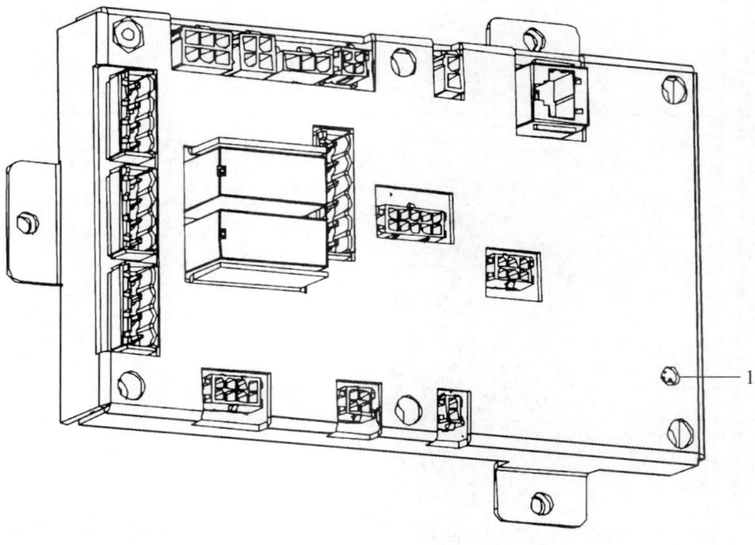

图 6-40　接触器接口电路板 LED 指示

1—状态 LED

① 绿灯闪烁：串行通信错误。

② 绿灯持续：找不到错误，且系统正在运行。

③ 红灯闪烁：系统正在加电/自检模式中。

④ 红灯持续：出现串行通信错误以外的错误。

（4） I/O 单元 LED 指示

图 6-41 显示了数字 I/O 单元 DSQC328 的 LED，其含义见表 6-9，并且适用于以下 I/O 单元：120VAC I/O DSQC320；组合 I/O DSQC327；继电器 I/O DSQC332。

系统在启动期间执行 MS 和 NS 的 LED 测试。此测试的目的是检查所有 LED 是否正常工作。测试按表 6-10 所示的方式运行。

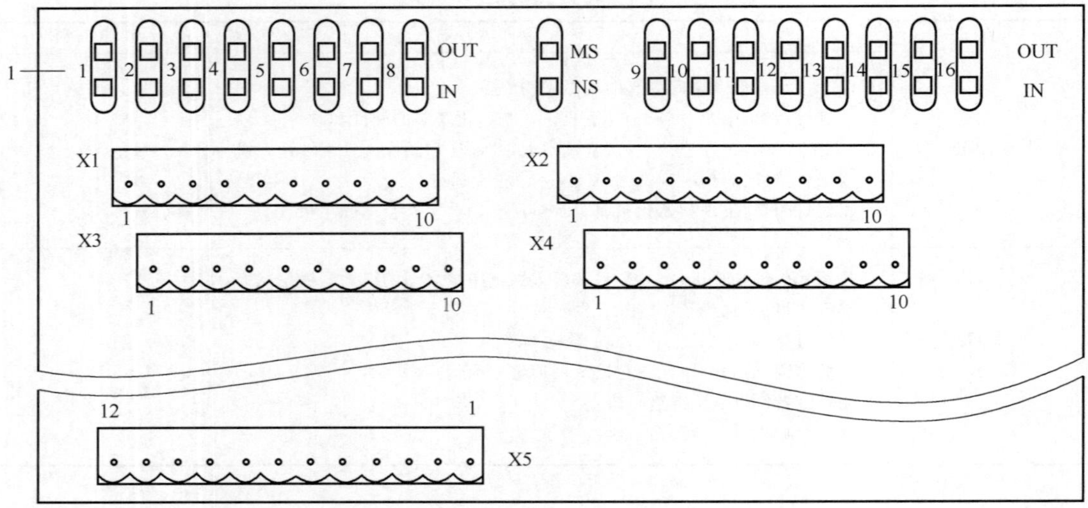

图 6-41 数字 I/O 单元 DSQC328

1—LED

表 6-9 数字 I/O 单元 LED 含义

名称	颜色及状态	含义
IN	黄灯	输入高信号时亮起。施加的电压越高，LED 发出的光越亮。也就是说，即使输入电压在电压级别“1”之下，LED 也会发出微光
OUT	黄灯	输出高信号时亮起。施加的电压越高，LED 发出的光越亮
MS	熄灭	未通电，检查 24V CAN
	绿灯	正常条件
	绿灯闪烁	软件配置缺失，处于待机状态，配置设备
	绿灯/红灯闪烁	设备自检，等待测试完成
	红灯闪烁	小故障(可修复)，重启设备
	红灯	不可修复的故障，更换设备
NS	熄灭	未通电/离线
	绿灯闪烁	在线，未连接，等待连接
	绿灯	在线，已建立连接
	红灯	关键链路故障，不能通信(重复的 MAC ID 或者总线断开)，更改 MAC ID 和(或)检查 CAN 连接/电缆

表 6-10 加电时的 DeviceNet 总线状态 LED 测试

顺序	LED 操作
1	NS LED 关闭
2	MS LED 打开，绿灯亮起约 0.25s
3	MS LED 打开，红灯亮起约 0.25s
4	MS LED 打开绿灯
5	NS LED 打开，绿灯亮起约 0.25s
6	NS LED 打开，红灯亮起约 0.25s
7	NS LED 打开绿灯

(5) Interbus 通信板上的 LED 指示

Interbus 通信板通常安装在控制模块中，在板的前面。

DSQC351A 板 LED 指示如图 6-42 所示，含义见表 6-11。

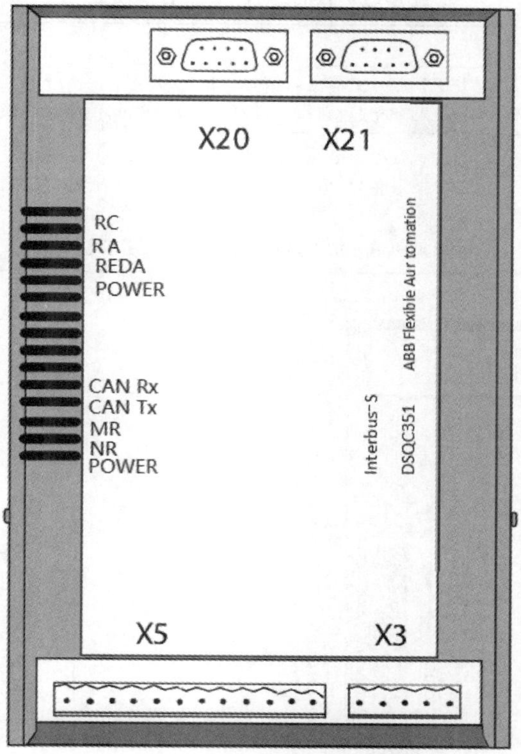

图 6-42 DSQC351A 板 LED 指标

表 6-11 DSQC351A 板上特定 LED 含义

名称	颜色	含义
POWER-24VDC（上部指示灯）	绿色	①有电源电压，并且电压超过 12VDC ②如果没有亮起，检查电源模块上是否有电压，另外检查电源连接器中是否有电，如果没有，检查电缆和连接器 ③如果向单元加电，但其未工作，则更换单元
POWER-5VDC（下部指示灯）	绿色	①5VDC 电源在限制内并且复位不活动时亮起 ②如果没有亮起，检查电源模块上是否有电压，另外检查电源连接器中是否有电，如果没有，检查电缆和连接器 ③如果向单元加电，但其未工作，则更换单元
REDA	红色	此 Interbus 工作站是 Interbus 网络中最后一个工作站时亮起，如果不是，检查 Interbus 配置
RA	绿色	①在 Interbus 活动时亮起 ②如果未亮起，检查网络、节点和连接
RC	绿色	①在 Interbus 通信无错误运行时亮起 ②如果未亮起，检查机器人和 Interbus 网络中的系统消息

（6）Profibus 通信板上的 LED 指示

Profibus 通信板通常安装在控制模块中。

① DSQC352 板 LED 指示　如图 6-43 所示，含义见表 6-12。

② DSQC510 板 LED 指示　如图 6-44 所示，含义见表 6-13。

表 6-12 DSQC352 板 LED 含义

名称	颜色	含义
PROFIBUS ACTIVE	绿色	①在节点与主节点通信时亮起 ②如果未亮起,则检查机器人和 Profibus 网络中的系统消息
POWER-24VDC	绿色	①指示有电源电压,并且电压超过 12VDC ②如果未亮起,检查电源单元和电源连接器中是否有电压。如果没有,则检查电缆和连接器 ③如果向单元加电,但其未工作,则更换单元

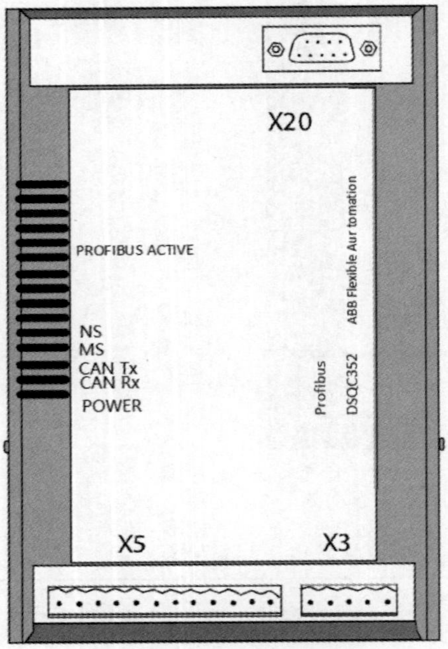

图 6-43 DSQC352 板 LED 指示

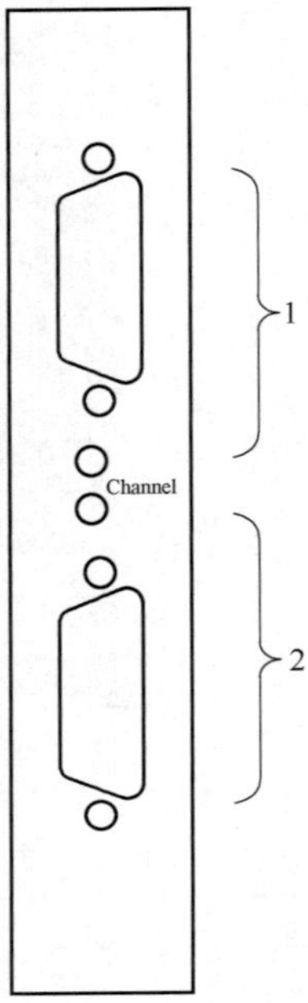

图 6-44 DSQC510 板 LED 指示

1—从控通道，LED 标记 S；2—主控通道，LED 标记 M

表 6-13 DSQC510 板 LED 含义

名称	含义
从控通道 LED	①指示从控通道的状态 ②在从控通道处于数据交换模式时亮起
主控通道 LED	①指示主控通道的状态 ②在主控具有 Profibus 信号时亮起

6.3.3 典型单元故障排除方法

注意：在对控制柜进行操作时，为了防止在触摸到控制柜时，操作人员自身的大量静电放出对控制柜内的高敏电子元件产生破坏，需要佩戴静电手环，如图 6-45 所示。

(1) 示教器故障排除方法

示教器通过控制板与控制模块主机通信。示教器使用电缆物理连接至控制板，其中具有＋24V 电源并且运行两个使能装置链。

① 如果示教器完全死机，按“FlexPendant 死机”处理。

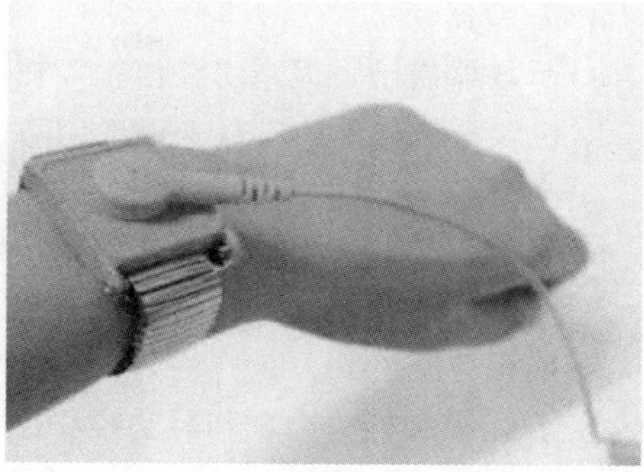

图 6-45　佩戴静电手环

② 如果示教器启动，但不能正常操作，按“FlexPendant 无法通信”处理。

③ 如果示教器启动并且似乎可以操作，但显示错误事件消息，按“FlexPendant 的偶发事件”处理。

④ 如果显示器未亮起，尝试调节对比度。

⑤ 检查电缆的连接和完整性。

⑥ 检查 24V 电源。

⑦ 阅读错误事件日志消息并按参考资料的说明进行操作。示教器和主计算机之间的通信错误可在示教器上或者使用 RobotStudio 查看事件日志消息。

（2）电源故障排除方法

① 检查电源设备上的指示 LED。

② 断开电源单元的输出连接器。

③ 测量单元的输出电压。

④ 测量输入电压。

⑤ 如有必要，从电源单元逐一断开负载，以消除任何过载。

⑥ 如果发现电源单元出现故障，则进行更换，并检查故障是否已经修复。

（3）通信故障排除方法

① 检查有故障的电缆（如发送和接收信号相混）。

② 检查波特率。

③ 检查不正确设置的数据宽度。

（4）I/O 单元故障排除方法

① 功能检查　以某个 I/O 单元没有按预期通过其输入和输出通信为例进行说明。

a. 检查当前的 I/O 信号状态是否正常。使用示教器上的 I/O 菜单。

b. 检查当前输入或输出的 I/O 单元 LED。如果输出 LED 未亮起，则检查 24V I/O 电源是否正常。

c. 检查从 I/O 单元到过程连接的所有连接器和电缆。

d. 确保 I/O 单元连接的过程总线正常工作。如果总线停止运行，事件日志中通常会存储一个事件日志消息。另外检查总线板上的指示 LED。

② 通道通信检查　可从示教器上的 I/O 菜单读取并激活 I/O 通道。如果与机器人的往返通信存在 I/O 通信错误，按如下所述进行检查。

① 当前程序中是否有 I/O 通信程序？

② 在所提单元上，MS（模块状态）和 NS（网络状态）LED 必须持续亮起绿灯（参见表 6-9）。

（5）启动故障排除方法

① 症状

a. 任何单元上无 LED 指示灯亮起。

b. 接地故障保护开关跳闸。

c. 无法加载系统软件。

d. 示教器死机。

e. 示教器启动，但未对任何输入作出响应。

f. 包含系统软件的磁盘未正确启动。

② 处理

a. 确保系统的主电源通电并且在指定的极限之内。

b. 确保驱动模块中的主变压器正确连接，以符合现有的主电压要求。

c. 确保打开主开关。

d. 确保控制模块电源和驱动模块电源在各自指定的限制范围内。

e. 如果无 LED 亮起，按“所有 LED 熄灭”处理。

f. 如果系统好像完全死机，按“控制器死机”处理。

g. 如果示教器显示为死机，按“FlexPendant 死机”处理。

h. 如果示教器启动，但未与控制器通信，按“FlexPendant 无法通信”处理。

i. 如果系统硬盘正常工作，在启动后应立即发出“嗡嗡”声，并且前面的 LED 会亮起。如果在尝试启动之后计算机发出两声“嘀”音之后停止，表明磁盘不能正常工作，需进一步处理。

6.3.4 故障诊断与维修案例

6.3.4.1 间歇性故障

(1) 现象

在操作期间，错误和故障随机发生。操作被中断，并且偶尔显示事件日志消息，有时并不像是实际系统故障。这类问题有时会相应地影响紧急停止或启动链。

(2) 可能的原因

① 外部干扰。

② 内部干扰。

③ 连接松动。

④ 热现象，例如工作场所内有很大的温度变化。

(3) 处理方法

① 检查所有电缆，尤其是紧急停止以及启动链中的电缆，确保所有连接器连接稳固。

② 检查 LED 信号是否有问题。

③ 检查事件日志中的消息。有时，一些特定错误是间歇性的。可在示教器上或者使用 RobotStudio 查看事件日志消息。

④ 检查机器人的行为。如有可能，以日志形式或其他类似方式记录故障。

⑤ 检查机器人工作环境中的条件是否定期变化，例如电气设备只是定期干扰。

⑥ 调查环境条件（如环境温度、湿度等）与该故障是否有任何关系。如有可能，以日志形式或其他类似方式记录故障。

6.3.4.2 控制器死机

(1) 现象

控制器完全或者间歇死机，无指示灯亮起且不能操作。使用示教器，系统可能无法操作。

(2) 可能的原因

① 控制器未连接主电源。

② 主变压器出现故障或者未正确连接。

③ 主保险可能已断开。

④ 控制器与驱动模块之间的连接缺失。

(3) 处理方法

① 确保主电源正常工作并且电压符合控制器的要求。

② 确保主变压器正确连接，以符合现有的主电压要求。

③ 确保驱动模块中的主保险未断开。如果已断开，则将其复位。

④ 如果在控制模块正常工作并且驱动模块主开关打开的情况下驱动模块仍无法启动，则确保正确建立了模块之间的连接。

6.3.4.3 控制器性能低

(1) 现象

控制器没有完全死机，可能出现程序执行迟缓，看上去无法正常执行并且有时停止的现象。

(2) 可能的原因

① 程序仅包含太高程度的逻辑指令，造成程序循环过快，使处理器过载。

② I/O 更新间隔设置为低值，造成频繁更新和过高的 I/O 负载。

③ 内部系统交叉连接和逻辑功能使用太频繁，使系统过载。

④ 外部 PLC 或者其他监控计算机对系统寻址太频繁，造成系统过载。

(3) 处理方法

① 检查程序是否包含逻辑指令（或其他“不花时间”执行的指令），因为此类程序在未满足条件时会造成执行循环。要避免此类循环，可以通过添加一个或多个 WAIT 指令来进行测试。仅使用较短的 WAIT 时间，以避免不必要地减慢程序。

适合添加 WAIT 指令的位置有：在主例行程序中，最好是接近末尾；在 WHILE/FOR/GOTO 循环中，最好是在末尾，接近指令 ENDWHILE/ENDFOR 等部分。

② 确保每个 I/O 板的 I/O 更新时间间隔值没有太低。这些值使用 RobotStudio 更改。不经常读的 I/O 单元可切换到“状态更改”操作。

③ 检查 PLC 和机器人系统之间是否有大量的交叉连接或 I/O 通信。与 PLC 或其他外部计算机过重的通信可造成机器人系统主机中出现重负载。

④ 尝试以事件驱动指令而不是使用循环指令编辑 PLC 程序。机器人系统有许多固定的系统输入和输出可用于实现此目的。

6.3.4.4 示教器死机

(1) 现象

示教器完全或间歇性死机。无适用的项，并且无可用的功能。使用示教器，系统无法操作。

(2) 可能的原因

① 系统未开启。

② 示教器没有与控制器连接。

③ 到控制器的电缆被损坏。

④ 电缆连接器被损坏。

⑤ 示教器出现故障。

⑥ 示教器控制器的电源出现故障。

(3) 处理方法

① 确保系统已经打开并且示教器连接到控制器。

② 检查示教器电缆是否存在任何损坏迹象。如有可能，通过连接不同的示教器进行测试以排除导致故障的示教器和电缆。也尽可能测试现有的示教器与不同控制器之间的连接。如有故障，更换示教器。

③ 检查控制模块电源是否向示教器供应 24V 的直流电。

6.3.4.5 所有 LED 熄灭

(1) 现象

控制模块或驱动模块上没有相应的 LED 亮起。系统不能操作或者根本无法启动。

(2) 可能的原因

① 未向系统提供电源。

② 可能未连接主变压器以获得正确的主电压。

③ 断路器可能出现故障或者因为任何其他原因处于开路状态。

④ 接触器可能出现故障或者因为任何其他原因处于开路状态（图 6-46）。

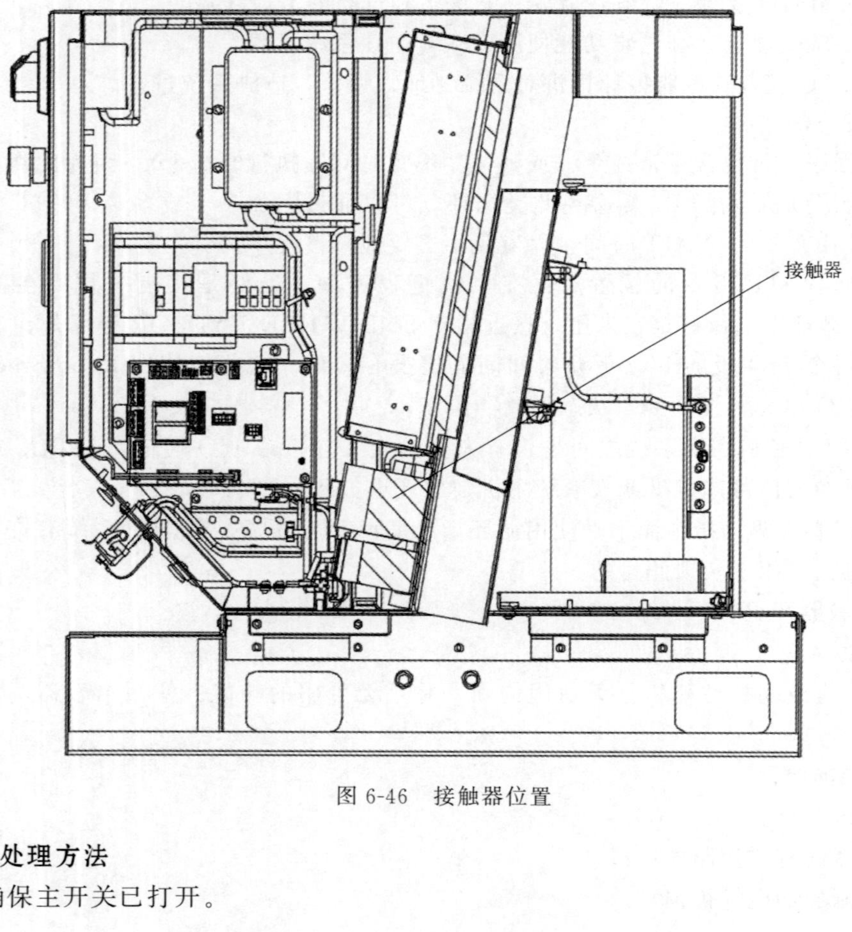

图 6-46 接触器位置

(3) 处理方法

① 确保主开关已打开。

② 确保系统通电。使用电压表测量输入的主电压。

③ 检查主变压器连接。在各终端上标记电压。确保它们符合要求。

④ 确保断路器闭合。

⑤ 确保接触器处于开路状态并在执行指令时闭合。

⑥ 从驱动模块电源断开连接器 X1 并测量输入电压（在 X1.1 和 X1.5 端子之间测量）。

⑦ 如果电源输入电压正确（230VAC）但 LED 仍无法工作，则更换驱动模块电源。

6.3.4.6 示教器无法通信

(1) 现象

示教器启动，但无显示。无适用的项，并且无可用的功能。使用示教器，系统无法操作。

(2) 可能的原因

① 主机无电源。

② 示教器和主机之间连接异常。

(3) 处理方法

① 确保控制模块主电源正常。

② 如果电源正常，则检查从电源到主机的所有电缆，确保正确连接。

③ 确保示教器与控制模块正确连接。

④ 检查控制模块和驱动模块中所有单元上的所有指示 LED。

⑤ 确保与机器人通信卡的所有连接和电源正常。

⑥ 确保机器人通信卡和接线台之间的以太网线正确连接。

⑦ 如果所有电缆和电源正常，并且似乎没有其他办法可以解决该问题，则更换主机设备。

6.3.4.7 示教器的偶发事件消息

(1) 现象

示教器上显示的事件消息是偶发的并且似乎与机器人上的任何实际故障不对应。可能会显示几种类型的消息，标示出现错误。如果没有正确执行，在机器人本体拆卸或者检查后可能会发生此类故障，因为不断显示消息而造成重大的操作干扰。

(2) 可能的原因

机器人本体内部接线不正确。原因可能是连接器连接欠佳，电缆扣环太紧使电缆在机器人移动时被拉紧，因为摩擦使信号与地面短路造成电缆绝缘损坏。

(3) 处理方法

① 检查所有机器人本体内部接线，尤其是所有断开的电缆及在最近维修期间重新布线或捆绑的电缆。

② 检查所有电缆连接器以确保它们正确连接并且拉紧。

③ 检查所有电缆绝缘是否损坏。

6.3.4.8 维修插座中无电压

(1) 现象

维修插座中无电压，连接维修插座的设备无法工作。

(2) 可能的原因

① 断路器跳闸，如图 6-47 所示。

② 接地故障保护开关跳闸。

③ 主电源掉电。

④ 变压器连接不正确。

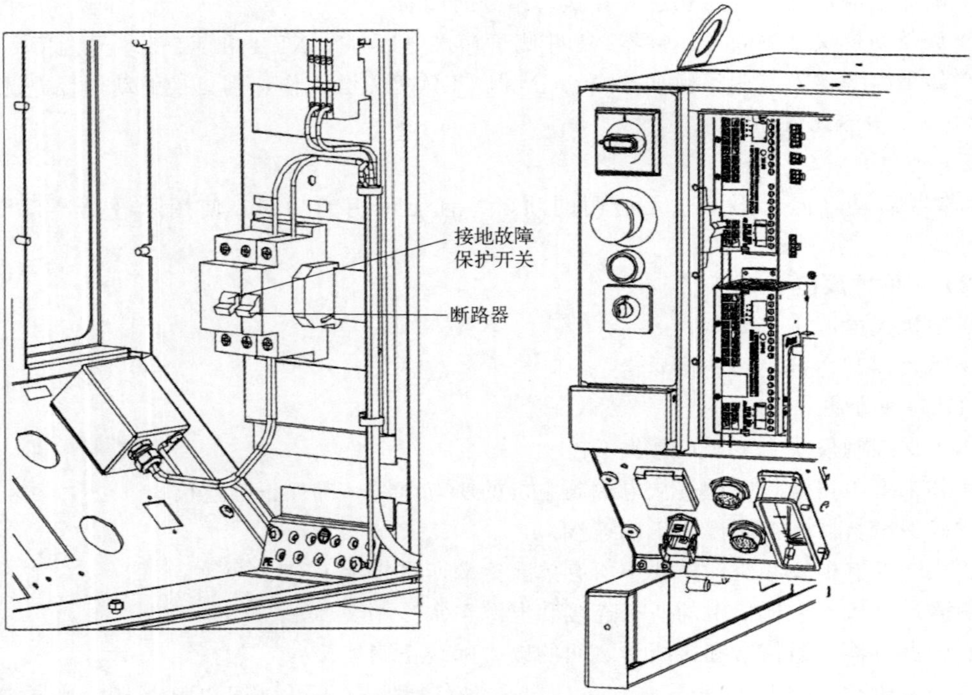

图 6-47　断路器与接地故障保护开关位置

(3) 处理方法

① 确保与维修插座连接的任何设备没有消耗太多的功率，造成断路器跳闸。

② 确保与维修插座连接的任何设备未将电流导向地面，造成接地故障保护开关跳闸。

③ 确保机器人系统的电源符合规范要求。

④ 确保为插座供电的变压器正确连接，即输入和输出电压符合规范要求，如图 6-48 所示。

6.3.4.9　操纵杆无法工作

(1) 现象

系统可以启动，但示教器上的操纵杆无法工作，无法手动微动控制机器人。

(2) 可能的原因

① 示教器未正确连接或者电缆被损坏。

② 示教器的电源不能正常工作。

③ 示教器发生故障。

(3) 处理方法

① 确保正确启动系统。

② 确保已在 Manual Mode 中选择了 Jogging。

③ 确保示教器与控制模块正确连接。

④ 确保示教器电缆未损坏。

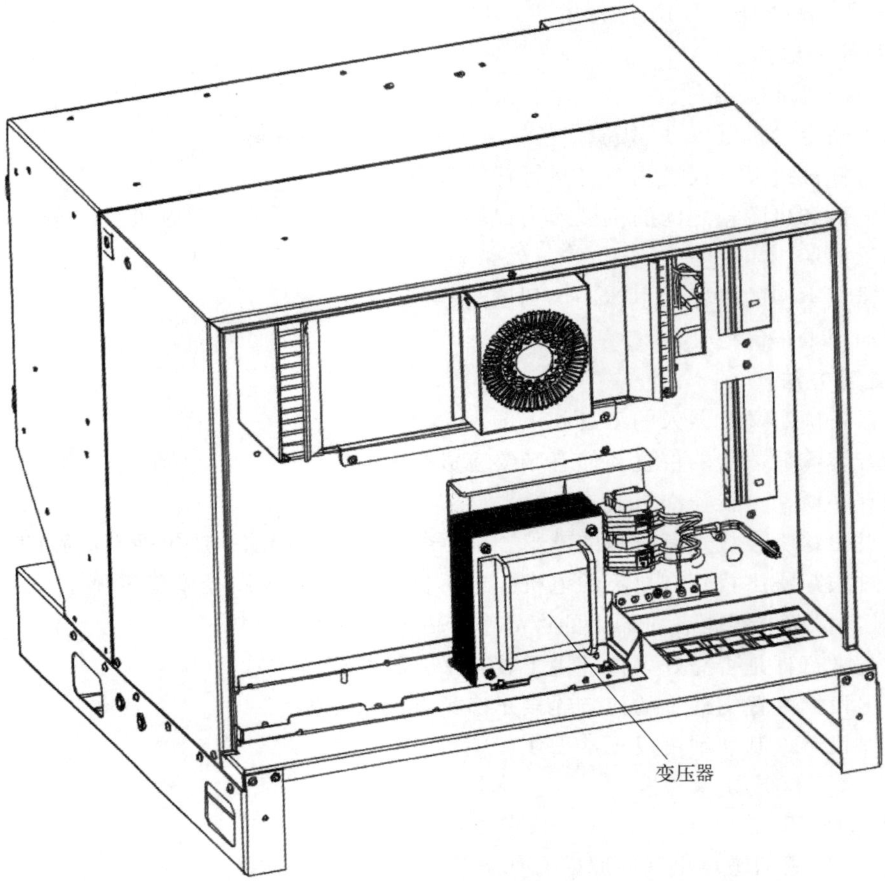

图 6-48　变压器位置

⑤ 确保控制模块电源和控制板正常工作。

⑥ 如果所有方法都无效，更换示教器。

6.3.4.10　更新固件失败

(1) 现象

在更新固件时，自动过程被中断并且系统停止。

(2) 可能的原因

此故障最常在硬件和软件不兼容时发生。

(3) 处理方法

① 检查事件日志，查看显示发生故障的单元的消息。

② 最近是否更换了相关的单元？如果是，则确保新旧单元的版本相同。如果否，则检查软件版本。

③ 最近是否更新了 RobotWare？如果是，则确保新旧版本相同。如果“否”，继续以下步骤。

④ 检查固件版本是否与现在的硬件/软件兼容。

6.3.4.11　不一致的路径精确性

(1) 现象

机器人 TCP（工具中心点）的路径不一致，经常变化，并且有时会伴有轴承、齿轮箱或其他位置发出的噪声，无法进行生产。

（2）可能的原因

① 未正确校准机器人。

② 未正确定义机器人 TCP。

③ 平行杆被损坏（仅适用装有平行杆的机器人）。

④ 在电机和齿轮箱之间的机械接头损坏，通常会使出现故障的电机发出噪声。

⑤ 轴承损坏。

⑥ 将错误类型的机器人本体连接到控制器。

⑦ 制动闸未正确松开。

（3）处理方法

① 确保正确定义机器人的工具和工件。

② 检查转数计数器的位置。如有必要应进行更新。

③ 如有必要，重新校准机器人轴。

④ 通过跟踪噪声找到有故障的轴承。根据各机器人的产品手册更换有故障的轴承。

⑤ 通过跟踪噪声找到有故障的电机。分析机器人 TCP 的路径以确定哪个轴进而确定哪个电机可能有故障。根据各机器人的产品手册更换有故障的电机。

⑥ 检查平行杆是否完好（仅适用于装有平行杆的机器人）。

⑦ 确保根据配置文件中的指定连接正确类型的机器人。

⑧ 确保机器人制动闸可以正常工作。

6.3.4.12 噪声和振动

（1）振动原因

机器人本体振动噪声出现的原因有如下几个。

① 轴承磨损。

② 污物进入轴承圈。

③ 轴承没有润滑。

（2）噪声原因

通常是由减速器故障引起的，产生噪声的主要原因是减速器过热。减速器过热主要由以下原因造成。

① 使用润滑油的质量不佳或油面高度不正确。

② 机器人工作周期运行特定关节轴太困难。

③ 齿轮箱内出现过大压力。

（3）处理方法

机器人本体故障处理见表 6-14，减速器故障处理见表 6-15。

表 6-14　机器人本体故障处理

步骤	操作	备注
1	在接近可能发热的机器人组件时，需遵守操作规范	安全注意事项
2	确定发出噪声的轴承	
3	确定轴承有充分的润滑	参考产品手册
4	如有可能，拆开接头并测量间距	
5	电机内的轴承不能单独更换，只能更换整个电机	参考产品手册
6	确定轴承正确装配	

表 6-15　减速器故障处理

步骤	操作	备注
1	在接近可能发热的机器人组件时,需遵守操作规范	安全注意事项
2	检查油面高度和油液类型	
3	检查机器人执行特别繁重的复合工作周期时是否装配有排油插销,如没有建议购买	参考产品手册
4	在应用程序中写入一小段的"冷却周期"	

6.3.4.13　机器人制动闸未释放

(1) 现象

在开始操作机器人或者微动控制机器人时，必须释放内部制动闸以进行运动。如果未释放制动闸，机器人不能运动，并且会记录许多错误日志消息。

(2) 可能的原因

① 制动接触器不能正常工作。

② 系统未正确进入 Motors ON 状态。

③ 机器人轴上的制动闸发生故障。

④ 24V BRAKE 电源电压缺失。

(3) 处理方法

① 确保制动接触器已激活。应听到"嘀"声，或者通过测量接触器顶部辅助触点之间的电阻进行确定。

② 确保激活了 RUN 接触器。注意，两个接触器必须均激活，而不只是激活一个。应听到"嘀"声，或者通过测量接触器顶部辅助触点之间的电阻进行确定。

③ 使用机器人上的按钮测试制动闸。如果只有一个制动闸出现故障，现有的制动闸很有可能发生故障，必须更换。如果未激活任何制动闸，很可能没有 24V BRAKE 电源。按钮的位置因机器人的型号而不同，参阅各机器人的产品手册。

④ 检查驱动模块电源以确保 24V BRAKE 电源电压正常。

⑤ 系统内许多其他故障可能会使制动闸一直处于激活状态。

6.3.4.14　电控柜常见故障

电控柜常见故障处理见表 6-16。

表 6-16　电控柜常见故障处理

现象	可能的原因	处理方法
开机不能听到接触器吸合的声音,主电源不能接通,伺服电源指示灯不亮	门禁开关未闭合	将门禁开关临时短接或者关门调试
	接触器损坏	更换接触器
控制器电源指示灯不亮,接触器不吸合,风扇不转,伺服数码管无显示	开关电源损坏(无 24V 输出)	更换开关电源
打开隔离开关后,控制柜无反应	隔离开关进出线虚接,柜内断路器处于 OFF 状态,滤波器损坏	逐段测量电压,排查电路

6.3.4.15　示教器常见故障

ABB 机器人示教器常见故障处理见表 6-17 和表 6-18。

6.3.4.16　过流故障

机器人过流故障处理见表 6-19。

表 6-17 ABB 机器人示教器常见故障处理（一）

现象	处理方法
示教器触摸面板触摸不良或局部不灵	更换触摸面板
示教器无显示	维修或更换内部主板或液晶屏
示教器显示不良、竖线、竖带、花屏、摔破等	更换液晶屏
示教器按键不灵	更换按键面板
示教器有显示无背光	更换高压板
示教器操纵杆不灵	更换操纵杆
示教器急停按键失效	更换急停按键
示教器数据线不能通信	更换数据线

表 6-18 ABB 机器人示教器常见故障处理（二）

现象	可能的原因	处理方法
手指所触摸的位置与鼠标箭头没有重合	示教器安装完驱动程序后，在进行校正位置时，没有垂直触摸靶心正中位置	重新校正位置
部分区域触摸准确，部分区域触摸有偏差	表面声波触摸屏四周边上的声波反射条纹上面积累了大量的尘土或水垢，影响了声波信号的传递	清洁触摸屏，特别注意要将触摸屏四边的声波反射条纹清洁干净，清洁时应将触摸屏控制卡的电源断开
触摸屏幕时鼠标箭头无任何动作，没有发生位置改变	①触摸屏故障 ②触摸屏控制卡故障 ③触摸屏信号线故障 ④主机串口故障 ⑤示教器操作系统故障 ⑥触摸屏驱动程序安装错误	请专业技术人员检查处理

表 6-19 机器人过流故障处理

现象	可能的原因	处理方法
母线过流	直流母线电压过高	检查电网电压是否过高；检查是否大惯性负载无能耗制动快速停机
	外围有短路现象	检查伺服动力输出接线是否短路，对地是否短路，制动电阻是否短路
	编码器故障	检查编码器是否损坏，接线是否正确；检查编码器线缆屏蔽层是否接地良好，线缆附近是否有强干扰源
	伺服内部器件损坏	由专业技术人员检查处理
硬件过流	直流母线电压过高	检查电网电压是否过高；检查是否大惯性负载无能耗制动快速停机
	外围有短路现象	检查伺服动力输出接线是否短路，对地是否短路
	编码器故障	检查编码器是否损坏，接线是否正确；检查编码器线缆屏蔽层是否接地良好，线缆附近是否有强干扰源
	伺服内部器件损坏	由专业技术人员检查处理

6.3.4.17 电机启动异常

电机启动异常故障处理见表 6-20。

表 6-20 电机启动异常故障处理

现象	可能的原因	处理方法
通电后电机不能转动，但无异响，也无异味和冒烟	电源未接通（至少两相未接通）	检查电源回路开关以及熔丝、接线盒处是否有断点，如有断点需在电机断电的情况下修复
	熔丝熔断（至少两相熔断）	检查熔丝型号、熔断原因，更换熔丝
	控制设备接线错误	检查电机与其控制设备之间的接线，如有错误需在断电的情况下重新接线
	电机损坏	如经以上操作，电机仍不能正常启动，需参照产品手册更换电机

续表

现象	可能的原因	处理方法
通电后电机不转，然后熔丝烧断	缺某一相电源，或定子线圈某一相接反	检查刀闸是否有一相未合好，或电源回路有一相断线，消除反接故障
	定子绕组相间短路	断电情况下，使用万用表查找定子绕组短路点，予以修复
	定子绕组接地	消除接地
	定子绕组接线错误	断电情况下，使用万用表查找定子绕组接线误接，予以更正
	熔丝截面过小	检查熔丝型号，更换熔丝
	电源线短路或接地	检查并排除电源短路或接地故障
	电机损坏	如经以上操作，电机仍不能正常启动，需参照产品手册更换电机
通电后电机不转，有“嗡嗡”声	定子、转子绕组有断路（某一相断线）或电源某一相失电	断电情况下，使用万用表查明断点，予以修复
	绕组内部接反或绕组引出线始末端接错	检查绕组极性，判断绕组引出线首末端接线是否正确
	电源回路接点松动，接触电阻大	紧固松动的接线螺栓，用万用表判断各接头是否假接，予以修复
	电机负载过大或转子卡住	减载或检查并消除机械故障
	电源电压过低	检查是否把规定的△接法误接为Y接法；是否由于电源导线过细使压降过大，予以纠正
	小型电机装配太紧或轴承内油脂过硬，轴承卡住	重新装配使之灵活，更换合格油脂，修复或更换轴承
电机启动困难，带额定负载时，电机转速低于额定转速较多	电源电压过低	测量电源电压，设法改善电机电源
	内部接线错误，△接法误接为Y接法	纠正电机内部接线
	笼形转子开焊或断裂	检查内部是否有断点并修复
	定子、转子局部线圈错接	查出定子、转子局部线圈错接处，予以改正
	电机过载	对故障电机减载
	电机损坏	如经以上操作，电机仍不能正常启动，需参照产品手册更换电机

6.3.4.18 电机空载电流异常

电机空载电流异常故障处理见表 6-21。

表 6-21 电机空载电流异常故障处理

现象	可能的原因	处理方法
电机空载电流不平衡，三相相差大	绕组首尾端接错	检查绕组首尾端是否接错，并纠正
	电源电压不平衡	测量电源电压，设法消除不平衡
	绕组有匝间短路、线圈反接等故障	消除绕组匝间短路、线圈反接等故障
电机空载电流平衡，但数值大	电源电压过高	检查电源，设法恢复额定电压
	Y接电机误接为△接	修改接法

6.3.4.19 视觉传感器故障

视觉传感器故障处理见表 6-22。

表 6-22　视觉传感器故障处理

现象	可能的原因	处理方法
无图像	外加电源极性不正确	检查并纠正外加电源的极性
	输出电压误差值大	测量电源电压,使输出电压满足要求
	视频连线接触不良	检查并正确连接视频电缆
	镜头光圈没有打开	调节镜头光圈至正确位置
色彩失真、偏色	白平衡开关设置不当	检查并重新设置白平衡开关
	环境光变化太大	添加合适的光源,减少环境光的影响
图像出现扭曲或几何失真	CCD 或者监视器的几何校正电路问题	检查几何校正电路并排除问题
	镜头选择错误	更换镜头
	视频电缆与设备的特征阻抗及 CCD 输出阻抗不匹配	更换视频电缆
画面出现黑色竖条或横条混动	机器人供电输出电压纹波太大	加强滤波,并采用性能好的直流稳压电源

6.3.4.20　力觉传感器故障

力觉传感器故障诊断方法如下。

① 完成力觉传感器的电气接线与通信接线后上电。

② 观察力觉传感器操作界面，若无数显，检查传感器的硬件接线。若确认硬件接线无问题，连接线缆也无问题，需联系产品售后人员进行维修。

③ 完成力觉传感器的参数设置后，进行称重测试，若显示数值与实际估算值差距较大，则需参照产品手册完成称重参数、校准参数的重新设置。

④ 若操作界面显示故障码，则按表 6-23 进行处理。

表 6-23　力觉传感器故障处理

故障码	原因	处理方法
Err0	称重信号出错	确保参数“称重信号类型”的设定值 DIP1/DIP2 拨码位置与实际输入的称重信号相符时,重新上电
Err1	RAM 故障	更换 RAM 芯片
Err2.1 或 Err2.2	EEPROM 故障	更换 EEPROM 芯片
Err4	ADC 故障	更换 ADC 模块
0V-Ad	信号过大	检查是否未连接称重传感器 检查是否称重传感器量程太小 检查是否加载重量过大
0L	超载报警	检查是否未连接称重传感器 检查是否称重传感器量程太小 检查是否加载重量过大
0V-tr	不满足手动去皮条件	总重处于负值显示,超载报警或动态变化时,“手动去皮”操作无效
0V-nZ	超出零位微调范围	调整参数
0V-Zr	超出自动初始置零范围	调整参数

6.3.4.21　电机过热

（1）现象

在机器人运行期间，示教器出现“20252”的报警信息，此报警信息表示机器人本体中电机温度过高。注意，不要让电机主体的温度超过 105℃，否则可能会对电机造成损害。

（2）可能的原因

① 电源电压过高或者下降过多。

② 空气过滤器备选件阻塞。

③ 轴承缺油或者损坏。

④ 电机过载运行。

（3）处理方法（表 6-24）

表 6-24　电机过热故障处理

步骤	操作	备注
1	等待过热电机充分散热	安全注意事项
2	检查电源，调整电源电压的大小	
3	检查控制柜航空插头，确认插好	
4	检查空气过滤器备选件是否阻塞，若阻塞则更换	参考产品手册
5	确定轴承有充分的润滑	
6	检查轴承是否损坏，注意电机内的轴承不能单独更换，只能更换整个电机	参考产品手册
7	确保电机不过载，通过程序调整热量监控设置	

6.3.4.22　齿轮箱漏油/渗油

（1）现象

齿轮箱周围的区域有油液泄漏痕迹。

（2）可能的原因

① 齿轮箱和电机之间的防泄漏密封损坏。

② 使用的油液质量不佳或油面高度不正确。

③ 机器人工作周期运行特定轴太困难。

④ 齿轮箱内出现过大压力。

（3）处理方法

① 检查齿轮箱和电机之间的所有密封和垫圈。更换损坏的密封和垫圈。

② 检查齿轮箱油面高度和油液质量，确保液位符合要求、油品合格。

③ 检查机器人执行特别繁重的复合工作周期时是否装配有排油插销，如没有建议购买。

④ 在应用程序中写入一小段的“冷却周期”。

6.3.4.23　关节故障

（1）现象

在 Motors ON 状态时机器人能够正常工作，但在 Motors OFF 状态时，它会因为自身的重量而损毁。与每台电机集成的制动闸不能承受操纵臂的重量。该故障可能对在该区域工作的人员造成严重的伤害甚至造成死亡，或者对机器人和（或）周围的设备造成严重的损坏。

（2）可能的原因

① 制动闸故障。

② 制动闸电源故障。

（3）处理方法（表 6-25）

6.3.4.24　位置传感器故障

位置传感器故障处理见表 6-26。

表 6-25　关节故障处理

步骤	操作	备注
1	确定造成工业机器人损毁的电机	安全注意事项
2	在 Motors OFF 状态下检查损毁电机的制动闸电源	参考产品手册
3	拆下电机的编码器检查是否有任何漏油的迹象	参考产品手册
4	从齿轮箱上拆下电机，从驱动器一侧进行检查	参考产品手册

表 6-26　位置传感器故障处理

可能的原因	处理方法	备注
接线错误	区分两线制和三线制、NPN 型和 PNP 型	
距离太远	调整传感器的位置，直到检测到感应信号为止	
传感器损坏	更换位置传感器	参考产品手册

6.3.4.25　控制柜软故障

控制柜软故障处理，见表 6-27。

表 6-27　控制柜软故障处理

可能的原因	处理方法
I/O 设备被分配了相同位置。 注意：连接至相同 I/O 总线的 I/O 单元必须有唯一的地址	①检查地址是否正确 ②检查各 I/O 设备是否已连接到正确的网络
I/O 信号 arg 为已关闭交叉连接链的一部分(即形成一个无法评估的循环关联)。整个交叉连接配置已被拒绝	纠正 I/O 信号的交叉连接配置
I/O 设备可能已经断开与系统的连接	①确保网线已经插入控制柜 ②确保 I/O 设备供电正常 ③确保至 I/O 设备的接线正确
在未正确安装 PROFIBUS 选项的情况下，可能尝试过添加 PROFIBUS 功能	①如果需要 PROFIBUS 选项：使用此选项配置一个新系统并安装该系统 ②如果不需要 PROFIBUS 选项：配置一个无该选项的新系统并安装该系统
拒绝将目录 arg 安装至服务器 arg	检查用户名和密码
Mac 地址为 arg 的 I/O 设备与 arg 主控电路板的通信失败	①检查与网关的连接 ②查看 IP 配置
DeviceNet 网络 arg 上发生少量通信错误	①确保所有终端电阻连接正确 ②确保所有通信线缆和接头都工作正常且是推荐的类型 ③检查网络拓扑和线缆长度 ④确保 DeviceNet 电源工作正常 ⑤更换任何故障部件
DeviceNet 网络上为 DeviceNet 主控电路板保留的地址 arg 已被网络上的一个 I/O 设备 arg 占用	①更改 I/O 配置中的主控地址 ②从网络中断开占用该地址的 I/O 设备 ③重新启动控制器

参考文献

［1］ 韩鸿鸾，等．工业机器人应用编程自学．考证．上岗一本通（初级）．北京：化学工业出版社，2021．

［2］ 韩鸿鸾．工业机器人操作与运维自学．考证．上岗一本通（高级）．北京：化学工业出版社，2021．

［3］ 张明文．工业机器人专业英语．武汉：华中科技大学出版社，2017．

［4］ 韩鸿鸾．工业机器人装调与维修．北京：化学工业出版社，2018．

［5］ 邱庆．工业机器人拆装与调试．武汉：华中科技大学出版社，2016．

［6］ 韩鸿鸾，周永钢，王术娥．工业机器人机电装调与维修一体化教程．西安：西安电子科技大学出版社，2020．

［7］ 高永伟．工业机器人机械装配与调试．北京：机械工业出版社，2019．

［8］ 韩鸿鸾，马春峰，徐金友．工业机器人机械基础一体化教程．西安：西安电子科技大学出版社，2023．

［9］ 韩鸿鸾，孙华伟，孙凯，等．FANUC工业机器人装调与维修．北京：化学工业出版社，2024．